总主编　安红昌

职业安全与管理

主　　编　孙　辉　姚向旭
副 主 编　陈明仙　刘晓春　常　伟
编　　者　彭雨石　赵　玲　管庆富
　　　　　夏冰洁　刘子健　苗银凤
技术顾问　姜庆阳　洪　艳　陈　勇

北京理工大学出版社
BEIJING INSTITUTE OF TECHNOLOGY PRESS

内 容 简 介

安全教育是企业安全生产工作的重要内容，建立、健全安全教育制度，做好对企业全体员工的职业安全教育，对提高企业安全生产水平具有重要意义。编写《职业安全与管理》这本教材的目的在于：加强和规范生产经营单位的安全培训工作，提高从业人员的安全素质，防范伤亡事故，减轻职业危害；使广大员工熟悉有关安全生产的规章制度和安全操作规程，具备必要的安全生产知识，掌握岗位安全操作技能，增强预防事故、控制职业危害和应急处理的能力；提高企业各级管理人员的安全生产法律意识和管理水平；增强企业员工的安全生产意识和安全操作技能；减少"三违"（违章指挥、违章操作、违反劳动纪律）作业行为，预防和减少事故的发生。

本教材共包括八个模块，分别为：职业安全认知、安全生产基础、常见风险防范、现场作业安全、消防与用电安全、个体防护装备及劳动环境保护、应急处置与救援、从业人员的权利和义务。

本书是"工伤预防教育与培训系列教材"之一，可作为职业院校安全技术与管理、应急救援技术、消防救援技术、化工安全技术、职业健康安全技术等专业的教学用书或职业院校安全教育公共基础选修课教材使用。

图书在版编目（CIP）数据

职业安全与管理／孙辉，姚向旭主编. －－北京：
北京理工大学出版社，2024.11（2024.12 重印）.
ISBN 978-7-5763-4563-6

Ⅰ. X92

中国国家版本馆 CIP 数据核字第 2024V01E38 号

责任编辑： 芈　岚　　　　**文案编辑：** 芈　岚
责任校对： 刘亚男　　　　**责任印制：** 施胜娟

出版发行／北京理工大学出版社有限责任公司

社　　址／北京市丰台区四合庄路 6 号

邮　　编／100070

电　　话／（010）68914026（教材售后服务热线）
　　　　　　（010）63726648（课件资源服务热线）

网　　址／http://www.bitpress.com.cn

版 印 次／2024 年 12 月第 1 版第 2 次印刷

印　　刷／三河市天利华印刷装订有限公司

开　　本／787 mm×1092 mm　1/16

印　　张／15.75

字　　数／340 千字

定　　价／98.00 元

前 言

PREFACE

据国际劳工组织报告显示，近年来，全世界每年死于职业事故和职业病的人数约为200万，比因交通事故死亡逾百万人、暴力致死几十万人、局部战争死亡30万人要多得多。可以说，职业事故和职业病已成为人类最主要的死因之一。在如此严峻的形势下，如何防止职业事故的发生，减少或消除职业病危害对劳动者身体健康乃至生命的影响，应该是各级政府部门、企业和劳动者共同的责任。

安全和健康是人类全面发展的基础，也是家庭幸福、社会经济高质量发展的基础。职业安全与健康问题成为整个人类社会健康发展的重要制约因素，保护劳动者在生产过程中的安全与健康是社会文明的重要标志。在经济全球化的大背景下，企业的活动、产品或服务中所涉及的职业安全与健康管理问题更是受到普遍关注。就各类职业人群而言，维护、促进健康，增进劳动者的劳动权益和福祉，促进体面劳动，首先要减少或避免职业安全与健康问题对劳动者造成的健康损害。

党的二十届三中全会决议指出，要"推进国家安全体系和能力现代化""完善公共安全治理机制""完善安全生产风险排查整治和责任倒查机制"。进入新时代以来，为适应高质量发展和建设社会主义现代化强国的需要，我国的大多数企业都对职业安全与健康工作越来越重视，在不断加强企业内部安全措施的同时，积极引入世界通用的标准来规范职业安全与健康管理行为，建立和完善管理体系。

在对有关职业伤害案例进行分析时作者团队发现，其主要源头是社会经济高速发展与相对落后的职业安全与健康管理体制和机制之间的摩擦，同时也存在包括企业主在内的劳动者自身职业安全与健康知识匮乏的问题。

为深入贯彻习近平总书记"人民至上、生命至上"的重要指示精神，切实降低工伤事故和职业病发生率，作者团队组织编写了"工伤预防教育与培训系列教材"，分为《职业安全与管理》《职业卫生与健康》两册。

《职业安全与管理》分册强调安全教育是企业安全生产工作的重要内容，应建立、健全安全教育制度，做好对企业全体员工的职业安全教育，这对提高企业安全生产水平具有重要意义。本分册的编写旨在规范和加强生产经营单位的安全培训工作，提高从业人员的安全素质，防范伤亡事故，减轻职业危害；使广大员工熟悉有关安全生产规章制度和安全操作规程，具备必要的安全生产知识，掌握岗位安全操作技能，增强预防事故、控制职业危害和应急处理的能力；提高企业各级管理人员的安全生产法律意识和管理水平；增强企业员工的安全生产意识和安全操作技能；减少"三违"作业行为（即违章指挥、违章操作、违反劳动纪律），预防和减少事故的发生。

本分册的主要内容包括八个模块，分别为职业安全认知、安全生产基础、常见风险防范、现场作业安全、消防与用电安全、个体防护装备及劳动环境保护、应急处置与救援、从业人员的权利和义务。

《职业卫生与健康》分册主要围绕职业卫生教育展开。职业卫生教育旨在普及劳动者对如何预防危害的"知情权"，做好职业健康的促进工作。具体而言，包括五个方面的内容：一是让劳动者了解自己周围的生产生活环境；二是了解其可能接触到的各种职业病危害因素及其对自身的影响；三是了解个人的行为和生活方式在环境中的作用；四是了解环境因素及个体因素对健康的不良作用、影响性质和影响程度及控制方法；五是了解并参与改善作业环境及作业方式，控制影响健康的因素，自觉地实施自我保健，促进健康。

本分册主要内容也包含八个模块，分别为职业健康基础知识、职业心理健康、化学因素危害与防控措施、物理因素危害与防控措施、生物因素危害与防控措施、职业性肌肉骨骼损伤与防控措施、职业健康风险评估、职业卫生管理。

同时，依托北京理工大学出版社数字化教学资源平台，作者团队开发了数字资源包——《工伤预防数字资源培训包》，包含教学课件、培训教学视频、教学案例等内容，以确保能为不同类型、不同层次、有不同需求的人员提供全方位的学习支持。

作者团队开发上述教材及配套资源的目的就是推动企业管理者牢固树立安全健康意识，引导在职员工和即将进入岗位的预备劳动者掌握职业安全和健康的有关常识，切实掌握工伤预防的技能，将企业内部活动成员的职业健康安全风险降到最低，将企业经营的灾害风险降到最低，从而强化企业的风险管理，尽可能地排除职业健康的安全隐患，提高企业的整体管理水平。同时，系列教材和配套资源为企业提高职业健康安全绩效提供了科学、有效的管理手段，有助于推动职业健康安全法规和制度的贯彻执行，使职业健康安全管理由被动强制行为变为自动自愿的行动，从而树立企业良好的社会形象和品质，给企业带来直接和间接的经济效益。

"工伤预防教育与培训系列教材"由吉林省工业技师学院组织编写团队：中国劳动关系学院安红昌教授担任总主编，吉林省工业技师学院、重庆安全技术职业学院、福建船政交通职业技术学院等与安全生产相关院校的资深教师分别担任主编、副主编。由于这一学科的快速发展，以及在学术观点上的差异性，加之编者水平有限，书中难免存在疏漏之处，诚望读者批评指正。

编　者
2024 年 9 月

目录 CONTENTS

职业安全认知

哲人隽语

安危相易，祸福相生。

——《庄子·则阳》

模块导读

职业安全管理是全面落实统筹发展和安全的必然要求，是各级政府和生产经营单位做好安全生产工作的基础。在安全生产管理的问题上，掌握安全生产管理的规律和特点，分析事故致因，明确安全生产工作要求，正确处理"人、机、环、管"的问题，这是预防和处理事故的一个重要环节。因此，了解职业安全相关概念，学习事故致因理论、安全原理、安全文化，理解安全生产方针内涵，掌握安全生产体系建设要点，并科学应用于企业职业安全管理实践中，将有助于降低事故发生概率，保障员工的生命财产安全和企业的安全生产。

学习目标

1. 了解安全、危险、事故等职业安全相关概念。

2. 了解事故致因理论、安全原理、安全文化等职业安全理论知识。

3. 理解我国安全生产方针内涵。

4. 掌握安全生产体系建设的内容和要求。

5. 能够帮助企业开展风险分级管控和隐患排查治理。

6. 能够帮助企业开展双重预防机制建设。

7. 能够帮助企业开展安全生产标准化建设。

8. 能够帮助企业开展职业健康安全管理体系建设。

9. 树立"安全第一、生命至上"的观念。

单元一　基本概念

安全寓言故事

故事一：有一只瞎了一只眼的鹿，来到海边吃草。鹿用那只完好的眼睛看着陆地，随时警戒着，看是否有猎人来，而那只看不见的眼睛却朝着海洋的方向，因为它觉得海上绝不会有危险。没想到，过了一会儿，海上驶来一艘船，船上的人看见了它，就用箭直接把它射杀了。正是因为鹿的疏忽大意，自以为是地认为只要注意比较危险的陆地就可以了，没有想到反而是自己认为安全的海，让自己陷入了死亡的境地。

故事二：森林里住着一群猴子。一天，猴子们看到一只睡熟的老虎。因为无聊，猴子们打赌说谁能摸摸老虎的胡须，谁就是英雄。其中有一只胆大的猴子发现老虎睡得很香，觉得凭自己敏捷的身手，摸一下老虎的胡须是不成问题的。于是，它欣然前去，直接跳到老虎的旁边，撩起老虎的胡须。于是，猴子们一片喝彩。没想到的是，这时老虎醒了，一睁眼就看到了那只胆大的猴子，直接翻身一扑，就把它咬住了。这只可怜的猴子临死前叹息道："我只知道老虎是什么时候睡着了，却不知道它什么时候醒来呀！"

分析：第一则故事告诉我们安全没有绝对，危险随时可能在我们身边发生，不存在绝对的安全或危险；第二则故事告诉我们危险就像一只沉睡的老虎，违章的人就像那只自作聪明的猴子，老虎醒来后终要惩罚那些无视它的人。

安全是人类生存与发展永恒的主题，安全生产是社会文明和进步的重要标志，同时也是国民经济稳定运行的重要保障。安全、危险和事故这几个词，经常被从业者挂在嘴边。那么，安全、危险和事故的各自含义是什么呢？我们具体来看以下分析。

一、安全

（一）安全相关概念

1. 安全

安全是指不发生可能造成人员伤亡、职业病、设备损坏、财产损失或环境损害的状态。汉语中有"无危则安、无损则全"的说法。《韦氏大辞典》对安全的定义为："没有伤害、损失或危险，不遭受危害或损害的威胁，或免除了危害、伤害或损失的威胁。"

生产过程中的安全，即生产安全，是指在社会生产活动中，通过人、机、物、环的和谐运作，使生产过程中潜在的各种事故风险和伤害因素始终处于被有效控制的状态，切实保障劳动者的生命安全和身体健康，通俗地说就是"不发生工伤事故、职业病、设备或财产损失"。

2. 本质安全

本质安全是指设备、设施或技术、工艺含有内在的能够从根本上防止事故发生的功能。具体包括两个方面的内容：一是失误安全功能，指操作者即使操作失误，也不会发生事故或伤害，或者说设备、设施或技术、工艺本身具有自动防止人的不安全行为的功能；二是故障安全功能，指设备、设施或生产工艺发生故障或损坏时，还能维持正常工作或自动转变为安全状态。

（二）安全的认识

系统安全的思想认为，世界上没有绝对安全的事物，任何事物中都包含不安全因素，具有一定的危险性，现实系统总是在安全与危险的矛盾之中不断发展。

安全是人们通过对系统的危险性和允许接受的限度进行比较而确定的，是主观认识对客观存在的反映。安全的认知逻辑过程如图1-1所示。

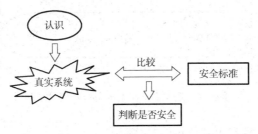

图1-1　安全的认识逻辑过程

安全工作的首要任务就是在主观认识能够真实地反映客观存在的前提下，在允许的安全限度内，判断系统危险性的程度。在这一过程中要注意以下两点：一是认识的客观、真实与全面性；二是安全标准的科学、合理性。

为了定性、定量地分析和评价系统的安全性，需要引入风险的概念。风险的基本含义就包含未来结果的不确定性和损失。不确定性表明当风险存在时，至少有两种可能的结果，只是面对风险时无法知道哪种结果将出现。损失则说明后果中有一种可能性是不尽如人意的，可能是经济的损失、人员的伤亡、设备的损坏、人的精神或心理方面的痛苦等。风险可以用式（1-1）表示：

$$R = P \times L \tag{1-1}$$

式中，R——风险；

　　　P——危险的可能性（概率），是指某种危险事件或显现为事故的总的可能性；

　　　L——危险的严重度，是指对某种危险引起事故的可信最严重后果的估计。

二、危险

（一）危险相关定义

危险是指系统中存在导致发生不期望后果的可能性超出了人们的承受程度。由危险的概念可以看出，危险是人们对事物的具体认识，必须指明具体对象，如危险环境、危险条件、危险状态、危险物质、危险场所、危险人员、危险因素等。

危险源是指可能造成人员伤害和疾病、财产损失、作业环境破坏或其他损失的根源或状态。

（二）安全与危险关系

安全与危险是系统中对立统一的两个方面，它们之间的逻辑关系如图 1-2 所示。

由图 1-2 可见，在图的最左边其安全值为 1（即绝对安全），在图的最右边其危险值为 1（即绝对危险）。在实际系统中，这两种状态（或者说绝对安全的系统或绝对危险的系统）都是不存在的。实际系统由于受到当时社会、经济、技术等条件的限制，在社会允许的安全水平下处于这两种状态之间，绝对安全的系统只是安全工作的目标，安全管理就是使系统稳定并渐进地向图的左边发展。

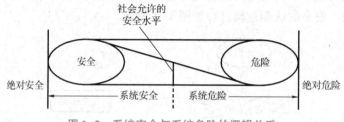

图 1-2　系统安全与系统危险的逻辑关系

安全与危险的逻辑关系可用式（1-2）表示：

$$S = 1 - R \tag{1-2}$$

式中，S——系统的安全性；

　　　R——系统的风险。

三、事故

（一）事故相关概念

1. 事故

在生产过程中，事故是指造成人员死亡、伤害、职业病、财产损失或其他损失的意外事件。从这个解释可以看出，事故是意外事件，是人们不希望发生的，同时该事件产生了违背人们意愿的后果。如果事件的后果是人员死亡、受伤或身体的损害，就称为人员伤亡事故；如果没有造成人员伤亡，就是非人员伤亡事故。

2. 事故隐患

事故隐患，即隐藏的、可能导致事故的祸患，是指人的不安全行为、物的不安全状态或不良的环境因素等，是人们在实践中形成的共识用语。

依据原国家安全生产监督管理总局第 16 号令《安全生产事故隐患排查治理暂行规定》，事故隐患是指生产经营单位违反安全生产法律、法规、规章、标准、规程和安全生产管理制度规定，或者因其他因素在生产经营活动中存在可能导致事故发生的物的危险状态、人的不安全行为和管理上的缺陷。

事故隐患分为一般事故隐患和重大事故隐患。一般事故隐患，是指危害和整改难度较小，发现后能够立即整改排除的隐患。重大事故隐患，是指危害和整改难度较大，应当全部或者局部停产停业，并经过一定时间整改治理方能排除的隐患，或者因外部因素影响致使生产经营单位自身难以排除的隐患。

生产经营单位应当建立、健全事故隐患排查治理制度。生产经营单位主要负责人对本单位事故隐患排查治理工作全面负责。生产经营单位是事故隐患排查、治理和防控的责任主体。

3. 意外事件

意外事件是指生产活动偏离了原来设计的路径（或状态），但没有形成伤害（或损失）后果的状态。

（二）事故特性

1. 因果性

事故的因果性是说一切事故的发生都是有原因的，这些原因就是潜伏的危险因素。这些危险因素有来自人的不安全行为和管理缺陷，也有物和环境的不安全状态。这些危险因素在一定的时间和空间内相互作用就会导致系统的隐患、偏差、故障、失效，以致发生事故。

因果关系表现为继承性，即第一阶段的结果可能是第二阶段的原因，第二阶段的结果又可能是引起第三阶段的原因。事故的因果关系如图 1-3 所示。

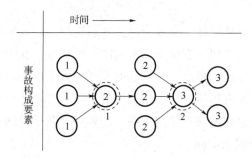

图 1-3　事故的因果关系

因果性说明事故的原因是多层次的。有的原因与事故有直接联系，有的则有间接联系，绝不是某一个原因就可能造成事故，而是诸多不利因素相互作用促成事故。因此，不能把事故原因归结为一时或一事，而应在识别危险时对所有的潜在因素（包括直接的、间接的和更深层次的因素）都进行分析。只有充分认识了所有潜在因素的发展规律，分清主次地对其加以控制和消除，才能有效地预防事故。

事故的因果性还表现在事故从其酝酿到发生、发展是一个演化的过程。事故发生之前总会出现一些可以被人类认识的征兆，人类正是通过识别这些事故征兆来辨识事故的发展进程，控制事故并最终化险为夷的。事故的征兆是事故爆发的量的积累，表现为系统的隐患、偏差、故障、失效等，这些量的积累是系统突发事故和造成事故后果的原因。认识事故发展过程的因果性既有利于预防事故，也有利于控制事故后果。

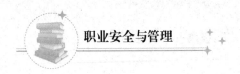

2. 随机性

事故的随机性是说事故的发生是偶然的。同样的前因事件随时间的进程导致的后果不一定完全相同。但是在偶然的事故中孕育着必然性，必然性通过偶然事件表现出来。

事故的随机性说明事故的发生服从于统计规律，可用数理统计的方法对事故进行分析，从中找出事故发生、发展的规律，认识事故，为预防事故提供依据。

事故的随机性还说明事故具有必然性。从理论上说，若生产中存在危险因素，只要时间足够长、样本足够多，作为随机事件的事故迟早会发生，难以避免。但安全工作者对此并非无能为力，而是可以通过客观和科学的分析，从随机发生的事故中发现其规律，通过不懈的、能动的努力，使系统的安全状态不断改善，使事故发生的概率不断降低，使事故后果的严重度不断减弱。

3. 潜伏性

事故的潜伏性是说事故在尚未发生或还没有造成后果之时，各种事故征兆是被掩盖的。此时的系统似乎处于"正常"和"平静"状态。

事故的潜伏性使人们认识事故、弄清事故发生的可能性并预防事故成为一件非常困难的事情。这就要求人们百倍珍惜从已发生事故中吸取的经验教训，不断地探索和总结，消除盲目性和麻痹思想，常备不懈、居安思危、明察秋毫，在任何情况下都要把安全放在第一位。

（三）危险源、事故隐患、意外事件、事故的逻辑关系

危险源、事故隐患、意外事件、事故等概念在系统的时间发展序列中，是同一事物所表现出来的不同状态，它们之间的逻辑关系可用图1-4表示。由此可见，在系统中危险源是客观存在的，从危险源发展到事故，在时间的发展序列中要经过若干环节，在这些环节之间都有一定的保护层，只有当所有保护层都失效了，危险源才有可能发展成事故。这也告诉我们，危险源和事故之间没有直接的关系，需要经过若干时间节点，这为事故的预防提供了理论依据（包括时间和空间）。

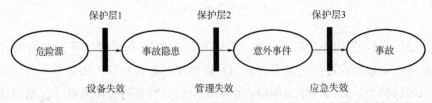

图1-4　在时间发展序列中危险源、事故隐患、意外事件、事故的逻辑关系

正确认识与理解危险源、事故隐患、意外事件、事故的逻辑关系，对做好安全生产工作具有重要意义。

（四）事故分类

按照《企业职工伤亡事故分类标准》（GB 6441），将事故分成20类，具体见表1-1所示。

表1-1 企业职工伤亡事故分类标准

序号	分类项目	序号	分类项目	序号	分类项目	序号	分类项目
1	物体打击	6	淹溺	11	冒顶片帮	16	锅炉爆炸
2	车辆伤害	7	灼烫	12	透水	17	容器爆炸
3	机械伤害	8	火灾	13	放炮	18	其他爆炸
4	起重伤害	9	高处坠落	14	火药爆炸	19	中毒和窒息
5	触电	10	坍塌	15	瓦斯爆炸	20	其他伤害

活动与训练

有限空间作业事故分析实践

一、目标

（1）学生能够按照《企业职工伤亡事故分类标准》（GB 6441）正确分析事故类型。

（2）学生能够按照《生产过程危险和有害因素分类与代码》（GB/T 13861）分析事故直接原因、间接原因。

（3）要求学生结合事故案例提出事故防范和整改措施，提高自身的职业素养和综合分析能力。

二、事故案例

2021年9月11日，河北省保定市徐水区延旗羽绒加工厂在进行污泥池潜水泵检查作业时，发生一起较大中毒和窒息事故，造成6人死亡。

发生原因： 延旗羽绒加工厂1名工人进入浮渣池检修污泥潜水泵时，吸入硫化氢等有毒有害气体导致中毒窒息，5名施救人员盲目施救导致事故伤亡扩大。

主要教训： 延旗羽绒加工厂未制定有限空间应急救援预案或者现场处置方案，未组织应急演练。实施有限空间作业前，未结合风险辨识情况分析作业存在的危险因素，提出消除、控制危险的措施；未制定有限空间作业方案，未进行安全警示教育，未进行安全技术交底。从事有限空间作业的人员未遵循"先通风、再检测、后作业"的原则，未采取防护措施，违规进行作业。

三、程序和规则

步骤1：将学生分成若干小组（3~5人为一组），小组内进行任务分工，如查找资料、汇报发言等。

步骤2：每个小组根据任务分工，进行任务实施。

步骤3：以小组为单位分别进行汇报展示，每组限时5分钟。

步骤4：小组互评、教师评价。

具体考核标准如表1-2所示。

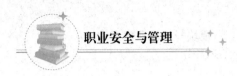

表 1-2 有限空间作业事故分析实践评价表

序号	考核内容	评价标准	标准分值	评分
1	事故类型分析 （20分）	正确分析出事故类型	20分	
		未正确分析出事故类型	0分	
2	事故原因分析 （30分）	全面、合理分析出事故的直接原因、间接原因	30分	
		合理分析出 3~4 条事故的直接原因、间接原因	20分	
		合理分析出 1~2 条事故的直接原因、间接原因	10分	
		未分析出事故的直接原因、间接原因	0分	
3	事故防范和整改措施 （30分）	制定出 3 条及以上事故防范和整改措施	20分	
		制定出 1~2 条事故防范和整改措施	10分	
		未制定出事故防范和整改措施	0分	
4	汇报综合表现 （20分）	表达清晰，语言简洁，肢体语言运用适当，大方得体	20分	
		表达较清晰，语言不够简洁，肢体语言运用较少，表现得较紧张	10分	
	得分			

四、总结评价

通过小组之间互评和教师评价指导，加深学生对职业安全基本概念相关知识的理解，强化学生的职业素养，提升学生的实践应用能力。

课后思考

1. 请阐述安全、危险、事故、事故隐患、危险源的含义。

2. 讨论安全、危险、事故三者之间的关系，为什么说安全与危险是相对的概念？

单元二 基本理论

案例导入

魏文王问扁鹊

魏文王问扁鹊:"你们兄弟三人,都精于医术,谁最高明?"

扁鹊回答:"大哥医术最高明,其次是二哥,最后是我。"

文王又问:"既如此,为何你的名气最大?"

扁鹊回答:"那是因为大哥治病,是在病发之前就将病根铲除了,人们不以为然,所以他的名声无法传出;二哥治病,是在病起之初就已经治好了,人们以为他只能治些小病小痛,所以他只在附近乡里小有名气;而我是在病人病情严重的时候施治,人们看到了我做的是动针、动刀、开胸破腹之类的大手术,就认为我的医术高超,所以声名远播。"

分析:扁鹊的见解,与现如今我们提倡的"预防为主"的方针不谋而合,都是注重一个"防"字,防病胜于治病,防事故胜于救事故。防,是把一切不利扼灭在发生之前的关键。"人无远虑,必有近忧""工欲善其事,必先利其器""少壮不努力,老大徒伤悲""常将有日思无日,莫待无时想有时"等,无不在告诉我们一个永恒的道理:有备无患,防胜于救!特别是对安全而言,对预防事故而言,这更是一个颠扑不破的真理。

防范事故是安全管理的立足点,也是安全管理的最终目标。因此,掌握安全生产管理原理,全面了解事故的发生、发展和形成过程,进行风险辨识、评价和控制,对做好安全管理、防范事故的发生具有十分重要的意义。

一、事故致因理论

事故致因理论是从大量对典型事故本质原因的分析中提炼出的事故机理和事故模型。这些机理和模型反映了事故发生的规律性,能够为事故原因的定性、定量分析及事故的预测预防,为改进安全管理工作,从理论上提供科学的、完整的依据。关于事故的形成理论有很多,其中影响较大的有事故倾向理论、事故因果连锁理论、能量意外释放理论、轨迹交叉理论。

(一)事故倾向理论

事故倾向理论于1919年由格林伍德(Greenwood)和伍兹(Woods)提出,后来又由纽伯尔德(Newbold)在1926年以及法默(Farmer)在1939年分别进行了补充。该理论认为,事故频发倾向者的存在是事故发生的主要原因,具有事故频发倾向的人在进行生产操作时往往精神动摇,注意力不能经常集中在操作上,因而不能适应迅速变化的外界条件。基于上述概念形成了事故倾向性理论，通俗地讲就是有一些人比另一些人更容易出安全事故。

科学家通过对大量事故案例的研究，发现事故发生与人的性格、能力、气质等个性有关。管理者在排查安全隐患时，往往更加注重现场环境及设备隐患，容易忽视人的因素。因此，在日常管理中要关注员工的不安全行为和不稳定情绪。

（二）事故因果连锁理论

1. 海因里希事故因果连锁理论

事故因果连锁理论最早由海因里希（Heinrich）提出，又称海因里希模型或多米诺骨牌理论。该理论的核心思想是伤亡事故的发生不是一个孤立的事件，而是一系列原因事件相继发生的结果，即伤害与各原因相互之间具有连锁关系。海因里希的事故因果连锁理论过程包括以下五个因素。

一是遗传及社会环境（M），是造成人的缺点的原因。遗传因素可能使人具有鲁莽、固执、粗心等不良性格；社会环境可能妨碍教育，助长不良性格的发展。这是事故因果链上最基本的因素。

二是人的缺点（P），由遗传和社会环境因素造成，是使人产生不安全行为或使物处于不安全状态的主要原因。这些缺点既包括各类不良性格，也包括缺乏安全生产知识和技能等后天的不足。

三是人的不安全行为和物的不安全状态（H），指那些曾经引起过事故，或可能引起事故的人的行为，或机械、物质的状态，是造成事故的直接原因。例如，在起重机的吊荷下停留、不发信号就启动机器、工作时间打闹或拆除安全防护装置等都属于人的不安全行为；没有防护的传动齿轮、裸露的带电体或照明不良等属于物的不安全状态。

四是事故（D），即由物体、物质或放射线等对人体发生作用使其受到伤害的、出乎意料的、失去控制的事件。例如，高处坠落、物体打击等使人员受到伤害的事件是典型的事故。

五是伤害（A），指直接由于事故而产生的人身伤害。

海因里希的事故因果连锁理论认为伤亡事故的发生是一连串事件按一定顺序互为因果依次发生。这些事件可以用5块多米诺骨牌来形象地描述，如果第一块骨牌倒下（即第一个原因出现），则发生连锁反应，后面的骨牌会相继被碰倒（相继发生）。

该理论积极的意义在于，如果移去因果连锁中的任一块骨牌，则连锁被破坏，事故过程被中止。海因里希认为，企业安全工作的中心就是要移去中间的骨牌——防止人的不安全行为或消除物的不安全状态，从而中断事故连锁的进程，避免伤害的发生。

海因里希的理论对事故致因连锁关系的描述过于绝对化、简单化。事实上，各个骨牌（因素）之间的连锁关系是复杂的、随机的。前面的牌倒下，后面的牌不一定倒下。事故并不一定造成伤害，不安全行为或不安全状态也并不一定造成事故。尽管如此，海因里希的理论促进了事故致因理论的发展，成为事故研究科学化的先导，具有重要的历史地位。海因里希事故因果连锁理论模型如图1-5所示。

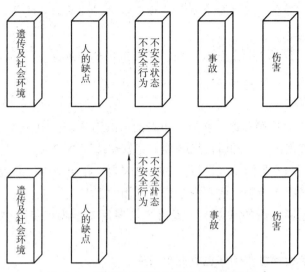

图 1-5 海因里希事故因果连锁理论模型

案例1.1

应用海因里希事故因果连锁理论分析电梯事故案例

2014 年，某地某酒店男子在电梯门即将关闭时用手阻拦电梯门，而后用力扒开电梯层门往井道方向走入，踏空坠落导致重伤。在对事故的调查中发现，电梯层门电气联锁开关被短接，男子阻挡使电梯层门机械锁未锁紧，轿门关闭后轿厢运行至其他层站，最终导致男子踏入井道坠落。

分析： 该事故导致了一人重伤，根据海因里希事故因果连锁理论，事故的发生是由以下两个方面导致的。

一是人的不安全行为。男子企图用手阻挡层门关闭，强行扒开层门并踏入无轿厢的井道。其不安全行为是由于该男子鲁莽、无知等缺点造成的，而引发他的缺点的不良环境包括以下 4 点。

（1）社会教育。基础教育体系中安全教育缺位，社会安全知识宣传不足。

（2）精神状态。饮酒后精神状态不佳，疲劳的意识、焦躁的情绪等。

（3）酒店的管理。附近的酒店服务员没有对顾客的不当行为进行劝阻。

（4）其他因素。注意力集中在周围其他事物上，未观察轿厢是否停靠在层站。

二是物的不安全状态。电梯层门电气联锁开关短接。电梯的不安全状态即安全隐患是由于电梯维修保养人员的责任心匮乏、技术水平差等缺点造成的，引发他的缺点的同样也有以下 4 种不良环境。

（1）职业教育。没有受过系统有效的电梯维保职业安全教育，聘用单位没有履行安全教育职责。

（2）行业环境。维保行业恶性竞争激烈，导致维保质量和维保人员水平良莠不齐。

（3）技术水平。维保人员未能合理排除设备故障，而采用短接层门电气联锁开关的措施使电梯运行。

（4）个人素养。维保人员责任心不强，对待工作轻率疏忽。

2. 现代因果连锁理论

（1）博德事故因果连锁理论。在海因里希的事故因果连锁中，把遗传及社会环境看作事故的根本原因，表现出了它的时代局限性。尽管遗传因素和人成长的社会环境对人员的行为有一定的影响，却不是影响人员行为的主要因素。在企业中，若管理者能充分发挥管理控制技能，则可以有效控制人的不安全行为、物的不安全状态。博德（Frank Brind）在海因里希事故因果连锁理论的基础上，提出了与现代安全观点更加吻合的事故因果连锁理论。

博德的事故因果连锁过程同样包含五个因素。

① 管理缺陷。对大多数企业来说，由于各种原因，完全依靠工程技术措施预防事故既不经济也不现实，只能通过完善安全管理工作，经过较大的努力，才能防止事故的发生。企业管理者必须认识到，只要生产没有实现本质安全化，就有发生事故及伤害的可能性，因此，安全管理是企业管理的一个重要环节。

安全管理系统要随着生产的发展变化而不断调整完善，十全十美的管理系统不可能存在。由于安全管理上的缺陷，致使能够造成事故的其他原因出现。

② 个人及工作条件的因素。这方面的因素主要是由于管理缺陷造成的。个人因素包括缺乏安全知识或技能，行为动机不正确，生理或心理有问题等；工作条件因素包括安全操作规程不健全，设备、材料不合适，以及存在温度、湿度、粉尘、气体、噪声、照明、工作场地状况（如打滑的地面、障碍物、不可靠支撑物）等有害作业环境因素。只有找出并控制这些因素，才能有效地防止后续原因的发生，从而防止事故的发生。

③ 直接原因。人的不安全行为或物的不安全状态是事故的直接原因。这种原因是安全管理中必须重点加以追究的。但是，直接原因只是一种表面现象，是深层次原因的表征。在实际工作中，不能停留在这种表面现象上，而要追究其背后隐藏的管理上的缺陷因素，并采取有效的控制措施，从根本上杜绝事故的发生。

④ 事故。这里的事故被看作人体或物体与超过其承受阈值的能量接触，或人体与妨碍其正常生理活动的物质的接触。因此，防止事故就是防止接触。可以通过对装置、材料、工艺等的改进来防止能量的释放，或者操作者提高识别和回避危险的能力，佩戴个人防护用具等来防止接触。

⑤ 损失。人员伤害及财物损坏统称为损失。人员伤害包括工伤、职业病、精神创伤等。在许多情况下，可以采取恰当的措施最大限度地减小事故造成的损失。例如，对受伤人员迅速进行正确抢救，对设备进行抢修以及平时对有关人员进行应急训练等。

博德事故因果连锁理论模型具体如图1-6所示。

（2）亚当斯事故因果连锁理论。亚当斯（Edward Adams）提出了一种与博德事故因

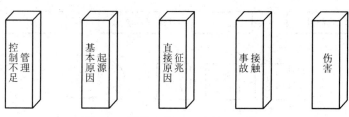

图1-6　博德事故因果连锁理论模型

果连锁理论类似的因果连锁模型。该理论中，把人的不安全行为和物的不安全状态称作现场失误，其目的在于提醒人们注意不安全行为和不安全状态的性质。

亚当斯事故因果连锁理论的核心在于对现场失误的背后原因进行深入研究。操作者的不安全行为及生产作业中的不安全状态等现场失误，是由于企业负责人和安全管理人员的管理失误造成的。管理人员在管理工作中的差错或疏忽，企业负责人的决策失误，对企业经营管理及安全工作具有决定性的影响。管理失误又由企业管理体系中的问题所导致，这些问题包括，如何有组织地进行管理工作，确定怎样的管理目标，如何计划、如何实施等。管理体系反映了作为决策中心的领导人的信念、目标及规范，它决定各级管理人员安排工作的轻重缓急、工作基准及方针等重大问题。

现代因果连锁理论把考察的范围局限在企业内部，用以指导企业的安全工作。实际上，工业伤害事故发生的原因是很复杂的，一个国家或地区的政治、经济、文化、科技发展水平等诸多社会因素，都对伤害事故的发生和预防有重要的影响。解决这些基础原因因素，已经超出了企业安全工作，甚至安全学科的研究范围。但是，充分认识这些原因因素，综合利用可能的科学技术、管理手段，改善间接原因因素，达到预防伤害事故的目的，却是非常重要的。

（三）能量意外释放理论

1. 基本思想

能量意外释放理论认为，正常情况下，能量和危险物质是在有效的屏蔽中做有序的流动，事故是由于能量和危险物质的无控制释放和转移而造成的人员、设备和环境的破坏。

该理论最早由吉布森（Gibson）于1961年提出，其认为事故是一种不正常的或不被人们所希望的能量释放，各种形式的能量是构成伤害的直接原因。因此，应该通过控制能量或控制作为能量达及人体媒介的能量载体来预防伤害事故。

1966年，哈登（Haddon）进一步完善了能量意外释放理论。他认为"生物体（人）受伤害的原因只能是某种能量的转移"。此外，他还提出伤害分为两类：第一类伤害是由于施加了超过局部或全身性损伤阈值的能量引起的；第二类伤害是由于影响了局部或全身性能量交换引起的，主要指中毒窒息和冻伤。

哈登认为，在一定条件下某种形式的能量能否产生伤害，造成人员伤亡事故，取决于能量大小、接触能量时间长短和频率，以及力的集中程度。根据能量意外释放理论，可以利用各种屏蔽来防止意外的能量转移，从而防止事故的发生。能量意外释放理论模型如图1-7所示。

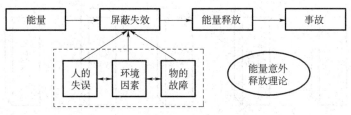

图1-7　能量意外释放理论模型

2. 事故致因和表现

（1）事故致因。能量在生产过程中是不可缺少的，人类利用能量做功以实现生产目的。人类为了利用能量做功，必须控制能量。在正常生产过程中，能量受到种种约束和限制，按照人们的意志流动、转换和做功。如果由于某种原因，能量失去了控制，超越了人们设置的约束或限制而意外地逸出或释放，必然造成事故。

如果失去控制的、意外释放的能量达及人体，并且能量的作用超过了人们的承受能力，人体必将受到伤害。根据能量意外释放理论，伤害事故的原因一是接触了超过机体组织（或结构）抵抗力的某种形式的过量的能量，二是有机体与周围环境的正常能量交换受到了干扰（如窒息、淹溺等）。因而，各种形式的能量是构成伤害的直接原因。同时，人们也常常通过控制能量，或控制达及人体媒介的能量载体来预防伤害事故。

（2）能量转移造成事故的表现。机械能、电能、热能、化学能、电离及非电离辐射、声能和生物能等形式的能量，都可能导致人员伤害。其中，前4种形式的能量引起的伤害最为常见。

意外释放的机械能是造成工业伤害事故的主要能量形式。处于高处的人员或物体具有较高的势能，当人员具有的势能意外释放时，将发生坠落或跌落事故。当物体具有的势能意外释放时，将发生物体打击等事故。除了势能外，动能是另一种形式的机械能，各种运输车辆和各种机械设备的运动部分都具有较大的动能，工作人员一旦与之接触，将发生车辆伤害或机械伤害事故。

现代化工业生产中广泛利用电能，当人们意外地接近或接触带电体时，可能因发生触电事故而受到伤害。

工业生产中广泛利用热能，生产中利用的电能、机械能或化学能可以转变为热能，可燃物燃烧时释放出大量的热能，人体在热能的作用下，可能遭受烧灼或发生烫伤。

有毒有害的化学物质使人员中毒，是化学能引起的典型伤害事故。

研究表明，人体对每一种形式能量的作用都有一定的抵抗能力，或者说有一定的伤害阈值。当人体与某种形式的能量接触时，能否产生伤害及伤害的严重程度如何，主要取决于作用于人体的能量的大小。作用于人体的能量越大，造成严重伤害的可能性越大。例如，球形弹丸以4.9N的冲击力打击人体时，只能轻微地擦伤皮肤；重物以68.6N的冲击力打击人的头部时，会造成头骨骨折。此外，人体接触能量的时间长短和频率、能量的集中程度以及身体接触能量的部位等，也会影响人员受伤害的程度。

（四）轨迹交叉理论

约翰逊（W. G. Johnson）认为，判断到底是不安全行为还是不安全状态，受研究者主观因素的影响，取决于他认识问题的深刻程度，许多人由于缺乏有关失误方面的知识，把由于人失误造成的不安全状态看作不安全行为。一起伤亡事故的发生，除了人的不安全行为之外，一定存在着某种不安全状态，并且不安全状态对事故发生的作用更大些。

斯奇巴（Skiba）提出，生产操作人员与机械设备两种因素都对事故的发生有影响，并且机械设备的危险状态对事故的发生作用更大些，只有当两种因素同时出现，才能发生事故。轨迹交叉理论模型如图 1-8 所示。

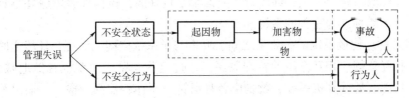

图 1-8　轨迹交叉理论模型

上述理论被称为轨迹交叉理论，其基本思想是：伤害事故是许多相互联系的事件顺序发展的结果。这些事件概括起来不外乎人和物（包括环境）两大发展系列。当人的不安全行为和物的不安全状态在各自发展过程中（轨迹），在一定时间、空间上发生了接触（交叉），能量转移于人体时伤害事故就会发生，能量转移于物体时物品产生损坏。而人的不安全行为和物的不安全状态之所以产生和发展，又是受多种因素共同作用的结果。

在人和物两大系列的运动中，二者往往是相互关联、互为因果、相互转化的。有时人的不安全行为促进了物的不安全状态的发展，或导致新的不安全状态的出现；而物的不安全状态可以诱发人的不安全行为。因此，事故的发生可能并不是简单地按照人和物两条轨迹独立运行，而是呈现较为复杂的因果关系，这也是轨迹交叉理论的缺陷之一。

人的不安全行为和物的不安全状态是造成事故的表面的直接原因，如果对它们进行更进一步的考虑，则可以挖掘出二者背后深层次的原因。

二、安全原理

安全生产管理原理是从生产管理的共性出发，对生产管理中安全工作的实质内容进行科学分析、综合、抽象与概括所得出的安全生产管理规律。以下简要介绍系统原理、人本原理、预防原理、强制原理，以及在这些原理基础之上形成的指导安全生产活动的通用规则（即安全生产原则）。

（一）系统原理及原则

1. 系统原理的含义

系统原理是现代管理学的一个最基本原理。它是指人们在从事管理工作时，运用系统理论、观点和方法，对管理活动进行充分的系统分析，以达到管理的优化目标，即用系统论的观点、理论和方法来认识和处理管理中出现的问题。

所谓系统，是由相互作用和相互依赖的若干部分组成的具有特定功能的有机整体。任何管理对象都可以作为一个系统。系统可以被分为若干个子系统，子系统可以被分为若干个要素，即系统是由要素组成的。

系统具有整体性、相关性、目的性、有序性和环境适应性等特性。

（1）整体性。系统的观点是一种从整体出发的观点。系统至少是由两个或两个以上的要素（元件或子系统）组成的整体。构成系统的各要素虽然具有不同的性能，但它们通过综合、统一（而不是简单的拼凑）形成的整体就具备了新的特定功能，系统作为一个整体才能发挥其应有的功能。换句话说，即使每个要素都不很完善，它们也可以综合、统一成为具有良好功能的系统；反之，即使每个要素都是良好的，但构成整体后并不具备某种良好的功能，也不能称其为完善的系统。

（2）相关性。构成系统的各要素之间、要素与子系统之间、系统与环境之间都存在着相互联系、相互依赖、相互作用的特殊关系，通过这些关系，使系统有机地联系在一起，发挥其特定功能。如计算机系统，就是由各种运算、储存、控制、输入、输出等硬件和操作系统、软件包等子系统之间通过特定的关系有机结合在一起而形成的具有特定功能的系统。

（3）目的性。任何系统都是为完成某种任务或实现某种目的而发挥其特定功能的，没有目标就不能称其为系统。要达到系统的既定目标，就必须赋予系统规定的功能，这就需要在系统的整个生命周期，即系统的规划、设计、试验、制造和使用等阶段，对系统采取最优规划、最优设计、最优控制、最优管理等优化措施。

（4）有序性。主要表现在系统空间结构的层次性和系统发展的时间顺序性。系统可以分成若干子系统和更小的子系统，这种系统的分割形式表现为系统空间结构的层次性。此外，系统的生命过程也是有序的，它总是要经历孕育、诞生、发展、成熟、衰老、消亡的过程，这一过程表现为系统发展的有序性。因此，系统的分析、评价、管理都应考虑系统的有序性。

（5）环境适应性。任何一个系统都处于一定的环境之中。一方面，系统从环境中获取必要的物质、能量和信息，经过系统的加工、处理和转化，产生新的物质、能量和信息，然后再提供给环境；另一方面，环境也会对系统产生干扰或限制，即约束条件。环境特性的变化往往能够引起系统特性的变化，系统要实现预定的目标或功能，必须能够适应外部环境的变化。研究系统时，必须重视环境对系统的影响。

安全生产管理系统是生产管理的一个子系统，包括各级安全管理人员、安全防护设备与设施、安全管理规章制度、安全生产操作规范和规程，以及安全生产管理信息等。安全贯穿于生产活动的方方面面，安全生产管理是全方位、全天候且涉及全体人员的管理。

2. 运用系统原理的原则

（1）动态相关性原则。动态相关性原则告诉我们，构成管理系统的各要素是运动和发展的，它们相互联系又相互制约。显然，如果管理系统的各要素都处于静止状态，就不会发生事故。

（2）整分合原则。高效的现代安全生产管理必须在整体规划下明确分工，在分工基础上有效综合，这就是整分合原则。运用该原则，要求企业管理者在制定整体目标和进行宏观决策时，必须将安全生产纳入其中，在考虑资金、人员和体系时，都必须将安全生产作为一项重要内容考虑。

（3）反馈原则。反馈是控制过程中对控制机构的反作用。成功、高效的管理，离不开灵活、准确、快速的反馈。企业生产的内部条件和外部环境在不断变化，所以必须及时捕获、反馈各种安全生产信息，以便及时采取行动。

（4）封闭原则。在任何一个管理系统内部，管理手段、管理过程等必须构成一个连续封闭的回路，才能形成有效的管理活动，这就是封闭原则。封闭原则告诉我们，在企业安全生产中，各管理机构之间、各种管理制度和方法之间，必须具有紧密的联系，形成相互制约的回路，才能确保安全生产管理有效。

（二）人本原理

1. 人本原理的含义

在管理中必须把人的因素放在首位，体现以人为本的指导思想，这就是人本原理。以人为本有两层含义：一是一切管理活动都是以人为本展开的，人既是管理的主体，又是管理的客体，每个人都处在一定的管理层面上，离开人就无所谓管理；二是管理活动中，作为管理对象的要素和管理系统各环节，都需要由人来掌管、运作、推动和实施。

2. 运用人本原理的原则

（1）动力原则。推动管理活动的基本力量是人，管理必须有能够激发人的工作能力的动力，这就是动力原则。对于管理系统而言，有三种动力，即物质动力、精神动力和信息动力。

（2）能级原则。现代管理认为，单位和个人都具有一定的能量，并且可以按照能量的大小顺序排列，形成管理的能级，就像原子中电子的能级一样。在管理系统中，建立一套合理的能级，根据单位和个人能量的大小安排其工作，发挥不同能级的能量，保证结构的稳定性和管理的有效性，这就是能级原则。

（3）激励原则。管理中的激励就是利用某种外部诱因的刺激，调动人的积极性和创造性。以科学的手段激发人的内在潜力，使其充分发挥积极性、主动性和创造性，这就是激励原则。人的工作动力来源于内在动力、外部压力和工作吸引力。

（三）预防原理

1. 预防原理的含义

安全生产管理工作应该做到预防为主，通过有效的管理和技术手段，减少和防止人的不安全行为和物的不安全状态，这就是预防原理。在可能发生人身伤害、设备或设施损坏和环境破坏的场合，应事先采取措施，防止事故发生。

2. 运用预防原理的原则

（1）偶然损失原则。事故后果及后果的严重程度，都是随机的、难以预测的。反复发生的同类事故并不一定产生完全相同的后果，这就是事故损失的偶然性。偶然损失原则告诉我们，无论事故损失大小，都必须做好预防工作。

（2）因果关系原则。事故的发生是许多因素互为因果连续发生的最终结果，只要诱发事故的因素存在，发生事故就是必然的，只是时间或晚或早而已，这就是因果关系原则。

（3）3E原则。造成人的不安全行为和物的不安全状态的原因可归结为4个方面，即技术原因、教育原因、身体和态度原因、管理原因。针对这4个方面的原因，可以采取工程技术（Engineering）对策、教育（Education）对策和法制（Enforcement）对策3种防止对策，即3E原则。

（4）本质安全化原则。本质安全化原则是指从一开始和从本质上实现安全化，从根本上消除事故发生的可能性，从而达到预防事故发生的目的。本质安全化原则不仅可以应用于设备、设施，还可以应用于建设项目。

（四）强制原理

1. 强制原理的含义

采取强制管理的手段控制人的意愿和行为，使个人的活动、行为等受到安全生产管理要求的约束，从而实现有效的安全生产管理，这就是强制原理。所谓强制就是要求绝对服从，不必经被管理者同意便可采取控制行动。

2. 运用强制原理的原则

（1）安全第一原则，就是要求在进行生产和其他工作时把安全工作放在一切工作的首要位置。当生产和其他工作与安全发生矛盾时，要以安全为主，生产和其他工作要服从于安全。

（2）监督原则，指在安全工作中，为了使安全生产的法律法规得到落实，必须设立安全生产监督管理部门，对企业生产中的守法情况和执法情况进行监督。

三、安全文化

关于企业安全文化的定义，国际核安全咨询组提出：安全文化存在于组织和成员中，是多种关于安全的素质和态度的总称。我国于1991年将之引进并加以研究和推广。于1994年出版的"中国安全文化建设系列丛书"指出，安全文化是人类在生产生活的实践过程中，为保障身心健康安全而创造的一切安全物质财富和安全精神财富的总和。

（一）安全文化的特性和功能

1. 安全文化的特性

安全文化以保护人在从事各项活动中的身心安全与健康为目的，它以大安全观、大文化观为基础，是人们实现安全、健康的重要保障。安全文化有如下几方面的特点。

（1）时代性。安全文化是人类文化最重要的组成部分，是安全科学的基础。安全文化属于上层建筑，它的发展和繁荣受时间、地点、社会政治背景、经济基础、人口素质、科技条件以及大众需求的影响，也受世界科技进步、国际形势、市场竞争的影响。随着科技进步和现代管理水平的提高，民众对生命的价值有了新的认识，在建立正确的安全价值观的基础之上，倍加爱护自己和别人的生命。安全文化要既有物质的安全文化，又有精神的安全文化，要符合时代发展的需求，是时代精神和生命价值观的客观反映。

（2）人本性。安全文化是爱护生命、尊重人权，保护人民身心安全与健康的文化；是以保护人的生命安全，保护从事一切活动的人的安全与健康，保护生命权、生存权、劳动权，维护人民应当享受的安全生产、安全生活、安全生存的一切合法权益的文化；是以人生、人权、人文、人性为核心的文化；是公开、公正的为保护大众的身心安全与健康，维护社会的安全伦理道德，推崇科学的安全生命价值观和安全行为规范，调整人与人之间安全、关爱、和谐、友善的高尚文化；是充分体现自尊、自信、自强的安全人格和人性的时代精神的文化。

（3）实践性。安全文化是人类的安全生产、安全生活、安全生存的实践活动的产物。安全文化又反作用于实践，指导实践，使安全活动更有成效，产生新的安全文化内容。没有安全文化的实践活动，就不会产生新的理论和现代安全科技方法及手段。大众的安全文化实践活动是安全文化丰富、发展的源泉和动力。

（4）系统性。安全文化内涵丰富，涉及领域广泛，不仅体现在文化学与安全科学的交叉与综合上，还是自然科学与社会科学的交叉与综合。要解决人的身心安全与健康的本质和运动规律问题，必须以文化的观点，用系统工程的思路、综合处理的方法，建立安全文化系统工程的体系。

（5）多样性。安全文化内涵丰富，安全文化活动涉及的领域和时空，大众对安全文化接受的程度和安全文化素质，决定了安全文化的多样性特点。因此，安全文化既有生产领域的，也有非生产领域的，乃至整个生存环境都存在各具特色的安全文化。由于人们对安全问题认识的局限性和阶段性，存在安全价值观和安全行为规范的差异，精神安全需求和物质安全需求的不同，都必然会产生或形成各式各样的安全文化样式，并为不同知识水平的人所接受。这种差异就使安全文化的存在呈多样性。

（6）可塑性。文化是可以继承和传播的，不同文化还可以在融合中创新。文化可为不同社会、不同民族、不同国家接受，按时代的需求，按人们的特殊要求，可以让不同文化互相借鉴、优势互补，也可以进行融合再造，能动地、科学地、有意识有目的地创造出一种理想的新文化。例如，我国的注册安全工程师制度，就是把国外的类似制度与我国的国情相结合，创造性地推出了在国际上绝无仅有的具有中国特色的一项安全制度。

（7）预防性。以安全宣传教育为手段，从培养人的安全意识、安全思维、安全行为、安全价值观入手，通过安全文化知识的传播、科普知识教育、三级安全教育、继续安全工程教育的途径，促进决策层、管理层、操作层人员的安全文化知识教育和安全文化素质的提高，形成安全第一、珍惜生命的理念。

2. 安全文化的主要功能

安全文化可以通过其自身的规律和运行机制，创造其特殊形象及活动模式。

（1）安全认识的导向功能。对安全生产的认识，必须通过企业安全文化的建设，通过不断地进行安全文化宣传和教育，使广大员工树立科学的安全道德、理想、目标、行为准则等，为企业的安全生产提供正确的指导思想和精神力量，是企业和员工的安全行为导向。

（2）安全观念的更新功能。安全文化提供了安全新观念和新意识，使其对安全的价值和作用有正确的认识和理解，并用其指导自身的活动，规范自己的行为，更有效地推动安

全生产。

（3）安全文化的凝聚功能。安全文化是以人为本、尊重人权、关爱生命的大众文化，体现为尊重人、爱护人、信任人，建立平等、互尊、互敬的人际关系，树立一种共同的安全价值观，形成共同遵守的安全行为规范。

（4）以人为本的激励功能。正确的安全文化机制和强大的安全文化氛围，可使安全价值得到最大限度的尊重和保护。安全是企业员工最基本的需求，人的安全行为和活动将会从被动、消极的状态，变成一种自觉、积极的行动。

（5）安全行为的规范功能。安全文化的宣传和教育，将会使员工加深对安全规章的理解和认识，从而对员工生产过程中的安全操作和行为起到规范的作用，并在功能上形成自觉的、持久的约束性。

（6）安全生产的动力功能。安全文化树立了正确的安全文明生产的思想、观念及行为准则，使员工具有强烈的安全使命感，并产生巨大的工作推动力。心理学表明：人们越能认识行为的意义，其行为的社会意义就越明显，越能产生行为的推动力。

（7）安全知识的传播功能。通过安全文化的教育功能，采用各种传统和现代的安全文化教育方式，对员工进行各种传统和现代的安全文化教育，包括各种安全常识、安全技能、安全态度、安全意识、安全法规的教育，从而广泛地宣传安全文化知识和安全科学技术。

当然，安全文化还有融合功能、示范功能、信誉功能和辐射功能等，充分发挥和有效利用这些功能，对企业安全文化的建设将会产生极为重要的影响。

（二）企业安全文化建设

1. 企业安全文化系统建设

企业安全文化系统建设（Establishing An Enterprise Safety Culture System，EESCS），是一套以人和人的可靠度为对象，切实可行的组织安全态度、安全行为和个人安全态度与安全行为的管理模式。

企业安全文化系统建设的贡献在于有效地将安全文化理论落实到企业操作层面。企业安全文化系统建设综合了管理学、组织行为科学、传播学和安全工程学等学科的重要原理，运用理念引领、行为再造、管理修正、环境再造、视觉识别（SVI）、系统评估等方法帮助企业建立起健康务实的安全文化体系。全面提升企业与企业员工的安全素质，有效地遏止各类人因事故的发生，使企业安全管理水平趋近于零事故的目标。企业安全文化系统建设将安全文化建设分为四个阶段。

（1）第一阶段：原始无序阶段——自由自发式。对事故的发生顺其自然，无力控制；只有事后处理，无事前预防；对事故规律无知，安全管理无目标、无方向；安全管理是传统的就事论事，管理无序；以罚代管，对员工无安全培训；无主动的安全投入；安全责任不明确，安全规章不健全。

（2）第二阶段：被动依赖阶段——应付被迫式。安全管理建立在监管和外部的压力上；管理制度形式化，安全措施虚化、表面化；管理者的安全承诺是被迫的；制定的安全目标和 HSE（Health 健康，Safety 安全，Environmet 环境）政策执行力有限；制定规则和程序落实不力；重惩罚、轻激励；仅注意设备安全性能，缺乏管理文化。

（3）第三阶段：独立主动阶段——自律表现式。安全培训加强，员工安全素质得到提高；强调个人知识和管理者的安全承诺；企业组织自身安全需要得到强化；自我管理、科学管理得到实现；注重自身的安全表现；安全投入加大，注重安全技术措施。缺陷是系统缺乏安全文化特色；超前管理能力有限；本质安全程度低；安全业绩有待改善；仅处于行业先进水平。

（4）第四阶段：安全文化阶段——能动互助式。超前预防和本质安全增强；安全管理体系和综合对策实现；员工安全素质全面提高；激励机制、自律机制优化并增强；说到、做到并经得起检验的 HSE 承诺；企业安全文化特色建立；注重安全商誉和企业形象；建立共同安全目标——"零事故"。

2. 杜邦安全文化建设

"本公司是世界上最安全的地方"。杜邦公司自成立以来逐渐形成了一种独特的企业文化：安全是企业一切工作的首要条件。杜邦公司认为安全文化建设从初级到高级要经历四个不同阶段，即员工的安全行为处于自然本能反应阶段、依赖严格的监督阶段、独立自主管理阶段、互助团队管理阶段。

（1）第一阶段，自然本能阶段。处在该阶段时，企业和员工对安全的重视仅是一种本能保护的反应，表现出以下安全行为特征。

① 依靠人的本能。员工对安全的认识和反映是出于人的本能保护，没有或很少有预防事故的安全意识。

② 以服从为目标。员工对安全是一种被动的服从，没有或很少有对安全的主动自我保护和参与意识。

③ 将职责委派给安全经理。各级管理层认为安全是安全管理部门和安全经理的责任，他们仅是配合的角色。

④ 缺少高级管理层的参与。高级管理层对安全的支持仅是口头或书面上的，没有或很少有在人力、物力上的支持。

（2）第二阶段，严格监督阶段。处在该阶段时，企业已建立起了必要的安全管理系统和规章制度，各级管理层对安全责任做出承诺，但员工的安全意识和行为往往是被动的，表现出以下安全行为特征。

① 管理层承诺。从高级领导至生产主管的各级管理层对安全责任做出承诺并表现出无处不在的"有感领导"。

② 受雇的条件。安全是员工受雇的条件，任何违反企业安全规章制度的行为都可能会导致被解雇。

③ 害怕/纪律。员工遵守安全规章制度仅是害怕被解雇或受到纪律处罚。

④ 规则/程序。企业建立起了必要的安全规章制度，但员工的执行往往是被动的。

⑤ 监督、控制、强调和目标。各级生产主管监督和控制所在部门的安全，不断反复强调安全的重要性，制定具体的安全目标。

⑥ 重视所有人。企业把安全视为一种价值，不单就企业而言，而且是对所有人而言，

包括正式员工和临时工等。

⑦ 培训。这种安全培训的设计具有系统性和针对性。受训的对象应包括企业的高、中、低管理层，一线生产主管，技术人员，全体正式员工和临时工等。培训的目的是帮助各级管理层，全体正式员工和临时工具备安全管理的技巧和能力，形成良好的安全行为。

（3）第三阶段，独立自主管理阶段。此时，企业已具有良好的安全管理体系，安全得到了各级管理层的承诺，各级管理层和全体员工具备良好的安全管理技巧、能力以及安全意识，表现出以下安全行为特征。

① 个人知识、承诺和标准。员工熟知安全知识，其本人对安全行为做出承诺，并按规章制度和标准进行生产。

② 内在化。安全意识已深入员工内心。

③ 个人价值。把安全作为个人价值的一部分。

④ 关注自我。安全不单是为了自己，也是为了家庭和亲人。

⑤ 实践和习惯行为。已在员工的工作中、工作外，已成为其日常生活中的习惯行为。

⑥ 个人得到承认。员工把安全视为个人成就。

（4）第四阶段，互助团队管理阶段。此时，企业安全文化深入人心，安全已融入企业组织内部的每个角落。安全为生产，生产讲安全。表现出以下安全行为特征。

① 帮助别人遵守。员工不但自己自觉遵守，而且帮助别人遵守各项规章制度和标准。

② 留心他人。员工在工作中不但观察自己岗位上的不安全行为和条件，而且留心他人岗位上的不安全行为和条件。

③ 团队贡献。员工将自己的安全知识和经验分享给其他同事。

④ 关注他人。关心其他员工，关注其他员工的异常情绪变化，提醒安全操作。

⑤ 集体荣誉。员工将安全视为一项集体荣誉。

杜邦安全文化发展的四个阶段，如图1-9所示。

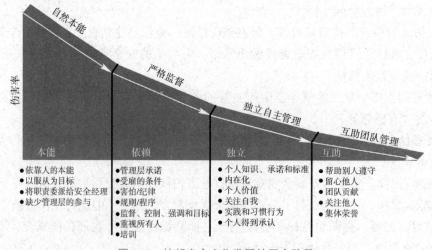

图1-9　杜邦安全文化发展的四个阶段

该模型的建立基于杜邦的历史安全伤害统计记录，以及在这个过程中公司和员工在当时对安全认识的条件下曾做出的努力和具备的安全意识，是杜邦安全文化建设实践的理论化总结。该模型表明，只有当一个企业安全文化建设处于过程中的第四阶段时，才有可能实现零伤害、零事故的目标。应用该模型，并结合模型阐述的企业和员工在不同阶段所表现出来的安全行为特征，可初步判断企业安全文化建设过程所处的状态以及努力的方向和目标。

案例1.2

杜邦公司十大安全理念

从美国最大的黑火药生产商到现如今被认为是世界上安全业绩最好的企业，杜邦公司已经形成了自己的企业安全文化，并把安全、健康和环境作为企业的核心价值之一。杜邦公司对安全的理解包括：安全具有显而易见的价值，而不仅是一个项目、制度或培训课程；安全与企业的绩效息息相关；安全是习惯化、制度化的行为。经过200多年的发展，杜邦公司建立了一整套适合自己的安全管理体系，并要求其每一位员工都严守下面的十大安全信念：

(1) 一切事故都可以预防；

(2) 管理层要抓安全工作，同时要对安全负责任；

(3) 所有危害因素都可以控制；

(4) 安全工作是雇佣的一个条件；

(5) 所有员工都必须经过安全培训；

(6) 管理层必须进行安全检查；

(7) 所有不良因素都必须立即得到纠正；

(8) 工作之外的安全也很重要；

(9) 良好的安全创造良好的业务；

(10) 员工是安全工作的关键。

杜邦公司坚持安全管理、以人为本的理念，制定了一套十分严格、苛刻的安全防范措施。正是这些苛刻的措施，使得杜邦公司的员工感到十分安全。

活动与训练

优化某大型汽车制造企业安全生产管理体系

——安全原理应用实践

一、目标

(1) 学生能够运用安全原理制定企业安全生产管理的优化策略。

(2) 学生结合案例制定企业安全生产管理的优化方案，提高自身的职业素养和综合分

析能力。

二、程序和规则

步骤1：任务布置，要求学生独立完成该项作业任务。

步骤2：任务实施，查阅相关材料，完成方案制定，制作PPT并进行汇报发言。

步骤3：学生逐一进行汇报展示，每人限时5分钟。

步骤4：同学互评、教师评价。

具体考核标准如表1-3所示。

表1-3　安全原理应用实践评价表

序号	考核内容	评价标准	标准分值	评分
1	优化策略制定（50分）	正确制定3个及以上方面的企业安全生产管理优化策略	50分	
		正确制定2~3个方面的企业安全生产管理优化策略	30分	
		正确制定1~2个方面的企业安全生产管理优化策略	10分	
		未能正确制定企业安全生产管理优化策略	0分	
2	优化方案制定（30分）	90%以上的文本格式符合要求，制定的企业安全生产管理优化方案契合要求	30分	
		80%~90%的文本格式符合要求，制定的企业安全生产管理优化方案较为契合要求	20分	
		70%~80%的文本格式符合要求，制定的企业安全生产管理优化方案基本契合要求	10分	
		未能合理制定企业安全生产管理优化方案	0分	
3	汇报综合表现（20分）	表达清晰，语言简洁，肢体语言运用适当，大方得体	20分	
		表达较清晰，语言不够简洁，肢体语言运用较少，表现得较紧张	10分	
得分				

三、总结评价

通过学生之间互评和教师评价指导，加深学生对安全原理相关知识的理解，强化学生的职业素养，提升学生的实践应用能力。

课后思考

1. 请举例说明安全管理人员应注意哪些不利于安全生产的变化。

2. 请讨论：安全生产管理原理对现代安全管理实践有何指导意义？

3. 请讨论：企业安全文化建设中需要注意哪些事项？

单元三 安全生产

 案例导入

山东五彩龙投资有限公司栖霞市笏山金矿"1·10"重大爆炸事故

2021年1月10日13时13分许，山东五彩龙投资有限公司栖霞市笏山金矿发生了一起重大爆炸事故。事故发生后，当地政府迅速启动了应急救援预案，组织了大量救援人员赶赴现场进行救援。但由于事故现场情况复杂，救援难度较大，导致救援工作进展缓慢。事故共造成11人死亡，直接经济损失高达6 847.33万元。该金矿作为当地重要的矿产资源开采点，一直以来都是安全生产的重点监管对象。然而，由于企业内部管理和外部监管的疏忽，导致了这起悲剧的发生。

经过事故调查组的深入调查，事故原因主要有：事故金矿长期违规购买民用爆炸物品，并在井下违规设置爆炸物品储存场所，炸药、雷管和易燃物品混合存放，形成了重大安全隐患；在进行气焊切割作业时，未确认作业环境及周边安全条件，井筒提升与井口气焊违规同时作业，导致高温熔渣块掉入回风井，引发爆炸；金矿对施工单位的施工情况管理缺失，对外包施工队以包代管，未按照规定报告生产安全事故；施工单位未按规定配备专职安全管理人员和技术人员，作业人员使用伪造的特种作业操作证。

分析： 山东五彩龙投资有限公司栖霞市笏山金矿"1·10"重大爆炸事故是一起典型的安全生产事故案例。事故的直接原因是人的不安全行为和物的不安全状态引发安全状态的改变，从而引发事故的发生。由此可见，事故的预防应立足于防患于未然，不能只考虑事故发生后的对策，必须把重点放在事故发生之前的预防对策上。安全要从"人"的角度出发，强调以预防为主的方针。生产经营单位应加强安全生产管理，落实安全风险管控措施，消除生产安全事故隐患，使安全生产水平持续提高。

通过对这起事故的分析，我们可以看到安全生产管理的重要性以及加强安全监管的必要性。只有企业、政府和社会各界共同努力，才能确保安全生产形势的稳定好转，保障人民群众的生命财产安全。

一、安全生产方针

安全生产和防范安全事故工作，关系到国家利益和人民生命财产安全，关系到社会稳定和经济健康发展。"安全第一、预防为主、综合治理"是我国安全生产工作的方针，是生产经营单位管理安全生产所必须遵循的基本原则和指导思想，它反映了国家对安全生产工作的总体要求。

（一）安全第一

"安全第一"就是在生产经营活动中，在处理保证安全与生产经营活动中的关系上，

要始终把安全放在首要位置，优先考虑从业人员和其他人员的人身安全，实行"安全优先"的原则。在确保安全的前提下，努力实现生产的其他目标。当安全工作与其他活动发生冲突与矛盾时，其他活动要服从安全，绝不能以牺牲人的生命、健康、财产损失为代价换取发展和效益。安全第一，体现了以人为本的思想，是预防为主，综合治理的统领，没有安全第一的思想，预防为主就失去了思想支撑，综合治理就失去了整治依据。

（二）预防为主

"预防为主"是安全生产发展的核心和具体体现，是实施安全生产的根本途径，也是实现安全第一的根本途径。所谓预防为主，就是要把预防生产安全事故的发生放在安全生产工作的首位。对安全生产的管理，主要不是在发生事故后去组织抢救，进行事故调查，找原因、追责任、堵漏洞，而是谋事在先，采取有效的事前控制措施，千方百计地预防事故的发生，做到防患于未然，将事故消灭在萌芽状态。虽然人类在生产活动中还不能完全杜绝安全事故的发生，但只要思想重视，预防措施得当，绝大部分事故特别是重大事故是可以避免发生的。坚持预防为主，就是坚持培训教育为主，在提高生产经营单位主要负责人、安全管理人员和从业人员的安全素质上下功夫，最大限度地减少违章指挥、违章作业、违反劳动纪律的现象，努力做到"不伤害自己、不伤害他人、不被他人伤害"。只有把安全生产的重点放在建立事故隐患预防体系上，超前预防，才能有效避免和减少事故，实现安全第一。

（三）综合治理

将"综合治理"纳入安全生产方针，标志着对安全生产的认识上升到一个新的高度，是贯彻落实科学发展观的具体体现。所谓综合治理，就是要综合运用法律、经济、行政等手段，从发展规划、行业管理、安全投入、科技进步、经济政策、教育培训、安全文化及责任追究等方面着手，建立安全生产长效机制。综合治理，秉承"安全发展"的理念，从遵循和适应安全生产的规律出发，运用法律、经济、行政等手段，多管齐下，并充分发挥社会、职工、舆论的监督作用，形成标本兼治、齐抓共管的格局。综合治理，是一种新的安全管理模式，它是保证"安全第一、预防为主"的安全管理目标实现的重要手段和方法，只有不断健全和完善综合治理工作机制，才能有效贯彻安全生产方针。

案例 1.3

夯实安全生产主体责任，防控生产安全事故风险

2023 年 5 月 31 日，武进区应急管理综合行政执法大队执法人员对江苏某塑料制品有限公司进行举报核查，检查发现该单位机修岗位设有电焊机及气瓶，机修工柯某某从事电焊作业，未持有有效的焊接与热切割特种作业操作证。生产中使用的滚塑塑料粒子磨粉为涉爆粉尘，生产车间内一台磨粉机配套的干式除尘系统未采取泄爆、惰化、抑爆等任一种爆炸防控措施。依据《工贸企业重大事故隐患判定标准（2021 版）》，上述事故隐患属于重大生产安全事故隐患。该单位涉嫌存在特种作业人员未按照规定经专门的安全作业培训并取得相应资格，上岗作业；未采取措施消除事故隐患的违法行为。主要负责人周某某，

未能及时消除生产安全事故隐患，对上述行为负有直接责任。

分析：企业主要负责人对本单位的生产经营活动负责，必须同时承担起本单位安全生产第一责任人的职责，要认真贯彻落实"安全第一、预防为主、综合治理"的方针，正确处理好安全与发展、安全与效益的关系，做到生产必须安全、不安全不生产。《中华人民共和国安全生产法》对企业主要负责人的义务和职责要求更加明确、具体，也更为严格。因企业主要负责人不履行法定职责导致企业违反安全生产法律法规，不仅要对企业进行处罚，同时还要处罚企业负责人。把"关键少数"牢牢抓住，督促"关键少数"依法履职，推动企业全面落实安全生产主体责任，防止和减少生产安全事故。

二、安全生产体系

（一）安全风险分级管控和事故隐患排查治理双重预防机制

国务院安全生产委员会办公室 2016 年 4 月印发《标本兼治遏制重特大事故工作指南》（安委办〔2016〕3 号）以来，各地区各有关单位迅速贯彻落实，构建了安全风险分级管控和隐患排查治理双重预防机制（以下简称"双机制"）。

所谓"双机制"，是指以风险分级管控和隐患排查治理两种手段相结合的生产安全事故预防工作机制。通过构建并持续运行"双机制"，要做到"把安全风险管控挺在隐患前面，把隐患排查治理挺在事故前面"，对预防生产安全事故意义重大。

1. 风险分级管控

（1）风险辨识。结合企业生产实际，合理划分辨识单元，对客观存在的生产工艺、设备设施、作业环境、人员行为和管理体系等方面存在的风险，进行全方位、全过程的辨识。

（2）风险分类。对辨识出的风险，综合考虑起因物、引起事故的诱导性原因、致害物、伤害方式等进行风险类别划分。

（3）风险评估。即对不同类别的风险，采用"矩阵法""LEC 法"等常见的评估方法，确定其风险等级，风险等级包括重大风险、较大风险、一般风险和低风险 4 个级别，相应地用红、橙、黄、蓝 4 种颜色标示。

（4）制定管控措施。针对风险辨识和风险评估的情况，依据相关法律、法规、规章、标准，对每一处风险制定科学的管控措施。

（5）实施风险管控。综合考虑风险类别、等级、所属区域及部门等因素，对安全风险进行分级、分层、分类、分专业管理，逐一落实企业、车间、班组和岗位的风险管控责任，按照风险管控措施定期进行检查，校验管控措施是否失效，确保风险处于可控状态。

（6）风险公告警示。结合风险辨识、风险评估、风险管控措施制定等工作，制作包含主要风险、可能引发事故隐患类型、事故后果、管控措施、应急措施及事故报告方式等信息的岗位风险告知卡，并在相应区域、设备、岗位进行粘贴公告，确保所有从业人员了解所属区域、岗位的风险。

2. 隐患排查治理

（1）建立制度。结合企业实际，建立完善的隐患排查治理制度，明确隐患排查的事项、内容和频次，并将责任逐一分解落实，推动全员参与自主排查隐患。

（2）排查隐患。当风险管控措施失效时，风险则已演变为事故隐患。因此，要按照制度要求，定期开展隐患排查工作，及时发现风险管控措施失效形成的事故隐患。

（3）治理隐患。对排查出的隐患，要明确整改责任、整改措施、整改资金、整改时限和整改预案。能够当场立即整改的一般隐患，要当场进行整改；对无法当场立即整改的隐患，要制定隐患治理方案，并按方案在规定时间内完成整改。

（4）闭环验收。隐患整改期满后，要组织企业安全管理等部门的技术人员，对隐患整改情况进行闭环验收，确保隐患整改到位。

3. 双机制的基本工作思路

"双机制"就是构筑防范生产安全事故的两道防火墙：一是管风险，以安全风险辨识和管控为基础，从源头上系统辨识风险、分级管控风险，努力把各类风险控制在可接受范围内，杜绝和减少事故隐患；二是治隐患，以隐患排查和治理手段，认真排查风险管控过程中出现的缺失、漏洞和风险控制失效环节，坚决把隐患消灭在事故发生之前。可以说，安全风险管控到位就不会形成事故隐患，隐患一经发现得到及时治理就不可能酿成事故，要通过双重预防的工作机制，切实把每一类风险都控制在可接受范围内，把每一个隐患都治理在形成之初，把每一起事故都消灭在萌芽状态。

案例1.4

推进"双机制"建设，筑牢安全生产防线

恒通化工双氧水厂作为山东全省双氧水行业"双机制"建设标杆，积极参与山东省《过氧化氢行业企业安全生产风险分级管控体系实施指南》和《过氧化氢行业企业安全生产除患排查治理体系指南》的编写工作，同时积极开展"双机制"管理，有效管控各级风险点和重大危险源。隐患排查治理过程中，该厂的主要做法如下。

（1）"三全"管理，营造双重预防氛围。恒通双氧水厂坚持"以人为本，安全发展"的理念，从全面落实企业安全生产主体责任入手，构建全员参与、全方位覆盖、全过程控制的"三全"管理模式，严格落实"一岗双责"，把"双机制建设"与生产管理同研究、同部署、同督促、同检查、同考核、同问责。认真贯彻落实《安全生产风险分级管控制度》《隐患排查治理制度》《安全风险分级管控体系建设考核制度》《隐患排查治理奖惩考核制度》等，采取走出去、请进来等灵活多变的方法，分层次、分阶段对职工进行教育培训。

（2）清单帮忙，理顺危险源辨识和风险分级。恒通双氧水厂坚持风险导向、关口前移、源头治理、全员参与和持续改进的基本思路，全面辨识各生产装置、作业活动、设备设施中存在的人、机、环、管等不安全因素，进行评估分级，形成危险源辨识及风险分级管控清单。有针对性地制定管控标准和管控措施，明确管控层级和责任人员，持续开展风险预控管理，有效降低安全风险。确定一级风险点10个、二级风险点19个，制作成现场公示牌进行公示，将三级、四级风险点制作成风险告知卡，放置在岗位。公示牌和告知卡

明确风险类别、风险等级、管控措施和应急措施，让每名员工都熟悉岗位风险点的基本情况及风险防范、应急对策。

（3）隐患整治，奖惩分明见实效。恒通双氧水厂按照"双机制"建设的考核标准要求，重新梳理完善隐患排查制度、排查记录、排查台账、整改通知单等内容，将风险辨识后的风险管控措施纳入公司、厂级、班组及岗位的隐患排查清单。按照排查计划和实际情况，由各管控层级分别按要求组织隐患排查。做到定期排查与日常管理相结合，专业排查与综合联合排查相结合，一般排查与重点排查相结合。隐患排查结束后，对于不能立即整改的，及时登记，反馈到整改部门，制定措施、实施整改，严格落实责任、措施、资金、时限及整改前管控等内容，并按时将隐患信息录入隐患整改信息平台，实现隐患排查、登记、治理、销号的闭合管理。

分析： 恒通双氧水厂把"双机制"建设作为重要抓手，成立领导小组，系统推进安全风险分级管控和隐患排查治理工作，风险导向、关口前移、源头治理、全员参与、持续改进，真正让"双机制"建设给装置安全系上"双保险"，提升企业安全管理水平。

（二）企业安全生产标准化建设

2010 年 4 月 15 日，国家安全生产监督管理总局发布了《企业安全生产标准化基本规范》（AQ/T 9006—2010），并于 2010 年 6 月 1 日实施。标准适用于工矿企业开展安全生产标准化工作以及对标准化工作的咨询、服务和评审。现行版本《企业安全生产标准化基本规范》（GB/T 33000，以下简称《基本规范》）于 2017 年 4 月 1 日起正式实施。

安全生产标准化的基本内涵，就是通过建立安全生产责任制，制定安全管理制度和操作规程，排查治理隐患和监控重大危险源，建立预防机制，规范生产行为，使各生产环节符合有关安全生产法律法规和标准规范的要求，人、机、物、环处于良好的生产状态，并持续改进、不断加强企业安全生产的规范化建设。

推进安全生产标准化建设既是《中华人民共和国安全生产法》对生产经营单位的基本要求（见《中华人民共和国安全生产法》第四条），又有利于贯彻落实国家法律法规、标准规范的有关要求，进一步规范从业人员的作业行为，提升设备现场本质安全水平，促进风险管理和隐患排查治理工作，有效夯实企业安全基础，提升企业安全管理水平。促进企业安全管理系统的建立、有效运行并持续改进，引导企业自主进行安全管理。

1. 对实施《基本规范》企业的一般要求

（1）实施原则。企业开展安全生产标准化工作，应遵循"安全第一、预防为主、综合治理"的方针，落实企业主体责任。以安全风险管理、隐患排查治理、职业病危害防治为基础，以安全生产责任制为核心，建立安全生产标准化管理体系，全面提升安全生产管理水平，持续改进安全生产工作，不断提升安全生产绩效，预防和减少事故的发生，保障人身安全健康，保证生产经营活动的有序进行。

（2）建立和保持。企业应采用"计划（Plan）、执行（Do）、检查（Check）、行动

（Act）"的"PDCA"动态循环模式，依据标准规定，结合企业自身特点，自主建立并保持安全生产标准化管理体系；通过自我检查、自我纠正和自我完善，构建安全生产长效机制，持续提升安全生产绩效。

（3）自评和评审。企业安全生产标准化管理体系的运行情况，采用企业自评和评审单位评审的方式进行评估。

企业应当根据《基本规范》和有关评分细则，对本企业开展安全生产标准化工作情况进行评定；自主评定后申请外部评审定级。安全生产标准化评审分为一级、二级、三级，一级为最高。

2. 安全生产标准化的核心要素

安全生产标准化建设是指企业围绕目标职责、制度化管理、教育培训、现场管理、安全风险管控及隐患排查治理、应急管理、事故管理、持续改进等 8 个核心要素，通过落实企业安全生产主体责任，全员全过程参与，建立并保持安全生产管理体系，全面管控生产经营活动各环节的安全生产与职业卫生工作，实现安全健康管理系统化、岗位作业行为规范化、设备设施本质安全化、作业环境器具标准化。

3. 安全生产标准化建设的原则

（1）政府推动、企业为主。开展安全生产标准化活动，政府必须担负起指导和推动责任。政府部门必须发挥推动作用，把标准化活动作为安全生产监管工作的抓手，当作宣传和提高安全意识的一项经常性工作常抓不懈，对企业进行指导、督促和检查。各级政府部门还要进一步建立、完善评价考核机制，建立、健全安全生产标准化活动的推进组织，形成政府、中介机构、企业三位一体的工作体系，保障安全生产标准化活动的长效运行。

企业是安全生产的责任主体，因此也是开展安全生产标准化活动的主体。开展安全生产标准化活动重点是发动企业，让企业自觉主动地开展活动。企业必须开展安全生产标准化活动，制定企业自评标准，开展经常性自评、自查、自纠，定期排查隐患，持续改进和提高安全生产标准。

（2）全员参与、分类指导。安全生产工作涉及企业的所有从业人员，因此，开展安全生产标准化活动必须坚持全员全岗位参与。企业要针对每个岗位制定和完善标准规范与操作规程，并广泛动员企业领导、中层干部和从业人员，实行全员全岗位培训教育，提高每个人的安全意识和安全生产技能。

在推动安全生产标准化活动的工作过程中，不应搞一刀切，应充分考虑行业、地区和企业自身基础差别，分类、分层次推进。在行政许可类行业强制企业开展安全生产标准化活动，全面进行自评和评审，并达到国家规定的安全生产标准化企业；在非行政许可类行业指导企业开展安全生产标准化活动。鼓励大型企业制定更高、更细的安全生产标准和操作规程；辅导帮助中小企业开展安全生产标准化活动；对高危行业在行政许可条件中明确开展安全生产标准化活动的要求，要全面进行评审并达到安全生产标准化企业。各级政府部门分别制订工作计划和实施措施，指导督促企业开展活动。企业集团制订工作计划和实施措施，对下属企业乃至车间进行具体工作部署。

（3）持续改进、巩固提升。企业安全生产标准化的重要步骤是建设、运行、检查和持续改进，是一项长期工作。外部评审定级仅是检验建设效果的手段之一，不是安全生产标准化建设的最终目的。企业建设工作不是简单整理文件的过程，需要根据安全生产规章制度实施运行，不可能一蹴而就。达标之后，每年需要通过进行自评和改进来不断检验建设效果。

案例 1.5

安全生产标准化建设走过场，安全管理难以形成长效机制

2023 年 3 月 8 日，南安市应急局执法人员对厦门某建材有限公司泉州分公司进行安全生产标准化创建提升专项检查时，发现该公司成品装卸区 3 处配电箱未设置"当心触电"安全警示标志；电工王某在未取得电工作业操作资格证的情况下上岗从事电工作业；焊接与热切割工张某某和王某某两人在未取得焊接与热切割作业操作资格证的情况下从事焊接与热切割作业；成品装卸区一处配电箱箱门缺失，一处行吊挂钩防脱钩保险销缺失，一处砂浆搅拌机传动皮带安全防护罩缺失，共计三个安全设备未进行经常性维护保养。该公司安全生产标准化"六个有"落实不到位，未在有较大危险因素的设备上设置安全警示标志；"三张清单"制度落实不到位，对存在隐患的安全设备未进行排查整治，未将重大事故隐患判断标准纳入"三张清单"并开展隐患排查治理。经调查，发现该公司违反了《中华人民共和国安全生产法》第三十条、第三十五条和第三十六条第二款的规定，依据《中华人民共和国安全生产法》第九十七条第七款、第九十九条第一款和第九十九条第三款规定，合计处以罚款 6.5 万元。该公司深刻认识到自身的问题，认真抓好整改，并按时交了罚款。

分析：安全生产标准化建设是进一步夯实企业安全生产主体责任，规范企业安全生产行为，改善安全生产条件，强化安全基础管理的重要手段。安全生产标准化创建与运行分离，达标后放松安全生产管理，企业的隐患排查、特殊作业、重大危险源管理等关键工作未落到实处等突出问题，导致企业未能真正形成持续改进、不断提高的安全管理长效机制。

（三）职业健康安全管理体系

1. 职业健康安全管理体系的发展

（1）国际职业健康安全管理体系（Occupational Health and Safety Management System，OHSMS）的发展。20 世纪 80 年代末 90 年代初，一些大的跨国公司和联合企业出于强化自身的社会关注度以及控制损失的需要，开始建立自律性的安全卫生与环境保护的管理制度，并于 90 年代中期开始寻求第三方认证。1996 年 9 月，国际标准化组织（ISO）召开国际研讨会，研讨是否对之制定国际标准，但未达成一致意见。鉴于此，一些发达国家率先开展了实施职业安全健康管理体系的活动，例如，1996 年，英国推出了 BS 8800《职业安全卫生管理体系指南》；美国工业协会发布《职业安全卫生管理体系》等指导性文件。

1997 年，澳大利亚/新西兰提出了《职业安全卫生管理体系原则、体系和支持技术通用指南》；日本工业安全卫生协会提出了《职业安全卫生管理体系导则》；挪威船级社（DNV）制定了《职业安全卫生管理体系认证标准》。

2018 年，国际标准化组织（ISO）发布《职业健康安全管理体系要求及使用指南》（*Occupational Health and Safety Management Systems-Requirements with Guidance for Use*，ISO 45001：2018）。

（2）我国 OHSMS 的发展。1997 年，中国石油天然气总公司制定了《石油天然气工业健康、安全与环境管理体系》《石油地震队健康安全与环境管理规范》《石油钻井健康安全与环境管理体系指南》三个行业标准。1998 年，中国劳动保护科学技术学会提出了《职业安全卫生管理体系规范及使用指南》。1999 年，国家经济贸易委员会发布了《职业安全卫生管理体系试行标准》并开始试点工作。几经更迭，现行有效的标准是 2020 年 3 月 6 日发布的《职业健康安全管理体系要求及使用指南》（GB/T 45001—2020）。

2. 《职业健康安全管理体系要求及使用指南》（GB/T 45001—2020/ISO 45001：2018）介绍

（1）适用范围。标准适用于具有以下愿望的组织：通过建立、实施和保持职业健康安全管理体系以改进健康安全，消除危险源和使职业健康安全风险（包括体系缺陷）最小化，利用职业健康安全机遇而获益，解决与其活动相关的职业健康安全管理体系的不符合。

（2）标准有效性和实现预期结果的关键因素。该标准认为，职业健康安全管理体系的实施和保持，其有效性和实现预期结果的能力，均取决于一系列关键因素（该标准称之为成功因素），可包括：

① 最高管理者的领导作用、承诺、职责和责任；

② 最高管理者在组织内创建、引领和促进能支持职业健康安全管理体系预期结果的文化；

③ 沟通；

④ 工作人员和工作人员代表（如有的话）的参与和协商；

⑤ 为保持体系而配置的必要资源；

⑥ 符合组织总体战略目标和方向的职业健康安全方针；

⑦ 识别危险源，控制职业健康安全风险和利用职业健康安全机遇的有效过程；

⑧ 为提升职业健康安全绩效而持续开展的职业健康安全管理体系绩效评价和监视；

⑨ 将职业健康安全管理体系融入组织业务过程；

⑩ 符合职业健康安全方针，并考虑组织的危险源、职业健康安全风险和机遇的职业健康安全目标；

⑪ 符合法律法规和其他要求。

（3）标准的结构。该标准采用了基于 PDCA 动态循环概念的职业健康安全管理体系方法。PDCA 动态循环概念是一个循序渐进的过程，旨在实现持续改进。该模式可应用于管理体系及其每个单独的要素。该模式可简述如下。

计划：确定和评价职业健康安全风险和机遇，以及其他风险和机遇，制定职业健康安全目标和所必需的过程，以实现与组织职业健康安全方针相一致的结果。

执行：执行所策划的过程。

检查：依据职业健康安全方针和目标，对活动和过程进行监视和测量，并报告结果。

行动：采取措施以持续改进职业健康安全绩效以实现预期结果。

图1-10展示了PDCA动态循环与标准结构之间的关系。

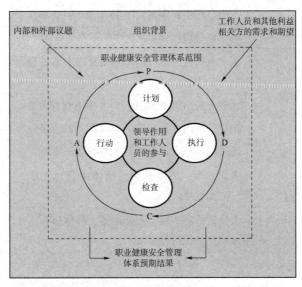

图1-10　PDCA动态循环与标准结构之间的关系

活动与训练

评审案例分析

——职业健康安全管理体系标准应用实践

一、目标

（1）学生能够正确分析出评审案例中的不符合事实。

（2）学生能够分析出评审案例中不符合事实时违反的标准条款。

（3）要求学生通过评审案例，提高自身的职业素养和综合分析能力。

二、程序和规则

步骤1：将学生分成若干小组（1~3人为一组），小组内进行任务分工，如查找资料、PPT制作、汇报发言等。

步骤2：每个小组根据任务分工进行任务实施。

步骤3：以小组为单位分别进行汇报展示，每组限时5分钟。

步骤4：小组互评、教师评价。

具体考核标准如表1-4所示。

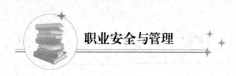

表1-4 职业健康安全管理体系标准应用实践评价表

序号	考核内容	评价标准	标准分值	评分
1	分析不符合事实 （30分）	正确分析出评审案例中9项及以上不符合事实	30分	
		正确分析出评审案例中5~8项不符合事实	20分	
		正确分析出评审案例中1~4项不符合事实	10分	
		未正确分析出评审案例中的不符合事实	0分	
2	分析不符合条款 （50分）	正确分析出评审案例中9项及以上不符合条款	50分	
		正确分析出评审案例中5~8项不符合条款	30分	
		正确分析出评审案例中1~4项不符合条款	10分	
		未正确分析出评审案例中的不符合条款	0分	
3	汇报综合表现 （20分）	表达清晰，语言简洁，肢体语言运用适当，大方得体	20分	
		表达较清晰，语言不够简洁，肢体语言运用较少，表现得较紧张	10分	
得分				

三、总结评价

通过小组之间的互评和教师的评价指导，加深学生对职业健康安全管理体系相关知识的理解，强化学生的职业素养，提升学生的实践应用能力。

课后思考

1. 请阐述我国现行的安全生产方针及其内涵。
2. 请浅谈国内外安全管理模式或经验对你今后从事安全生产管理工作有何启示。

安全生产基础

哲人隽语

祸固多藏于隐微而发于人之所忽者也。

——《司马相如·上书谏猎》

模块导读

　　安全管理的目标就是减少和控制危险有害因素，预防事故和职业病，尽量避免生产过程中的人身伤害、财产损失、环境污染以及其他损失，使安全生产水平持续提高，保障人民群众的生命和财产安全。要想达到此目标，国家安全法律法规体系的建设至关重要。因此，必须了解我国安全生产法律法规的体系架构，能够应用安全生产相关法律法规进行企业安全生产管理和事故分析，掌握如何开展全员安全生产责任制、安全目标管理建设工作，掌握常用的安全技术措施，最终能够结合企业实际情况，进行安全生产管理分析、安全技术措施实施，制定合理有效的事故防范措施。

学习目标

1. 了解我国安全生产法律法规的体系架构。
2. 掌握《中华人民共和国安全生产法》关于安全生产的相关规定。
3. 掌握企业全员安全生产责任制、安全目标管理的实施方法。
4. 掌握机械、电气、特种设备、防火防爆等安全技术措施。
5. 能够结合企业实际情况，制定合理有效的事故防范措施。
6. 培养学生树立社会主义法治理念，强化法律意识，牢固树立安全发展理念。

单元一　安全生产法律法规

 案例导入

湛江麻章晨鸣浆纸有限公司"5·18"较大中毒和窒息事故

2023年5月18日17时40分许，位于湛江市麻章区的湛江晨鸣浆纸有限公司的承包

单位石家庄科晶废旧物资回收有限公司斜网捞浆装置运行现场发生一起中毒和窒息事故，造成 4 人经抢救无效后死亡，直接经济损失 750 万元。

分析：事故直接原因：因捞浆作业通道过窄、平台防护栏杆缺失，纪某亮在捞浆作业时不慎跌落集水池（有限空间），集水池内氧气含量不足，纪某生、纪某翔和王某法盲目涉水进入池内施救，池底污泥搅动后释放出硫化氢和一氧化碳，四人窒息、中毒后晕倒在污水中淹溺，抢救无效死亡。事故主要教训：安全生产法治意识、责任意识淡薄。科晶公司、湛江晨鸣公司的主要负责人及其他负责人没有对《中华人民共和国安全生产法》和国家有关安全生产的方针政策进行学习，对《中华人民共和国安全生产法》关于生产经营单位的安全生产保障等有关规定没有认知，没有依法履行安全生产工作职责。

为了保障人民群众的生命财产安全，有效遏制生产安全事故的发生，我国颁布了以《中华人民共和国安全生产法》为代表的一系列安全生产法律法规。安全生产法律法规是指调整在生产过程中产生的同劳动者或生产人员的安全与健康，以及生产资料和社会财富安全保障有关的各种社会关系的法律规范总和，是国家法律体系的重要组成部分。

一、我国安全生产法律法规体系

（一）安全生产法律法规体系的概念

安全生产法律法规体系是指我国全部现行的、不同的安全生产法律规范形成的有机联系的统一整体。我国安全生产法律法规体系由与安全生产相关的法律、行政法规、地方性法规、行政规章和国家标准等组成。

（二）安全生产法律法规体系基本框架

按照法律地位和法律效力的层级，可以分为上位法与下位法。不同的立法对同一类或者同一个职业健康安全行为做出不同法律规定的，以上位法规定为准，上位法没有规定的，可以适用下位法。而当法律规定存在不一致的地方时，应遵循后法大于先法、特别法优于一般法等原则。

1. 法律

法律是安全生产法律体系中的上位法，居于整个体系的最高层级，其法律地位和效力高于行政法规、地方性法规、部门规章、地方政府规章等下位法。国家现行的有关安全生产的专门法律有《中华人民共和国安全生产法》《中华人民共和国消防法》《中华人民共和国道路交通安全法》《中华人民共和国矿山安全法》等；与安全生产相关的法律主要有《中华人民共和国劳动法》《中华人民共和国职业病防治法》《中华人民共和国工会法》等。

2. 法规

（1）行政法规。安全生产行政法规的法律地位和法律效力低于有关安全生产的法律，高于地方性安全生产法规、地方政府安全生产规章等下位法。

（2）地方性法规。地方性安全生产法规的法律地位和法律效力低于有关安全生产的法律、行政法规，高于地方政府安全生产规章。

3. 规章

（1）部门规章。国务院有关部门依照安全生产法律、行政法规规定或者国务院的授权制定发布的安全生产规章与地方政府规章之间具有同等效力，在各自的权限范围内施行。

（2）地方政府规章。地方政府安全生产规章是最低层级的安全生产立法，其法律地位和法律效力低于其他上位法，不得与上位法相抵触。

4. 标准

我国的许多立法均将安全生产标准作为生产经营单位必须执行的技术规范，从而使安全标准具有了法律上的地位和效力，生产经营单位违反了强制性安全标准的要求，同样要承担法律责任。安全标准分为国家标准、行业标准和地方标准，其含义和安全生产法律法规的含义是一样的。

二、《中华人民共和国安全生产法》

《中华人民共和国安全生产法》是对所有的生产经营单位的安全生产普遍适用的基本法律，是为了加强安全生产工作，防止和减少生产安全事故，保障人民群众生命财产安全，促进经济社会持续健康发展而制定的。《中华人民共和国安全生产法》于2002年6月29日经第九届全国人民代表大会常务委员会第二十八次会议通过，2002年11月1日正式实施。2021年6月10日第十三届全国人民代表大会常务委员会第二十九次会议通过《全国人民代表大会常务委员会关于修改的决定》，第三次修正的《中华人民共和国安全生产法》自2021年9月1日起施行。

《中华人民共和国安全生产法》分为总则、生产经营单位的安全生产保障、从业人员的权利和义务、安全生产的监督管理、生产安全事故应急救援与调查处理、法律责任、附则，共七章119条。

（一）基本规定

1. 安全生产工作指导思想、方针、原则、机制

安全生产工作坚持中国共产党的领导。安全生产工作应当以人为本，坚持人民至上、生命至上，把保护人民生命安全摆在首位，树牢安全发展理念，坚持安全第一、预防为主、综合治理的方针，从源头上防范化解重大安全风险。

安全生产工作实行管行业必须管安全、管业务必须管安全、管生产经营必须管安全，强化和落实生产经营单位主体责任与政府监管责任，建立生产经营单位负责、职工参与、政府监管、行业自律和社会监督的机制。

案例2.1

"三管三必须"明确安全生产责任

某公司在废水装置作业时，发生爆燃事故，导致两名员工死亡，经济损失300万元。经调查了解，身为该公司工程部副经理的犯罪嫌疑人张某某，未严格执行公司设备设施拆除移位等管理制度，施工前也未组织编制施工方案，且未落实好现场管理工作；犯罪嫌疑人李某某违规使用了电焊枪对法兰与短接进行点焊，而犯罪嫌疑人王某某作为监火人，并未到场对李某某的违规动火作业进行监督，因此引发事故。"安全责任不是我的职责，我只负责工程部业务。"在接手该起重大责任事故案件之初，张某某对公安机关指控其承担事故领导责任很不服气。

检察官向他指明，按照相关法律及公司规章制度，工程部作为公司设备设施拆除、转移的主要部门，应负责制定拆除方案、进度计划和落实现场管理的工作；对于拆除设备，应组织有关人员进行风险评价，及早做出预防措施，并根据风险评价结果制定详细的拆除方案和实施计划，最后报经批准后方可执行。但在此次发生的安全事故中，工程部没有制定预案，只是与施工单位进行口头交代，也并未给出具体的施工方案，再加上施工人员的违规操作，造成了事故的发生，因此作为具有管理职责的负责人应承担事故相应责任。

分析：《中华人民共和国安全生产法》第三条规定："安全生产工作实行管行业必须管安全、管业务必须管安全、管生产经营必须管安全，强化和落实生产经营单位主体责任与政府监管责任，建立生产经营单位负责、职工参与、政府监管、行业自律和社会监督的机制。"安全生产人人有责，主体责任落实不到位、日常监管工作不到位、执法监督工作不到位都可能导致安全生产事故的发生。每个人都要在自己的岗位上履职到位，才能确保安全生产。

2. 生产经营单位的安全生产责任

生产经营单位必须遵守本法和其他有关安全生产的法律、法规，加强安全生产管理，建立、健全全员安全生产责任制和安全生产规章制度，加大对安全生产资金、物资、技术、人员的投入保障力度，改善安全生产条件，加强安全生产标准化、信息化建设，构建安全风险分级管控和隐患排查治理双重预防机制，健全风险防范化解机制，提高安全生产水平，确保安全生产。

（二）生产经营单位的安全生产保障

1. 安全生产资金投入

生产经营单位应当具备的安全生产条件所必需的资金投入，由生产经营单位的决策机构、主要负责人或者个人经营的投资人予以保证，并对由于安全生产所必需的资金投入不足导致的后果承担责任。有关生产经营单位应当按照规定提取和使用安全生产费用，专门用于改善安全生产条件。安全生产费用在成本中据实列支。

2. 安全生产管理机构和人员配备

矿山、金属冶炼、建筑施工、运输单位，危险物品的生产、经营、储存、装卸单位，应当设置安全生产管理机构或者配备专职安全生产管理人员。前款规定以外的其他生产经营单位，从业人员超过100人的，应当设置安全生产管理机构或者配备专职安全生产管理人员；从业人员在100人以下的，应当配备专职或者兼职的安全生产管理人员。

案例2.2

未按规定配备安全生产管理人员

2024年5月15日，淮南市交通执法支队执法人员在淮南市某物流公司进行执法检查时发现，该公司既无安全生产管理机构，也无专职安全生产管理人员。经过执法人员深入调查，该公司作为运输单位未按照规定配备安全生产管理人员，违法事实清楚，证据确凿。

分析：生产经营活动的安全进行，除了必要的物质保障和制度保障外，还要从人员上加以保障。对于从事一些危险性较大的行业的生产经营单位或者是从业人员较多的生产经营单位，应当有专门的人员从事安全生产管理工作，对生产经营单位的安全生产工作进行经常性检查，及时督促处理检查中发现的安全生产问题，及时督促排除生产事故隐患，提出改进安全生产工作的建议。

该公司的行为违反了《中华人民共和国安全生产法》第二十四条第一款规定，运输单位未按规定设置安全生产管理机构或者配备专职安全生产管理人员；依据《中华人民共和国安全生产法》第九十七条第一项规定，责令其改正违法行为，并处以2万元罚款。

3. 安全教育培训

（1）安全生产知识和管理能力。生产经营单位的主要负责人和安全生产管理人员必须具备与本单位所从事的生产经营活动相应的安全生产知识和管理能力。

危险物品的生产、经营、储存、装卸单位，以及矿山、金属冶炼、建筑施工、道路运输单位的主要负责人和安全生产管理人员，应当由主管的负有安全生产监督职责的部门对其生产知识和管理能力考核合格。考核不得收费。

（2）从业人员、实习学生安全生产教育培训。生产经营单位应当对从业人员进行安全生产教育和培训，保证从业人员具备必要的安全生产知识，熟悉有关的安全生产规章制度和安全操作规程，掌握本岗位的安全操作技能，了解事故应急处理措施，知悉自身在安全生产方面的权利和义务。未经安全生产教育和培训合格的从业人员，不得上岗作业。

生产经营单位应当建立安全生产教育和培训档案，如实记录安全生产教育和培训的时间、内容、参加人员以及考核结果等情况。

（3）"四新"安全生产教育培训。生产经营单位采用新工艺、新技术、新材料或者使用新设备，必须了解、掌握其安全技术特性，采取有效的安全防护措施，并对从业人员进行专门的安全生产教育和培训。

（4）特种作业人员安全作业培训。生产经营单位的特种作业人员必须按照国家有关规定经专门的安全作业培训，取得相应资格，方可上岗作业。

4. 建设项目安全管理

（1）建设项目安全设施"三同时"。生产经营单位新建、改建、扩建工程项目（以下统称"建设项目"）的安全设施，必须与主体工程同时设计、同时施工、同时投入生产和使用。安全设施投资应当纳入建设项目概算。

（2）建设项目安全设施的设计与审查。建设项目安全设施的设计人、设计单位应当对安全设施设计负责。

矿山、金属冶炼建设项目和用于生产、储存、装卸危险物品的建设项目的安全设施设计应当按照国家有关规定报经有关部门审查，审查部门及负责审查的人员对审查结果负责。

（3）建设项目安全设施的施工与验收。矿山、金属冶炼建设项目和用于生产、储存、装卸危险物品的建设项目的施工单位必须按照批准的安全设施设计施工，并对安全设施的工程质量负责。

矿山、金属冶炼建设项目和用于生产、储存、装卸危险物品的建设项目竣工投入生产或者使用前，应当由建设单位负责组织对安全设施进行验收；验收合格后，方可投入生产和使用。负有安全生产监督管理职责的部门应当加强对建设单位验收活动和验收结果的监督核查。

（4）特殊建设项目安全评价。矿山、金属冶炼建设项目和用于生产、储存、装卸危险物品的建设项目，应当按照国家有关规定进行安全评价。

5. 危险作业现场安全管理

（1）危险作业现场安全管理。生产经营单位进行爆破、吊装、动火、临时用电，以及国务院应急管理部门会同国务院有关部门规定的其他危险作业，应当安排专门人员进行现场安全管理，确保操作规程的遵守和安全措施的落实。

（2）安全警示标志。生产经营单位应当在有较大危险因素的生产经营场所和有关设施、设备上，设置明显的安全警示标志。

6. 安全设施设备、作业场所、危险物品安全管理

（1）安全设备管理。安全设备的设计、制造、安装、使用、检测、维修、改造和报废，应当符合国家标准或者行业标准。

生产经营单位必须对安全设备进行经常性维护、保养，并定期检测，保证正常运转。维护、保养、检测应当做好记录，并由有关人员签字。

生产经营单位不得关闭、破坏直接关系生产安全的监控、报警、防护、救生设备及设施，或者篡改、隐瞒、销毁其相关数据和信息。

餐饮等行业的生产经营单位使用燃气的，应当安装可燃气体报警装置，并保障其能正常使用。

（2）特种设备管理。生产经营单位使用的危险物品的容器、运输工具，以及涉及人身安全、危险性较大的海洋石油开采特种设备和矿山井下特种设备，必须按照国家有关规定，由专业生产单位生产，并经具有专业资质的检测、检验机构检测、检验合格，取得安全使用证或者安全标志，方可投入使用。检测、检验机构对检测、检验结果负责。

（3）工艺、设备淘汰制度。国家对严重危及生产安全的工艺、设备实行淘汰制度，具体目录由国务院应急管理部门会同国务院有关部门制定并公布。法律、行政法规对目录的制定另有规定的，适用其规定。

省、自治区、直辖市人民政府可以根据本地区实际情况制定并公布具体目录，对前款规定以外的危及生产安全的工艺、设备予以淘汰。

生产经营单位不得使用应当淘汰的危及生产安全的工艺、设备。

（4）危险物品安全管理。生产、经营、运输、储存、使用危险物品或者处置废弃危险物品的，由有关主管部门依照有关法律、法规规定和国家标准或者行业标准审批并实施监督管理。

生产经营单位生产、经营、运输、储存、使用危险物品或者处置废弃危险物品，必须执行有关法律、法规和国家标准或者行业标准，建立专门的安全管理制度，采取可靠的安全措施，接受有关主管部门依法实施的监督管理。

（5）作业场所和员工宿舍安全要求。生产、经营、储存、使用危险物品的车间、商店、仓库不得与员工宿舍在同一座建筑物内，并应当与员工宿舍保持安全距离。

生产经营场所和员工宿舍应当设有符合紧急疏散要求、标志明显、保持畅通的出口、疏散通道。禁止占用、锁闭、封堵生产经营场所或者员工宿舍的出口、疏散通道。

7. 重大危险源的管理与备案

生产经营单位对重大危险源应当登记建档，进行定期检测、评估、监控，并制定应急预案，告知从业人员和相关人员在紧急情况下应当采取的应急措施。

生产经营单位应当按照国家有关规定将本单位重大危险源及有关安全措施、应急措施报有关地方人民政府应急管理部门和有关部门备案。有关地方人民政府应急管理部门和有关部门应当通过相关信息系统实现信息共享。

8. 安全生产检查和管理

（1）安全检查和报告。生产经营单位的安全生产管理人员应当根据本单位的生产经营特点，对安全生产状况进行经常性检查；对检查中发现的安全问题，应当立即处理；不能处理的，应当及时报告本单位有关负责人，有关负责人应当及时处理。检查及处理情况应当如实记录在案。

生产经营单位的安全生产管理人员在检查中发现重大事故隐患，依照前款规定向本单位有关负责人报告，有关负责人不及时处理的，安全生产管理人员可以向主管的负有安全生产监督管理职责的部门报告，接到报告的部门应当依法及时处理。

（2）劳动防护用品。生产经营单位必须为从业人员提供符合国家标准或者行业标准的劳动防护用品，并监督、教育从业人员按照使用规则佩戴、使用。

（3）从业人员安全管理。生产经营单位应当教育和督促从业人员严格执行本单位的安全生产规章制度和安全操作规程；并向从业人员如实告知作业场所和工作岗位存在的危险因素、防范措施，以及事故应急措施。

生产经营单位应当关注从业人员的身体、心理状况和行为习惯，加强对从业人员的心理疏导、精神慰藉，严格落实岗位安全生产责任，防范从业人员行为异常导致事故发生。

（4）安全生产经费保障。生产经营单位应当安排用于配备劳动防护用品、进行安全生产培训的经费。

（5）工伤保险和安全生产责任保险。生产经营单位必须依法参加工伤保险，为从业人员缴纳保险费。国家鼓励生产经营单位投保安全生产责任保险；属于国家规定的高危行业、领域的生产经营单位，应当投保安全生产责任保险。具体范围和实施办法由国务院应急管理部门会同国务院财政部门、国务院保险监督管理机构和相关行业主管部门制定。

（三）从业人员的安全生产权利义务

随着社会化大生产的不断发展，劳动者在生产经营活动中的地位不断升高。人的生命价值是国家关注的重点，关心和维护从业人员的人身安全权利，是实现安全生产的重要条件。《中华人民共和国安全生产法》中规定了从业人员的安全生产权利包括知情权、建议权、批评权、检举权、控告权、拒绝权、紧急处置权等；从业人员的安全生产义务有落实岗位安全责任、接受安全生产培训和教育、事故隐患报告等。

（四）安全生产的监督管理

《中华人民共和国安全生产法》所确立的安全生产监督管理法律制度，充分体现了强化监管的宗旨和社会监管、齐抓共管的原则。主要包括政府监督管理和社会监督两个部分。在突出各级人民政府及其安全生产综合监督管理部门和有关部门的安全监管和行政执法主体地位的同时，重视和肯定公民、法人、工会和其他社会组织协助政府和有关部门对安全生产进行社会监督，发挥群防群治的作用，其目的是最大限度地调动一切力量，使安全生产监督管理延伸覆盖到全社会。

（五）生产安全事故的应急救援和调查处理

1. 应急预案编制

生产经营单位应当制定本单位生产安全事故应急救援预案，与所在地县级以上地方人民政府组织制定的生产安全事故应急救援预案相衔接，并定期组织演练。

2. 事故应急救援

生产经营单位发生生产安全事故后，事故现场有关人员应当立即报告本单位负责人。

单位负责人接到事故报告后，应当迅速采取有效措施，组织抢救，防止事故扩大，减少人员伤亡和财产损失，并按照国家有关规定立即如实报告当地负有安全生产监督管理职责的部门，不得隐瞒不报、谎报或者迟报，不得故意破坏事故现场、毁灭有关证据。

3. 生产安全事故的调查处理

事故调查处理应当按照科学严谨、依法依规、实事求是、注重实效的原则，及时、准确地查清事故原因，查明事故性质和责任，评估应急处置工作，总结事故教训，提出整改措施，并对事故责任单位和人员提出处理建议。事故调查报告应当依法及时向社会公布。事故调查和处理的具体办法由国务院制定。

三、安全生产相关法律

（一）《中华人民共和国消防法》

《中华人民共和国消防法》于 1998 年 4 月 29 日第九届全国人民代表大会常务委员会第二次会议时通过，历经 2008 年修订，2019 年、2021 年两次修正。《中华人民共和国消防法》分为总则、火灾预防、消防组织、灭火救援、监督检查、法律责任、附则，共七章74 条。

1. 建设工程的消防设计、验收、备案

对按照国家工程建设消防技术标准需要进行消防设计的建设工程，实行建设工程消防设计审查验收制度。

国务院住房和城乡建设主管部门规定应当申请消防验收的建设工程竣工，建设单位应当向住房和城乡建设主管部门申请消防验收。

前款规定以外的其他建设工程，建设单位在验收后应当报住房和城乡建设主管部门备案，住房和城乡建设主管部门应当进行抽查。

2. 消防安全职责

（1）机关、团体、企业、事业等单位应当履行下列消防安全职责。

① 落实消防安全责任制，制定本单位的消防安全制度、消防安全操作规程，制定灭火和应急疏散预案。

② 按照国家标准、行业标准配置消防设施、器材，设置消防安全标志，并定期组织检验、维修，确保完好有效。

③ 对建筑消防设施每年至少进行一次全面检测，确保完好有效，检测记录应当完整准确，存档备查。

④ 保障疏散通道、安全出口、消防车通道畅通，保证防火防烟分区、防火间距符合消防技术标准。

⑤ 组织防火检查，及时消除火灾隐患。

⑥ 组织进行有针对性的消防演练。

⑦ 法律、法规规定的其他消防安全职责。

（2）消防安全重点单位除应当履行本法第十六条规定的职责外，还应当履行下列消防安全职责。

① 确定消防安全管理人，组织实施本单位的消防安全管理工作。

② 建立消防档案，确定消防安全重点部位，设置防火标志，实行严格管理。

③ 实行每日防火巡查，并建立巡查记录。

④ 对职工进行岗前消防安全培训，定期组织消防安全培训和消防演练。

3. 易燃易爆危险品场所消防要求

生产、储存、经营易燃易爆危险品的场所不得与居住场所设置在同一建筑物内，并应当与居住场所保持安全距离。

生产、储存、经营其他物品的场所与居住场所设置在同一建筑物内的，应当符合国家工程建设消防技术标准。

禁止在具有火灾、爆炸危险的场所吸烟、使用明火。因施工等特殊情况需要使用明火作业的，应当按照规定事先办理审批手续，采取相应的消防安全措施；作业人员应当遵守消防安全规定。

4. 易燃易爆危险品生产、储存、装卸等规定

生产、储存、装卸易燃易爆危险品的工厂、仓库和专用车站、码头的设置，应当符合消防技术标准。易燃易爆气体和液体的充装站、供应站、调压站，应当设置在符合消防安全要求的位置，并符合防火防爆要求。

已经设置的生产、储存、装卸易燃易爆危险品的工厂、仓库和专用车站、码头，易燃易爆气体和液体的充装站、供应站、调压站，不再符合前款规定的，地方人民政府应当组织、协调有关部门、单位限期解决，消除安全隐患。

5. 消防器材配置及消防通道规定

任何单位、个人不得损坏、挪用或者擅自拆除、停用消防设施、器材，不得埋压、圈占、遮挡消火栓或者占用防火间距，不得占用、堵塞、封闭疏散通道、安全出口、消防车通道。人员密集场所的门窗不得设置影响逃生和灭火救援的障碍物。

案例2.3

人人讲安全，个个会应急——畅通安全通道

2024年2月9日20时10分许，四川内江隆昌市响石镇发生一起较大火灾事故，过火面积约80㎡，造成4人遇难，包括2位老人及他们的2个孙子。事故调查报告显示，造成人员伤亡的主要原因之一是大量烟气聚集楼梯间，封堵唯一逃生路径。首层至三层的房间窗户均安装了全封闭的防护栏，如发生紧急情况，只能通过楼梯间疏散逃生。因当时天气寒冷，建筑物大部分室内门窗关闭，首层起火后产生的大量烟气通过楼梯间竖向蔓延至三层楼梯间处，由于通往四层的防盗门关闭，大量烟气聚集在首层至三层楼梯间内，唯一逃生路径被封堵。

6. 灭火救援

任何人发现火灾都应当立即报警。任何单位、个人都应当无偿为报警提供便利，不得阻拦报警。严禁谎报火警。人员密集场所发生火灾，该场所的现场工作人员应当立即组织、引导在场人员疏散。任何单位发生火灾，必须立即组织力量扑救。邻近单位应当给予支援。消防队接到火警，必须立即赶赴火灾现场，救助遇险人员，排除险情，扑灭火灾。

（二）《中华人民共和国刑法》

1. 危险作业罪

《中华人民共和国刑法修正案（十一）》新增危险作业罪，将其作为第一百三十四条之一，规定：在生产、作业中违反有关安全管理规定，有下列情形之一的，具有发生重大伤亡事故或者其他严重后果的现实危险的，处一年以下有期徒刑、拘役或者管制：①关闭、破坏直接关系生产安全的监控、报警、防护、救生设备、设施，或者篡改、隐瞒、销毁其相关数据、信息的；②因存在重大事故隐患被依法责令停产停业、停止施工、停止使用有关设备、设施、场所或者立即采取排除危险的整改措施，而拒不执行的；③涉及安全生产的事项未经依法批准或者许可，擅自从事矿山开采、金属冶炼、建筑施工，以及危险物品生产、经营、储存等高度危险的生产作业活动的。

2. 重大责任事故罪

在生产作业中违反有关安全管理规定，因而发生重大伤亡事故或者造成其他严重后果的，处三年以下有期徒刑或者拘役；情节特别恶劣的，处三年以上七年以下有期徒刑。

3. 强令、组织他人违章冒险作业罪

强令他人违章冒险作业，或者明知存在重大事故隐患而不排除，仍冒险组织作业，因而发生重大伤亡事故或者造成其他严重后果的，处五年以下有期徒刑或者拘役；情节特别恶劣的，处三年以上五年以下有期徒刑。

4. 重大劳动安全事故罪

安全生产设施或者安全生产条件不符合国家规定因而发生重大伤亡事故或者造成其他严重后果的，对直接负责的主管人员和其他直接责任人员，处三年以下有期徒刑或者拘役；情节特别恶劣的，处三年以上七年以下有期徒刑。

5. 大型群众性活动重大安全事故罪

举办大型群众性活动违反安全管理规定，因而发生重大伤亡事故或者造成其他严重后果的，对直接负责的主管人员和其他直接责任人员，处三年以下有期徒刑或者拘役；情节特别恶劣的，处三年以上七年以下有期徒刑。

6. 不报、谎报安全事故罪

在安全事故发生后，负有报告职责的人员不报或者谎报事故情况，贻误事故抢救，情节严重的，处三年以下有期徒刑或者拘役；情节特别严重的，处三年以上七年以下有期徒刑。

案例2.4

企业负责人因危险作业罪被判刑

2021年9月2日，安徽省滁州市明光市应急管理局接群众举报，明光市某场所储存、经营危险化学品（氧气、乙炔等）。明光市应急管理局立即联合市公安局、市场监管局执

法人员现场核查，发现杨某在一处建筑物经营氧气、乙炔等危险化学品，经营场所没有按要求使用防爆电器，建筑物外墙与周边住宅距离小于5米，存在重大安全隐患。同时，杨某未取得营业执照、危险化学品经营许可证。执法人员当即依法下达了《现场处理措施决定书》，责令其立即停止违法行为，依法将出库单扣押，将经营场所和仓库内的氧气、乙炔等扣押转运至危险化学品专用仓库。明光市应急管理局将有关线索材料及时移送市公安局，并抄送市人民检察院。明光市公安局按照程序补充完善证据后，依法对当事人杨某采取刑事强制措施。

（三）《中华人民共和国劳动法》

《中华人民共和国劳动法》于1994年7月5日由第八届全国人民代表大会第八次会议通过，1995年5月1日起施行。2018年12月29日经第三届全国人民代表大会常务委员会第七次会议通过修正案。劳动法是调整劳动关系，以及与劳动关系密切联系的其他关系的法律规范。

1. 劳动安全卫生的基本要求

（1）劳动者的权利。劳动者享有平等就业和选择职业的权利、取得劳动报酬的权利、休息休假的权利、获得劳动安全卫生保护的权利、接受职业技能培训的权利、享受社会保险和福利的权利、提请劳动争议处理的权利，以及法律规定的其他劳动权利。劳动者对用人单位管理人员违章指挥、强令冒险作业，有权拒绝执行；对危害生命安全和身体健康的行为，有权提出批评、检举和控告。

劳动者有权依法参加和组织工会。工会代表和维护劳动者的合法权益，依法独立自主地开展活动。

（2）劳动者的义务。劳动者的义务主要包括五个方面：一是完成劳动任务；二是提高职业技能；三是执行劳动安全卫生规程；四是遵守劳动纪律和职业道德；五是从事特种作业的劳动者必须经过专门培训并取得特种作业资格。

（3）用人单位的劳动安全卫生义务。

① 用人单位必须建立、健全劳动安全卫生制度，严格执行国家劳动安全卫生规程和标准，对劳动者进行劳动安全卫生教育，防止劳动过程中的事故，减少职业危害。

② 劳动安全卫生设施必须符合国家规定的标准。新建、改建、扩建工程的劳动安全卫生设施必须与主体工程同时设计、同时施工、同时投入生产和使用。

③ 用人单位必须为劳动者提供符合国家规定的劳动安全卫生条件和必要的劳动防护用品，对从事有职业危害作业的劳动者应当定期进行健康检查。

2. 国家对女职工的特殊劳动保护

国家对女职工实行特殊劳动保护，主要包括四个方面的内容：一是禁止安排女职工从事矿山井下、国家规定的第四级体力劳动强度的劳动和其他禁忌从事的劳动；二是不得安排女职工在经期从事高处、低温、冷水作业和国家规定的第三级体力劳动强度的劳动；三是不得安排女职工在怀孕期间从事国家规定的第三级体力劳动强度的劳动和孕期禁忌从事的劳动。对怀孕 7 个月以上的女职工，不得安排其延长工作时间和夜班劳动；四是不得安排女职工在哺乳未满 1 周岁的婴儿期间从事国家规定的第三级体力劳动强度的劳动和哺乳期禁忌从事的其他劳动，不得安排其延长工作时间和夜班劳动。此外，女职工生育享受不少于 90 天的产假。

3. 国家对未成年工的特殊劳动保护

未成年工是指年满 16 周岁未满 18 周岁的劳动者。不得安排未成年工从事矿山井下、有毒有害、国家规定的第四级体力

四、安全行政法规

（一）《安全生产许可证条例》

《安全生产许可证条例》（中华人民共和国国务院令第 397 号）于 2004 年 1 月 7 日经国务院第 34 次常务会议通过，自公布之日 2004 年 1 月 13 日起施行。该条例共计 24 条。

1. 实行安全生产许可制度的范围

国家对矿山企业、建筑施工企业和危险化学品、烟花爆竹、民用爆炸物品生产企业（以下统称"企业"）实行安全生产许可制度。

企业未取得安全生产许可证的，不得从事生产活动。

2. 企业应具备的安全生产条件

企业取得安全生产许可证，应当具备下列安全生产条件：

（1）建立、健全安全生产责任制，制定完备的安全生产规章制度和操作规程。

（2）安全投入符合安全生产要求。

（3）设置安全生产管理机构，配备专职安全生产管理人员。

（4）主要负责人和安全生产管理人员经考核合格。

（5）特种作业人员经有关业务主管部门考核合格，取得特种作业操作资格证书。

（6）从业人员经安全生产教育和培训合格。

（7）依法参加工伤保险，为从业人员缴纳保险费。

（8）厂房、作业场所和安全设施、设备、工艺符合有关安全生产法律、法规、标准和规程的要求。

（9）有职业危害防治措施，并为从业人员配备符合国家标准或者行业标准的劳动防护用品。

（10）依法进行安全评价。

（11）有重大危险源检测、评估、监控措施和应急预案。

（12）有生产安全事故应急救援预案、应急救援组织或者应急救援人员，配备必要的应急救援器材、设备。

（13）法律、法规规定的其他条件。

案例 2.5

某企业未取得安全生产许可证作业

2023 年 11 月 20 日，根据群众举报线索，湖北省武汉市江夏区应急管理局执法人员对武汉某塑化有限公司进行现场检查，发现该公司未取得危险化学品生产许可证，生产次磷酸溶液（经抽样检测确定为危险化学品）。江夏区应急管理局依法对该公司进行立案调查，同时向该公司下达了《现场处理措施决定书》，责令企业立即停止生产活动，并对企业的生产设备和库存次磷酸溶液进行了查封扣押。经调查，确认该公司违反了《安全生产许可证条例》第二条第二款规定，依据《安全生产许可证条例》第十九条规定，决定对该公司作出责令停止生产，没收违法所得人民币 16 720 元，并处人民币 15 万元罚款的行政处罚。

（二）《生产安全事故应急条例》

2018 年 12 月 5 日，国务院第 33 次常务会议通过《生产安全事故应急条例》（中华人民共和国国务院令第 708 号），自 2019 年 4 月 1 日起施行。该条例共计四章 35 条。本书主要介绍《生产安全事故应急条例》对生产经营单位应急工作的要求。

1. 应急预案编制及修订

生产经营单位应当针对本单位可能发生的生产安全事故的特点和危害，进行风险辨识和评估，制定相应的生产安全事故应急救援预案，并向本单位从业人员公布。

生产安全事故应急救援预案应当符合有关法律、法规、规章和标准规定，具有科学性、针对性和可操作性，明确规定应急组织体系、职责分工，以及应急救援程序和措施。

有下列情形之一的，生产安全事故应急救援预案制定单位应当及时修订相关预案：

（1）制定预案所依据的法律、法规、规章、标准发生重大变化。

（2）应急指挥机构及其职责发生调整。

（3）安全生产面临的风险发生重大变化。

（4）重要应急资源发生重大变化。

（5）在预案演练或者应急救援中发现需要修订预案的重大问题。

（6）其他应当修订的情形。

2. 应急救援

发生生产安全事故后，生产经营单位应当立即启动生产安全事故应急救援预案，采取下列一项或者多项应急救援措施，并按照国家有关规定报告事故情况：

（1）迅速控制危险源，组织抢救遇险人员。

（2）根据事故危害程度，组织现场人员撤离或者采取可能的应急措施后撤离。

（3）及时通知可能受到事故影响的单位和人员。

（4）采取必要措施，防止事故危害扩大和次生、衍生灾害发生。

（5）根据需要请求邻近的应急救援队伍参加救援，并向参加救援的应急救援队伍提供相关技术资料、信息和处置方法。

（6）维护事故现场秩序，保护事故现场和相关证据。

（7）法律、法规规定的其他应急救援措施。

五、安全部门规章

（一）生产安全事故应急预案管理办法

1　应急预案的编制

（1）编制的基本要求。应急预案的编制应当遵循以人为本、依法依规、符合实际、注重实效的原则，以应急处置为核心，明确应急职责、规范应急程序、细化保障措施。应急预案的编制应当符合下列基本要求。

① 有关法律、法规、规章和标准规定。

② 本地区、本部门、本单位的安全生产实际情况。

③ 本地区、本部门、本单位的危险性分析情况。

④ 应急组织和人员的职责分工明确，并有具体的落实措施。

⑤ 有明确、具体的应急程序和处置措施，并与其应急能力相适应。

⑥ 有明确的应急保障措施，满足本地区、本部门、本单位的应急工作需要。

⑦ 应急预案基本要素齐全、完整，应急预案附件提供的信息准确。

⑧ 应急预案内容与相关应急预案相互衔接。

（2）应急预案分类。生产经营单位应急预案分为综合应急预案、专项应急预案和现场处置方案。

2. 应急预案评审与备案

（1）应急预案评审。矿山、金属冶炼企业和易燃易爆物品、危险化学品的生产、经营（带储存设施的，下同）、储存、运输企业，以及使用危险化学品达到国家规定数量的化工企业、烟花爆竹生产、批发经营企业和中型规模以上的其他生产经营单位，应当对本单位编制的应急预案进行评审，并形成书面评审纪要。

前款规定以外的其他生产经营单位可以根据自身需要，对本单位编制的应急预案进行论证。

应急预案的评审或者论证应当注重基本要素的完整性、组织体系的合理性、应急处置程序和措施的针对性、应急保障措施的可行性、应急预案的衔接性等内容。

（2）应急预案备案。易燃易爆物品、危险化学品等危险物品的生产、经营、储存、运输单位，矿山、金属冶炼、城市轨道交通运营、建筑施工单位，以及宾馆、商场、娱乐场所旅游景区等人员密集场所经营单位，应当在应急预案公布之日起20个工作日内，按照分级属地原则，向县级以上人民政府应急管理部门和其他负有安全生产监督管理职责的部门进行备案，并依法向社会公布。

3. 应急预案发布

生产经营单位的应急预案经评审或者论证后，由本单位主要负责人签署，向本单位从业人员公布，并及时发放到本单位有关部门、岗位和相关应急救援队伍。事故风险可能影响周边其他单位、人员的，生产经营单位应当将有关事故风险的性质、影响范围和应急防范措施告知周边的其他单位和人员。

4. 应急演练

生产经营单位应当制订本单位的应急预案演练计划，根据本单位的事故风险特点，每年至少组织一次综合应急预案演练或者专项应急预案演练，每半年至少组织一次现场处置方案演练。

易燃易爆物品、危险化学品等危险物品的生产、经营、储存、运输单位，矿山、金属冶炼、城市轨道交通运营、建筑施工单位，以及宾馆、商场、娱乐场所、旅游景区等人员密集场所经营单位，应当至少每半年组织一次生产安全事故应急预案演练，并将演练情况报送所在地县级以上地方人民政府负有安全生产监督管理职责的部门。

5. 应急预案评估

应急预案演练结束后，应急预案演练组织单位应当对应急预案演练效果进行评估，撰写应急预案演练评估报告，分析存在的问题，并对应急预案提出修订意见。

6. 应急预案修订

（1）有下列情形之一的，应急预案应当及时修订并归档。

① 依据的法律、法规、规章、标准及上位预案中有关规定发生重大变化的。

② 应急指挥机构及其职责发生调整的。

③ 安全生产面临的风险发生重大变化的。

④ 重要应急资源发生重大变化的。

⑤ 在应急演练和事故应急救援中发现需要修订预案的重大问题的。

⑥ 编制单位认为应当修订的其他情况。

（2）应急预案修订涉及组织指挥体系与职责、应急处置程序、主要处置措施、应急响应分级等内容变更的，修订工作应当参照本办法规定的应急预案编制程序进行，并按照有关应急预案报备程序重新备案。

（二）安全生产事故隐患排查治理暂行规定

1. 安全生产事故隐患分类

安全生产事故隐患（以下简称"事故隐患"），是指生产经营单位违反安全生产法律、法规、规章、标准、规程和安全生产管理制度规定，或者因其他因素在生产经营活动中存在可能导致事故发生的物的危险状态、人的不安全行为和管理上的缺陷。

事故隐患分为一般事故隐患和重大事故隐患。一般事故隐患，是指危害和整改难度较小，发现后能够立即整改排除的隐患。重大事故隐患，是指危害和整改难度较大，应当全部或者局部停产停业，并经过一定时间整改治理方能排除的隐患，或者因外部因素影响致使生产经营单位自身难以排除的隐患。

2. 事故隐患排查安全管理

（1）事故隐患排查治理责任制。生产经营单位应当建立、健全事故隐患排查治理制度。生产经营单位主要负责人对本单位事故隐患排查治理工作全面负责。

生产经营单位是事故隐患排查、治理和防控的责任主体。生产经营单位应当建立、健全事故隐患排查治理和建档监控等制度，逐级建立并落实从主要负责人到每个从业人员的隐患排查治理和监控责任制。

（2）定期隐患排查。生产经营单位应当定期组织安全生产管理人员、工程技术人员和其他相关人员排查本单位的事故隐患。对排查出的事故隐患，应当按照事故隐患的等级进行登记建立事故隐患信息档案，并按照职责分工实施监控治理。

3. 事故隐患上报要求

生产经营单位应当每季、每年对本单位事故隐患排查治理情况进行统计分析，并分别于下一季度 15 日前和下一年 1 月 31 日前向安全监管监察部门和有关部门报送书面统计分析表。统计分析表应当由生产经营单位主要负责人签字。

对于重大事故隐患，生产经营单位除依照前款规定报送外，应当及时向安全监管监察部门和有关部门报告。重大事故隐患报告内容应当包括以下 3 个方面。

（1）隐患的现状及其产生原因。

（2）隐患的危害程度和整改难易程度分析。

（3）隐患的治理方案。

4. 事故隐患整改治理

对于一般事故隐患，由生产经营单位（车间、分厂、区队等）负责人或者有关人员立即组织整改。

对于重大事故隐患，由生产经营单位主要负责人组织制定并实施事故隐患治理方案，重大事故隐患治理方案应当包括以下内容。

（1）治理的目标和任务。

（2）采取的方法和措施。

（3）经费和物资的落实。

（4）负责治理的机构和人员。

（5）治理的时限和要求。

（6）安全措施和应急预案。

 活动与训练

安全生产隐患违法案例分析实践

一、目标

（1）学生能够正确分析企业违法行为。

（2）学生能够正确分析该企业违法行为对应的法律依据，并作出行政处罚。

（3）要求学生结合违法案例提出隐患整改措施，提高自身的职业素养和综合分析能力。

二、违法案例

4月18日，金东区应急管理局行政执法队执法人员对某厨具有限公司进行现场检查时发现，该公司厂房的液氨区与氮化区等易爆炸区域未经规范设计，安全间距未达到标准；现场作业时使用非防爆电气，且未采取技术或管理措施。执法人员表示，该公司的主要负责人存在未履行安全生产管理职责等问题，该公司涉嫌未采取技术、管理措施，未及时发现并消除事故隐患。该公司厂房自2020年8月搬至某园区内开始加工生产以来，不规范使用氨气、氮气、液化气、二氧化碳等危化品进行铁锅高温作业，主要负责人孙某在对相关操作知情的情况下，未作出过相应整改。

三、程序和规则

步骤1：将学生分成若干小组（3~5人为一组），小组内进行任务分工，如查找资料、汇报发言等。

步骤2：每个小组根据任务分工，进行任务实施。

步骤3：以小组为单位分别进行汇报展示，每组限时5分钟。

步骤4：小组互评、教师评价。

具体考核标准如表2-1所示。

表2-1 安全生产隐患违法案例分析实践评价表

序号	考核内容	评价标准	标准分值	评分
1	违法行为分析 （20分）	正确分析出违法行为	20分	
		未正确分析出违法行为	0分	
2	法律依据分析 （30分）	合理分析出全部违法行为的法律依据	30分	
		合理分析出3~4条违法行为的法律依据	20分	
		合理分析出1~2条违法行为的法律依据	10分	
		未分析出违法行为的法律依据	0分	
3	事故防范和整改措施 （30分）	制定出3条及以上隐患整改措施	20分	
		制定出1~2条隐患整改措施	10分	
		未制定出隐患整改措施	0分	
4	汇报综合表现 （20分）	表达清晰，语言简洁，肢体语言运用适当，大方得体	20分	
		表达较清晰，语言不够简洁，肢体语言运用较少，表现得较紧张	10分	
得分				

四、总结评价

通过小组之间互评和教师评价指导，加深学生对安全生产法律法规的理解，强化学生的法制意识，提升学生的实践应用能力。

1. 请阐述《中华人民共和国安全生产法》中对于生产经营单位的安全保障规定有哪些。

2. 请阐述《中华人民共和国刑法》中对于安全生产违法的罪名有哪些。

3. 请阐述安全生产相关法律法规有哪些。（不少于10个）

单元二　安全生产管理基础

案例导入

全员安全生产责任制

寺庙有7个人住在一起，每天分一大桶粥。起初，他们通过抓阄决定谁来分粥，每天轮一个。于是乎每周下来，他们只有一天是饱的，就是自己分粥的那一天。后来他们开始推选出一个道德高尚的人出来分粥，强权由此产生。大家开始挖空心思去讨好他、贿赂他，搞得整个小团体乌烟瘴气。然后，大家组成三人分粥委员会及四人评选委员会，互相攻击扯皮下来，粥吃到嘴里全是凉的。最后想出来一个方法，那就是轮流分粥，但分粥的人要等其他人都挑完后拿剩下的最后一碗。为了不让自己吃到最少的，每人都尽量分得平均。大家快快乐乐、和和气气，日子越过越好。

分析：不同的分配制度，就会有不同的结果。安全生产工作一定要有完善的制度保障，内部形成共同的安全生产目标，落实全员安全生产责任制，明确公开公正的奖罚制度，不断完善安全管理体系，形成安全光荣、违章可耻的风气。

安全生产管理是指对安全生产工作进行的管理和控制，通过制定规范性文件、建立安全管理组织机构、制定全员安全生产责任制、明确企业安全生产目标等手段，实施对生产过程中可能存在的风险进行有效控制措施的过程。

一、全员安全生产责任制

（一）全员安全生产责任制的定义

全员安全生产责任制是按照以人为本，坚持"安全第一、预防为主、综合治理"的安全生产方针和安全生产法律法规建立的生产经营单位各级负责人员、各职能部门及其工作人员各岗位人员在安全生产方面应做的事情和应负的责任加以明确规定的一种制度。

全员安全生产责任制是生产经营单位岗位责任制的一个组成部分，是生产经营单位中最基本的一项安全管理制度，也是生产经营单位安全生产管理制度的核心。

（二）建立全员安全生产责任制的目的和意义

建立全员安全生产责任制的目的主要涉及两方面：一方面是增强生产经营单位各级负责人员、各职能部门及其工作人员和各岗位人员对安全生产的责任感；另一方面是明确生产经营单位中各级负责人员、各职能部门及其工作人员和各岗位人员在安全生产中应履行的职能和应承担的责任，以充分调动各级人员和各部门在安全生产方面的积极性和主观能动性，确保安全生产。

建立全员安全生产责任制的意义主要涉及两方面：一方面是落实我国安全生产方针和有关安全生产法规和政策的具体要求；另一方面是通过明确责任使各类人员真正重视安全生产工作，对预防事故和减少损失、进行事故调查和处理、建立和谐社会等具有重要作用。

（三）全员安全生产责任制的主要内容

全员安全生产责任制的内容主要包括两个方面：一是纵向方面，即从上到下所有类型人员的安全生产职责。在建立责任制时，可首先将本单位从主要负责人一直到岗位从业人员分成相应的层级。然后，结合本单位的实际工作，对不同层级的人员在安全生产中应承担的职责做出规定；二是横向方面，即各职能部门（包括党、政、工、团）的安全生产职责在建立责任制时，可按照本单位职能部门（如安全、设备、计划、技术、生产、基建人事、财务、设计、档案、培训、党办、宣传、工会、团委等）的设置，分别对其在安全生产中应承担的职责做出规定。

生产经营单位在建立全员安全生产责任制时，在纵向方面应包括下列几类人员。

1. 生产经营单位主要负责人

生产经营单位主要负责人是本单位安全生产的第一责任人，对安全生产工作全面负责。《中华人民共和国安全生产法》第二十一条明确规定，生产经营单位的主要负责人对本单位安全生产工作负有下列职责。

（1）建立、健全并落实本单位全员安全生产责任制，加强安全生产标准化建设。

（2）组织制定并实施本单位安全生产规章制度和操作规程。

（3）组织制订并实施本单位安全生产教育和培训计划。

（4）保证本单位安全生产投入的有效实施。

（5）组织建立并落实安全风险分级管控和隐患排查治理双重预防工作机制，督促、检查本单位的安全生产工作，及时消除生产安全事故隐患。

（6）组织制定并实施本单位的生产安全事故应急救援预案。

（7）及时、如实报告生产安全事故。

2. 生产经营单位其他负责人

生产经营单位其他负责人的职责是协助主要负责人做好安全生产工作。不同的负责人分管的工作不同，应根据其具体分管工作，对其在安全生产方面应承担的具体职责做出规定。

3. 安全生产管理人员

生产经营单位的安全生产管理机构，以及安全生产管理人员须履行下列职责。

（1）组织或者参与拟订本单位安全生产规章制度、操作规程和生产安全事故应急救援预案。

（2）组织或者参与本单位安全生产教育和培训，如实记录安全生产教育和培训情况。

（3）组织开展危险源辨识和评估，督促落实本单位重大危险源的安全管理措施。

（4）组织或者参与本单位应急救援演练。

（5）检查本单位的安全生产状况，及时排查生产安全事故隐患，提出改进安全生产管理的建议。

（6）制止和纠正违章指挥、强令冒险作业、违反操作规程的行为。

（7）督促落实本单位安全生产整改措施。

生产经营单位可以设置专职安全生产分管负责人，协助本单位主要负责人履行安全生产管理职责。

4. 生产经营单位各职能部门负责人及其工作人员

各职能部门都会涉及安全生产职责，需根据各部门职责分工做出具体规定。各职能部门负责人的职责是按照本部门的安全生产职责，组织有关人员做好本部门安全生产责任制的落实，并对本部门职责范围内的安全生产工作负责；各职能部门的工作人员则是在本人职责范围内做好有关安全生产工作，并对自己职责范围内的安全生产工作负责。

5. 班组长

班组是做好生产经营单位安全生产工作的关键，班组长全面负责本班组的安全生产工作，是安全生产法律法规和规章制度的直接执行者。班组长的主要职责是贯彻执行本单位对安全生产的规定和要求，督促本班组遵守有关安全生产的规章制度和安全操作规程，切实做到不违章指挥，不违章作业，遵守劳动纪律。

6. 岗位从业人员

岗位从业人员对本岗位的安全生产负直接责任。岗位从业人员的主要职责是接受安全生产教育和培训，遵守有关安全生产规章和安全操作规程，遵守劳动纪律，不违章作业。

（四）生产经营单位的安全生产主体责任

生产经营单位的安全生产主体责任是指国家有关安全生产的法律法规要求生产经营单位在安全生产保障方面应当执行的有关规定，应当履行的工作职责，应当具备的安全生产条件，应当执行的行业标准，应当承担的法律责任。主要包括以下内容。

1. 设备设施（或物质）保障责任

设备设施（或物质）保障责任包括具备安全生产条件；依法执行建设项目安全设施"三同时"规定；依法为从业人员提供劳动防护用品，并监督、教育其正确佩戴和使用。

2. 资金投入责任

资金投入责任包括按规定提取和使用安全生产费用，确保资金投入满足安全生产条件需要；按规定建立、健全安全生产责任保险制度，依法为从业人员缴纳工伤保险费；保证

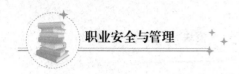

安全生产教育培训的资金。

3. 机构设置和人员配备责任

机构设置和人员配备责任包括依法设置安全生产管理机构，配备安全生产管理人员；按规定委托和聘用注册安全工程师或者注册安全助理工程师为其提供安全管理服务。

4. 规章制度制定责任

规章制度制定责任包括建立、健全全员安全生产责任制和各项规章制度、操作规程、应急救援预案并督促落实。

5. 安全教育培训责任

安全教育培训责任包括开展安全生产宣传教育；依法组织从业人员参加安全生产教育培训，取得相关上岗资格证书。

6. 安全生产管理责任

安全生产管理责任包括主动获取国家有关安全生产法律法规并贯彻落实；依法取得安全生产许可；定期组织开展安全检查；依法对安全生产设施、设备或项目进行安全评价；依法对重大危险源实施监控，确保其处于可控状态；及时消除事故隐患；统一协调管理承包、承租单位的安全生产工作。

7. 事故报告和应急救援责任

事故报告和应急救援责任包括按规定报告生产安全事故，及时开展事故抢险救援，妥善处理事故善后工作。

8. 法律法规、规章规定的其他安全生产责任

案例 2.6

杜邦公司的安全管理组织及职责

杜邦有生产管理层，从总裁到副总裁到厂长到生产部门和服务部门，他们对安全直接负责。杜邦也有安全副总裁，主要抓安全，但不对安全负责，他负责整个公司的安全专业队伍建设和他直接管辖范围以内的部门的安全。因为从某种角度讲，安全部门也是公司生产的一个部门。他不仅对自己这部分负责，还对安全提供强有力的安全保障，这就是直接领导责任。可以说，他们是对安全的主要支持者。

安全人员站在更高的角度，帮助厂长理解地方安全法律法规，理解上级安全要求，结合厂里的具体情况，提供安全规划、设想与支持；安全人员是安全咨询员，对厂里的安全技术提供帮助，毕竟专业人员不是安全专家，需要安全部门的人员给予咨询；是协调员，协调 HSE 的各方面事务；还是解释员，解释各项法律法规。安全人员可能是一个人，但要肩负起以上四方面的职责，保证公司业务上对安全技术的要求，发挥对公司强有力的支持作用这是安全人员的责任。

各级生产管理层对安全负责，要直接参与安全管理，把安全管理作为平时业务工作的一个部分，在考虑生产发展、企业发展、产品生产、质量要求时，安全工作就是其中的一部分，需同时考虑质量、成本与安全，所以说安全就是日常管理的一部分。

二、安全目标管理

（一）安全目标管理概述

安全目标管理是目标管理在安全管理方面的应用。它是指企业内部各个部门以至每位职工，从上到下围绕企业安全生产的总目标，层层展开各自的目标，确定行动方针，安排安全工作进度，制定、实施有效的组织措施，并对安全成果严格考核的一种管理制度。安全目标管理是"参与管理"的一种形式，是根据企业安全工作目标来控制企业安全管理的一种民主、科学、有效的管理方法，是企业实行安全管理的一项重要内容。

1. 安全目标管理的概念

安全目标管理就是在一定的时期内（通常为一年），根据企业经营管理的总目标，从上到下地确定安全工作目标，并为达到这一目标制定一系列对策、措施，开展一系列计划组织、协调、指导、激励和控制的活动。

2. 安全目标管理的基本内容

安全目标管理的基本内容是：年初，企业的安全部门在高层管理者的领导下，根据企业经营管理的总目标，制定安全管理的总目标，然后经过协商，自上而下层层分解，制定各级、各部门直到每个职工的安全目标和为达到目标而采取的对策、措施。在制定和分解目标时，要把安全目标和经济发展指标捆在一起同时制定和分解，还要把责、权、利也逐级分解，做到目标与责、权、利的统一。通过开展一系列计划、组织、协调、指导、激励、控制活动，依靠全体职工自下而上的努力，保证各自目标的实现，最终保证企业总安全目标的实现。年末，对实现目标的情况进行考核，给予相应的奖惩，并在此基础上进行总结分析，再制定新的安全目标，进入下一年度的循环。

3. 安全目标管理的意义

（1）有利于从根本上调动各级领导者和广大职工搞好安全生产的积极性。安全目标管理依靠目标和其他一切可能的激励手段，通过建立全方位的安全目标体系，可以最有效地调动系统的所有组织。

（2）有利于贯彻落实全员安全生产责任制。全员安全生产责任制规定了各级、各部门组织、各级领导者和全体职工为实现安全生产所应履行的职责，而安全目标则体现了履行职责后所达到的效果。实行安全目标管理的实质就是把承担安全生产责任转化成为对实现安全目标的追求。安全目标管理实行权限下放，强调自我管理和自我控制，以及对目标成果的考评和奖惩，从而把责、权、利紧密地联系在一起。

（3）有利于改善职工的素质，提高企业安全管理水平。安全目标管理的强大激励作用可以有效地调动系统的所有组织和全体成员从制定目标到实现目标，始终保持强烈的进取精神。

（4）有利于安全管理工作的全面展开及现代安全管理方法的推广和应用。在实行安全目标管理时，为了保证目标的实现，必须贯彻实行一系列有效的安全管理措施，这必将带动各方面安全管理工作的全方位展开。

（二）安全目标的制定

1. 企业安全目标方针

企业安全目标方针即用简明扼要、激励人心的文字和数字对企业的安全目标进行高度概括。它反映了企业安全工作的奋斗方向和行动纲领。

2. 总体目标（企业总安全目标）

总体目标由若干目标项目组成。这些目标项目应既能全面反映安全工作在各个方面的要求，又能适用于国家和企业的实际情况。每一个目标项目都应规定达到的标准，而且达到的标准必须数值化，即一定要有定量的目标值。因为只有这样才能使职工的行动方向明确具体，在实施过程中便于检查控制，在考核评比时有准确的依据。一般来说，目标项目可以包括以下几个方面。

（1）各类工伤事故指标。根据《企业职工伤亡事故分类标准》，主要工伤事故指标有千人死亡率、千人重伤率、伤害频率、伤害严重率。根据行业特点，也可选用按产品、产量计算的死亡率，如百万吨死亡率。

（2）工伤事故造成的经济损失指标。根据《企业职工伤亡事故经济损失统计标准》，这类指标有千人经济损失率和百万元产值经济损失率。根据企业的实际情况，为了便于统计计算，也可以只考虑直接经济损失，即以直接经济损失率作为控制目标。

（3）粉尘、毒气、噪声等职业危害作业点合格率。

（4）日常安全管理工作指标。对于安全管理的组织机构、全员安全生产责任制、安全生产规章制度、安全技术措施计划、安全教育、安全检查、文明生产、隐患整改、安全档案、班组安全建设等日常安全管理工作的各个方面均应设定目标并确定目标值。

3. 对策措施

为了保证安全目标的实现，在制定目标时必须制定相应的对策措施。对策措施的制定要避免面面俱到或"蜻蜓点水"，应该抓住影响全局的关键项目，针对薄弱环节，集中力量有效解决问题。对策措施应规定时限，落实责任，并尽可能有定量的指标要求。从这些意义上来说，对策措施也可以看作为实现总体目标而确定的具体工作目标。

4. 确定安全目标值的依据

（1）党和国家的安全生产方针、政策，上级部门的重视和要求。

（2）本系统、本企业安全生产的中、长期规划。

（3）工伤事故和职业病统计数据。

（4）企业长远规划和安全工作的现状。

（5）企业的经济技术条件。

（三）安全目标的实施

1. 安全目标的开展

（1）上级在制定总安全目标时要发扬民主精神，在征求下级意见并充分协商后再正式确定。与此同时，下级也应参照制定企业总安全目标的原则和方法，初步明确本级的安全目标和对策措施。

（2）上级宣布企业安全目标和保证对策措施，并向下级分解，提出明确要求，下级根据上级的要求制定自己的安全目标。在制定目标时，上下级要充分协商，取得一致。上级对下级要充分信任并加以具体指导；下级要紧紧围绕上级目标来制定自己的目标，必须做到自己的目标既能保证上级目标的实现，又能得到上级的认可。

（3）按照同样的方法和原则将目标逐级展开，纵向到底，横向到边，不应存在哪个部门和个人被遗漏的情况。

（4）目标展开要紧密结合落实全员安全生产责任制，在目标展开的同时要逐级签订安全生产责任状，把目标内容纳入其中，确保目标责任的落实。

2. 目标的协调与调整

由于企业的安全目标要依靠各级领导者和所有职工共同努力才能实现，因此在制定目标时，不但上下级之间要充分协商，各部门、各单位之间也必须协调一致，彼此取得平衡。如果做不到这一点，则上级应该加以组织和指导，并进行适当的调整，以取得协调和平衡。例如，在不同的车间、部门，有不同的任务，危险因素的程度也就不同，达到目标的难易程度也会不同，那么目标值就应有所区别，与各自的具体情况相一致。

除了安全目标要协调、平衡外，为了保证目标的对策措施，在各部门、各单位之间也要取得协调配合。因为这些对策措施往往要许多部门协调配合才能实现。例如，为了完成某一项安全技术措施，需要设计部门设计、财务部门拨款、计划部门下达计划、工艺部门和车间实施等。

3. 安全目标的实施

（1）自我管理、自我控制。企业从上到下的各级领导者、各级组织直到每一位职工都应该充分发挥自己的主观能动性和创造精神，围绕着追求实现自己的目标，独立自主地开展活动，抓紧落实，实现所制定的对策措施。要把实现对策措施与开展日常安全管理和采用各种现代化安全管理方法结合起来，以目标管理带动日常安全管理，促进现代安全管理方法的推广和应用。要及时进行自我检查、自我分析，及时把握目标实施的进度，发现存在的问题，并积极采取行动，自行纠正偏差。在这个阶段，上级对下级要注意权限下放，充分给予信任，要放手让下级独立去实现目标，对下级权限内的事，不要随意进行干预。为了搞好这一阶段的自我管理、自我控制，可以编制安全目标实施计划表。安全目标实施计划表可以按照 PDCA 动态循环的方式编制其格式（如表 2-2 所示）。在具体实施过程中，还应进一步展开，使每项对策措施更加详细具体。对 PDCA 动态循环过程也应加以详细记录，以取得更好的效果，同时为成果评价阶段奠定基础。

表2-2 安全目标实施计划表

安全目标	对策措施	实施（D）				检查（C）			处理（A）			
		单位	负责人	实施进度/月		单位	负责人	检查结果/月	单位	负责人	处理结果	遗留问题
				1 2 …… 12				1 2 …… 12				

（2）监督与协调。安全目标的实施除了依靠各级组织和广大职工的自我管理、自我控制，还需要上级对下级的工作进行有效的监督、指导、协调和控制。

首先，实行必要的监督和检查。通过监督检查，对目标实施中好的典型要加以表扬和宣传；对偏离既定目标的情况要及时指出并纠正；对目标实施中遇到的困难要采取措施给予关心和帮助。要将上下级两方面的积极性有机地结合起来，从而提高工作效率，保证所有目标的实现。其次，安全目标的实施需要各部门各级人员的共同努力、协作配合。通过有效的协调可消除实施过程中各阶段、各部门之间的矛盾，保证目标按计划顺利实施。

（四）安全目标的考评

目标成果的考评是安全目标管理的最后一个阶段。在这个阶段要对实际取得的目标成果做出客观的评价，对达到目标的职工给予奖励，对未达目标的职工给予惩罚，从而使先进的职工受到鼓舞，使后进的职工得到激励，进一步调动全体职工追求更高目标的积极性。通过考评还可以总结经验和教训，发扬优势、克服缺点，明确前进的方向，为下期安全目标管理奠定基础。

 活动与训练

全员安全生产责任制制定实践

一、目标

（1）学生能够按照《中华人民共和国安全生产法》等法律法规正确分析企业各部门的安全生产职责。

（2）学生能够结合企业安全生产组织结构，明确各部门、各人员的安全生产职责。

（3）学生能够结合企业实际情况，强化自身尽职履责的安全意识，提高职业素养和综合分析能力。

二、企业概况

为确保企业安全生产工作的顺利开展，建立、健全安全生产组织架构及明确职责分工是必不可少的。某企业设置有安全生产委员会，下设有安全生产管理部（部长、副部长、

安全技术员)、生产技术部(生产经理、车间主任、生产操作工)、后勤部门(后勤经理、后勤人员)、人力资源部(人力资源经理)、财务部(财务经理、财务人员)。

三、程序和规则

步骤1:将学生分成若干小组(3~5人为一组),小组内进行任务分工,如查找资料、汇报发言等。

步骤2:每个小组根据任务分工进行任务实施。

步骤3:以小组为单位分别进行汇报展示,每组限时5分钟。

步骤4:小组互评、教师评价。

具体考核标准如表2-3所示。

表2-3 全员安全生产责任制制定实践评价表

序号	考核内容	评价标准	标准分值	评分
1	安全生产委员会职责分析(20分)	正确分析出企业安全生产委员会的职责	20分	
		未正确分析出企业安全生产委员会的职责	0分	
2	安全生产管理部职责分析(20分)	合理分析出安全生产管理部的全部职责	20分	
		仅分析出安全生产管理部的部分职责	10分	
		未合理分析出安全生产管理部的职责	0分	
3	各部门的安全生产职责(20分)	合理分析出各部门的安全生产职责	20分	
		仅分析出各部门的部分安全生产职责	10分	
		未合理分析出各部门的安全生产职责	0分	
4	一线员工的安全生产职责(20)	合理分析出一线员工的安全生产职责	20分	
		仅分析出一线员工的部分安全生产职责	10分	
		未合理分析出一线员工的安全生产职责	0分	
5	汇报综合表现(20分)	表达清晰,语言简洁,肢体语言运用适当,大方得体	20分	
		表达较清晰,语言不够简洁,肢体语言运用较少,表现得较紧张	10分	
得分				

四、总结评价

通过小组之间互评和教师评价指导,加深学生对全员安全生产责任制的理解,提升学生的实践应用能力。

课后思考

1. 请阐述全员安全生产责任制对安全生产工作的重要意义。

2. 请阐述如何制定企业的安全生产年度目标,主要依据是什么。

单元三 安全生产技术

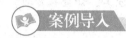

牡丹江"6·26"塔吊倾覆事故

2014年6月26日11时40分许,牡丹江市"华园"4号综合楼建筑施工工地发生一起塔吊倾覆事故,5名作业人员在拆卸塔吊(型号为QTZ63)时,塔吊起重臂、平衡臂、驾驶室整体发生倾覆。事故造成3人当场死亡、1人轻伤,另外1人逃生。

分析: 事故直接原因:①该塔吊平衡重的实物、图纸、产品使用说明书三者不一致,重量超出1.221 t,误导了拆卸人员对平衡点的确定。②拆卸工人在没有找好平衡,无法将第2标准节上部与下支座进行螺栓连接的情况下,拆卸了第2标准节与第3标准节的螺栓,并进行了卸载操作,违反了操作规程。③制造企业套架横腹杆所用材质存在质量问题。从材质化验报告看碳的含量过高,导致韧性降低。在拆卸工人调整平衡的过程中,产生后倾力矩,导向轮崩掉使套架后横腹杆受到撞击后脆断,加速了塔机倾翻。事故间接原因:①塔吊拆卸专项施工方案编制不规范,未经总、分包单位技术负责人和项目监理机构总监理工程师审核签批。②施工企业未对进入施工现场塔吊拆卸作业人员进行安全教育培训,未向从业人员告知作业场所和工作岗位存在的危险因素、防范措施,以及事故应急措施,未在拆卸作业前对作业人员进行安全技术交底。③监理机构未对塔吊拆卸作业人员进行作业资格审验,塔吊拆卸作业人员均无证上岗。④施工企业项目经理更换频繁、没有任命文件且不具备相关资格,施工后期项目部没有配备技术负责人,施工管理不规范。⑤施工作业人员没有佩戴安全帽、安全带等安全防护用品。⑥施工作业现场没有安全管理人员进行现场监督,监理机构履职不力,没有及时发现事故隐患。

安全生产技术是指为防止人身事故和职业病的危害,控制或消除生产过程中的危险因素而采取的专门的技术措施。

一、机械安全技术

(一)机械使用过程中的危险有害因素

机械是由若干个零部件连接构成,其中至少有一个零部件是可运动的,并且配备或预定配备动力系统,是具有特定应用目的的组合。

机械使用过程中的危险有害因素可分为机械性危险和非机械性危险。

1. 机械性危险

机械性危险主要包括与机器、机器零部件(包括加工材料夹紧机构)或其表面、工具、工件、载荷、飞射的固体或流体物料有关的可能会导致挤压、剪切、碰撞、切割或切断、缠绕、碾压、吸入或卷入、冲击、刺伤或刺穿、摩擦或磨损、抛出、绊倒和跌落等危险。

2. 非机械性危险

非机械性危险主要包括电气危险（如电击、电伤）、温度危险（如烫、冷冻）、噪声危险、振动危险、辐射危险（如电离辐射、非电离辐射）、材料和物质产生的危险、未履行安全人机工程学原则而产生的危险等。

（二）常用机械安全技术

1. 金属切削机床安全技术

（1）金属切削机床的主要危险源。金属切削机床的主要危险源有外露的传动部件、机床执行部件、机床的电器部件噪声、烟气、操作过程中的违章作业等。对于这些危险源，如果不加防护或防护失灵管理不善、维护保养不当、操作不慎，都会造成刺割伤、物体打击、绞伤、烫伤等人身伤害。

（2）金属切削机床的安全要求。

① 机械设备的安全要求。

a. 机床结构和安装应符合安全技术标准规定。

b. 机床布局应便于工人装卸工件、加工观察、清理、擦拭、排屑等。切屑能飞出伤人的方向应设防护网。

c. 机床外表涂色应柔和，避免刺目，多采用淡绿、灰绿和浅灰色。

d. 操纵机构的子柄、子轮、按钮、符号标志应符合安全技术规定。

② 工艺装备的安全要求。

a. 工艺装备的部件（包括夹具、刀具、工、卡、模）应完整齐全、设计科学。

b. 装在旋转主轴上的工艺装备，外形应避免带有棱角和突出点，必要时应有外罩防护。此外还应考虑离心力的影响，防止甩出伤人。

c. 对于质量超过 20 kg 的工艺装备，应考虑设计有吊索或吊钩的吊挂部位。

③ 切削防护。各种金属切削加工都产生切屑，特别是车床、铣床、钻床切削速度快，切屑高速飞出，极易造成刺割伤。应采取控制切屑形状和切屑流向等防护措施。

2. 冲剪压机械安全技术

（1）冲剪压机械主要的危险源。冲剪压机械是一种利用模（刀）具进行无切削加工，将压力加于被加工板材，体其发生塑性变形或分离，从而获得一定尺寸、形状的零件的加工机械，通常包括冲床剪板机、压力机等。冲剪压机械的主要危险源有：人的行为错误；设备结构具有的危险；设备动作失控；设备开关失灵；模具设计不合理；噪声。

（2）冲压机械的安全防护装置。在冲压机械上设置安全防护装置能减少 80% ~ 90% 的冲压事故。常见的安全装置有固定栅栏式、活动栅栏式、双手按钮式、双手柄式、感应式、翻板式等。

（3）剪板机的安全防护装置。剪板机的危险程度较高，事故较多，要做好安全防护，其安全防护装置有防护罩防护栅栏、离合器自动分离装置、压铁防护装置等。

3. 锻造机械安全技术

（1）锻造机械的主要危险源。锻造是通过锻造机械设备对金属施加的冲击力或静压力，使金属产生塑性变形而获得预想的外形尺寸和组织结构的锻件。锻造设备及生产过程中的主要危险源有如下几种。

① 锻件及料头、毛坯等温度高，加热炉、蒸汽等使人员易烫伤并受热辐射伤害。

② 锻造设备工作时发出冲击力，锻锤活塞杆突然断裂而造成伤害事故。

③ 锻造过程中模具、工具突然破裂，锻件、料头等飞出而造成人员被击伤或烧伤。

④ 锤力过猛，锻件被打碎而飞出伤人。

⑤ 锻锤操作机构失灵或误开动手动、脚踏开关，锤头突然落下而导致击伤。

⑥ 辅助工具选择不合理而在锤出时被打飞导致伤人。

⑦ 烟尘、振动和噪声的伤害。

（2）锻造机械的安全防护装置。锻造机械种类较多，这里主要简述锻锤的安全防护装置：在锻造过程中，如果锤头提升太快，气缸内的活塞急速上升可能将气缸盖冲坏、飞出伤人。为防止活塞向上运动时撞击气缸盖，可在气缸顶装设缓冲装置来防护。缓冲装置有压缩空气缓冲装置、弹簧缓冲装置和蒸汽缓冲装置。

二、电气安全技术

（一）电气事故及危害

1. 电气事故

电气事故包括人身事故和设备事故。人身事故和设备事故都可能导致二次事故，而且二者很可能同时发生。电气事故是与电能相关联的事故。电能失去控制将造成电气事故。按照电能的形态，电气事故分为触电事故、电气火灾爆炸事故、雷击事故、静电事故、电磁辐射事故和电路事故等。

2. 电流伤害表现

（1）轻度触电，产生针刺、压迫感，出现头晕、心悸、面色苍白、惊慌、肢体软弱、全身乏力等症状。

（2）较重者有打击感、疼痛、抽搐、昏迷、休克伴随心律不齐、迅速转入心搏、呼吸停止的"假死"状态。

（3）小电流引起心室颤动是最致命的危险，可造成死亡。

（4）皮肤通电的局部会造成电灼伤。

（5）触电后遗症：中枢神经受损害，导致失明、耳聋、精神失常、肢体瘫痪等。

（二）电气安全技术

1. 触电事故防护技术

（1）绝缘。绝缘是用绝缘物把带电体隔离起来。良好的绝缘是保证电气设备和线路正常运行的必要条件，也是防止触电事故的重要措施。

（2）屏护。在供电、用电、维修电气工作中，由于配电线路和电气设备的带电部分不便包以绝缘，或全部绝缘起来有困难，不足以保证场所的安全，即采取遮拦、围栏、屏障、护罩、护盖、闸箱等将带电体同外界隔离开来，这种措施称为屏护。屏护包括屏蔽和障碍。

（3）间距。为了防止人体触及或接近带电体造成触电事故，或避免车辆及其他工具、器具碰撞或过分接近带电体造成事故，防止过电压放电、火灾和各种短路事故，为了操作方便在带电体与地面之间、带电体与其他设备之间、带电体与带电体之间均应保持一定的安全距离，这种安全距离称为间距。

（4）安全电压。安全电压是制定安全措施的依据，安全电压决定于人体允许的电流和人体电阻。安全电压是指为防止触电事故而采用的由特定电源供电的电压系列。我国的标准安全电压额定值的等级为 42 V、36 V、24 V、12 V、6 V。

（5）漏电保护器。当漏电电流达到定值时自动切断电路，在低压配电线路上是安全用电的有效措施。常用的漏电保护器有漏电开关、漏电断路器、漏电继电器、漏电保护插座等。

（6）保护接地。保护接地是变压器中性点不直接接地的电网内，一切电气设备正常不带电的金属外壳，以及和它连接的金属部分同大地紧密地连接起来的安全措施。

（7）保护接零。电气采用保护接零后，一旦设备发生接地短路故障时，短路电流直接经零线形成单相短路事故，该短路事故电流很大，使开关迅速跳闸或使熔断器在极短时间内熔断，从而切除故障的电源，保护了设备和人身安全。

案例 2.7

某加油站触电事故

2023 年 8 月 3 日 11 时 47 分 35 秒，位于山西省吕梁市临县临泉镇东关街 2 号的中国石化销售股份有限公司山西吕梁临县东关加油站营业室内发生一起触电事故，造成 1 人死亡，直接经济损失 895 030 元。

分析：事故直接原因：8 月 3 日崔某荣在东关加油站剪断 7 月 28 日改接的电缆线，进行电缆穿管敷设工作时，未有效断电导致其触电身亡。

事故间接原因：①崔某荣在处理裸露线芯接头前未进行验电，作业安全确认不到位。②崔某荣进行电气线路检修作业时，未按电工作业规范穿着工作服、绝缘鞋等个人防护用品，导致未能有效防护误操作带来的安全风险。③崔某荣未通过安全培训取得应急管理部门颁发的特种作业操作证，作业资质不符合特种作业有关安全管理规定。④东关加油站执行临时用电作业管理等安全管理制度和安全操作规程等不严格，违规作业。

2. 静电防护技术

（1）工艺控制。是从材料的选用、摩擦速度或流速的限制、静电松弛过程的增强、附加静电的消除等方面采取措施，限制和避免静电的产生和积累。

（2）接地。主要作用是消除导体上的静电。金属导体应直接接地。

为了防止火花放电，应将可能发生火花放电的间隙跨接连通起来，并予以接地，使其各部位与大地同等电位。为了防止感应静电的危险，不仅产生静电的金属部分应当接地，而且与其不相连接但邻近的其他金属物体也应接地。

（3）增湿。为防止大量带电，相对湿度应在50%以上；为了提高降低静电的效果，相对湿度应提高到65%~70%；对于吸湿性很强的聚合材料，为了保证降低静电的效果，相对湿度应提高到80%~90%。

（4）抗静电添加剂。在容易产生静电的高绝缘材料中，加入抗静电添加剂之后，能降低材料的体积电阻率或表面电阻率以加速静电的泄漏、消除静电的危险。

（5）静电消除器。是能产生电子和离子的装置。由于产生了电子和离子，物料上的静电电荷得到异性电荷的中和，从而消除静电的危险。

三、特种设备安全技术

（一）特种设备的基础知识

根据《中华人民共和国特种设备安全法》，特种设备是指对人身和财产安全有较大危险性的锅炉、压力容器（气瓶）、压力管道、电梯、起重机械、客运索道、大型游乐设施、场（厂）内专用机动车辆。

特种设备依据其主要工作特点，分为承压类特种设备和机电类特种设备。

1. 承压类特种设备

承压类特种设备是指承载一定压力的密闭设备或管状设备，包括锅炉、压力容器（含气瓶）、压力管道。

（1）锅炉。是指利用各种燃料、电或者其他能源，将所盛装的液体加热到一定的参数，并通过对外输出介质的形式提供热能的设备，其范围规定为设计正常水位容积大于或者等于30 L，且额定蒸汽压力大于或者等于0.1 MPa（表压）的承压蒸汽锅炉；出口水压大于或者等于0.1 MPa（表压），且额定功率大于或者等于0.1 MW的承压热水锅炉；额定功率大于或者等于0.1 MW的有机热载体锅炉。

（2）压力容器。是指盛装气体或者液体，承载一定压力的密闭设备，其范围规定为最高工作压力大于或者等于0.1 MPa（表压）的气体、液化气体和最高工作温度高于或者等于标准沸点的液体、容积大于或者等于30 L且内直径（非圆形截面指截面内边界最大几何尺寸）大于或者等于150 mm的固定式容器和移动式容器；盛装公称工作压力大于或者等于0.2 MPa（表压），且压力与容积的乘积大于或者等于1.0 MPa·L的气体、液化气体和标准沸点等于或者低于60 ℃液体的气瓶；氧舱。

（3）压力管道。是指利用一定的压力，用于输送气体或者液体的管状设备，其范围规定为最高工作压力大于或者等于0.1 MPa（表压），介质为气体、液化气体、蒸汽或者可燃、易爆、有毒、有腐蚀性、最高工作温度高于或者等于标准沸点的液体，且公称直径大于或者等于50 mm的管道。公称直径小于150 mm，且其最高工作压力小于1.6 MPa（表压）的输送无毒、不可燃、无腐蚀性气体的管道和设备本体所属管道除外。

2. 机电类特种设备

机电类特种设备是指必须由电力牵引或驱动的设备，包括电梯、起重机械、客运索道、大型游乐设施、场（厂）内专用机动车辆。

（1）电梯。是指动力驱动，利用沿刚性导轨运行的箱体或者沿固定线路运行的梯级（踏步），进行升降或者平行运送人、货物的机电设备，包括载人（货）电梯、自动扶梯、自动人行道等。非公共场所安装且供单一家庭使用的电梯除外。

（2）起重机械。是指用于垂直升降或者垂直升降并水平移动重物的机电设备，其范围规定为额定起重量大于或者等于 0.5 t 的升降机；额定起重量大于或者等于 3 t（或额定起重力矩人于或者等于 40 t·m 的塔式起重机，或生产率大于或者等于 300 t/h 的装桥），且提升高度大于或者等于 2 m 的起重机；层数大于或者等于 2 层的机械式停车设备。

（3）客运索道。是指动力驱动，利用柔性绳索牵引箱体等运载工具运送人员的机电设备，包括客运架空索道、客运缆车、客运拖牵索道等。非公用客运索道和专用于单位内部通勤的客运索道除外。

（4）大型游乐设施。是指以经营为目的，承载乘客游乐的设施，其范围规定为设计最大运行线速度大于或者等于 2 m/s，或者运行高度距地面高于或者等于 2 m 的载人大型游乐设施。用于体育运动、文艺演出和非经营活动的大型游乐设施除外。

（5）场（厂）内专用机动车辆。是指除道路交通、农用车辆以外，仅在工厂厂区、旅游景区、游乐场所等特定区域使用的专用机动车辆。

（二）常见特种设备的安全运行与管理

1. 锅炉的安全运行与管理

（1）锅炉启动步骤。

① 检查准备。对新装、移装和检修后的锅炉，启动前要进行全面检查。

② 上水。从防止产生过大热应力出发，上水温度最高不超过 90 ℃，水温与筒壁温差不超过 50 ℃。对水管锅炉，全部上水时间在夏季不小于 1 h，在冬季不小于 2 h。

③ 烘炉。新装、移装、大修或长期停用的锅炉，其炉膛和烟道的墙壁非常潮湿，一旦骤然接触高温烟气，将会产生裂纹、变形，甚至发生倒塌事故，对于此类锅炉在上水后，启动前要进行烘炉。

④ 煮炉。煮炉的目的是清除蒸发受热面中的铁锈、油污和其他污物，减少受热面腐蚀，提高锅水和蒸汽品质。

⑤ 点火升压。一般锅炉上水后即可点火升压。点火方法因燃烧方式和燃烧设备而异。

⑥ 暖管与并汽。暖管，即用蒸汽慢慢加热管道、阀门、法兰等部件，使其温度缓慢上升，避免向冷态或较低温度的管道突然供入蒸汽，以防止热应力过大而损坏管道、阀门等部件。并汽，也叫并炉、并列，即新投入运行的锅炉向共用的蒸汽母管供汽。

（2）锅炉运行中的监督调节。

① 锅炉水位的监督调节。锅炉运行中，运行人员应不间断地通过水位表监督锅内的水位。锅炉水位应经常保持在正常水位线处，并允许在正常水位线上下 50 mm 波动。

② 锅炉气压的监督调节。在锅炉运行中，蒸汽压力应基本保持稳定。锅炉气压的变动通常是由负荷变动引起的，当锅炉蒸发量和负荷不相等时，气压就要变动。

③ 气温的调节。锅炉负荷、燃料及给水温度的改变，都会造成过热气温的改变。过热器本身的传热特性不同，上述因素改变时气温变化的规律也不相同。

④ 燃烧的监督调节。燃烧调节的任务是使燃料燃烧供热适应负荷的要求，维持气压稳定；使燃烧完好正常，尽量减少未完全燃烧的损失，减轻金属腐蚀和大气污染；对负压燃烧锅炉，维持引风和鼓风的均衡，保持炉膛一定的负压，以保证操作安全和减少排烟损失。

⑤ 排污和吹灰。锅炉运行中，为了保持受热面内部清洁，避免锅水发生汽水共腾及蒸汽品质恶化，除了对给水进行必要而有效的处理外，还必须坚持排污。

（3）停炉及停炉保养。

① 正常停炉。正常停炉是预先计划内的停炉。停炉中应注意的主要问题是防止降压降温过快，以避免锅炉部件因降温收缩不均匀而产生过大的热应力。

② 紧急停炉。锅炉遇有下列情况之一者，应紧急停炉：锅炉水位低于水位表的下部可见边缘；不断加大向锅炉进水及采取其他措施，但水位仍继续下降；锅炉水位超过最高可见水位（满水），经放水仍不能见到水位；给水泵全部失效或给水系统故障，不能向锅炉进水；水位表或安全阀全部失效；设置在汽空间的压力表全部失效；锅炉元件损坏，危及操作人员安全；燃烧设备损坏、炉墙倒塌或锅炉构件被烧红等，严重威胁锅炉安全运行；其他异常情况危及锅炉安全运行。

③ 停炉保养。停炉保养主要指炉内保养，即汽水系统内部为避免或减轻腐蚀而进行的防护保养。常用的保养方式有压力保养、湿法保养、干法保养和充气保养。

2. 压力容器的安全运行与管理

（1）基本要求。

① 平稳操作。加载和卸载应缓慢，并保持运行期间载荷的相对稳定。压力容器开始加载时，速度不宜过快，尤其要防止压力突然升高。过高的加载速度会降低材料的断裂韧性，可能使存在微小缺陷的容器在压力的快速冲击下发生脆性断裂。

② 防止超载。为了防止操作失误导致超压，除了装设联锁装置外，可实行安全操作挂牌制度。在一些关键性的操作装置上挂牌，牌上用明显标记或文字注明阀门等的开闭方向、开闭状态、注意事项等。对于通过减压阀降低压力后才进气的容器，要密切注意减压装置的工作情况，并装设灵敏可靠的安全泄压装置。压力容器的操作温度也应严格控制在设计规定的范围内，长期的超温运行也可以直接或间接地导致容器的破坏。

（2）运行期间的检查。对运行中的容器进行检查，包括工艺条件、设备状况，以及安全装置等方面。

在工艺条件方面，主要检查操作压力、操作温度、液位是否在安全操作规程规定的范围内，容器工作介质的化学组成。

在设备状况方面，主要检查各连接部位有无泄漏、渗漏现象，容器的部件和附件有无塑性变形、腐蚀,以及其他缺陷或可疑迹象,容器及其连接管道有无振动、损毁等现象。

在安全装置方面,主要检查安全装置,以及与安全有关的计量器具是否保持完好状态。

(3) 压力容器的紧急停止运行。压力容器在运行中出现下列情况时,应立即停止运行:容器的操作压力或壁温超过安全操作规程规定的极限值,而且采取措施仍无法控制,并有继续恶化的趋势;容器的承压部件出现裂纹、鼓包变形、焊缝或可拆连接处泄漏等危及容器安全的迹象;安全装置全部失效,连接管件断裂,紧固件损坏等,难以保证安全操作;操作岗位发生火灾,威胁到容器的安全操作;高压容器的信号孔或警报孔泄漏。

案例2.8

宁夏银川富洋烧烤店"6·21"特别重大燃气爆炸事故

2023年6月21日20时37分许,宁夏回族自治区银川市兴庆区富洋烧烤民族街店发生一起特别重大的燃气爆炸事故,造成31人死亡、7人受伤,直接经济损失5 114.5万元。事故调查组查明,事故直接原因是液化石油气配送企业违规向烧烤店配送有气相阀和液相阀的"双嘴瓶",店员误将气相阀调压器接到液相阀上,使用发现异常后擅自拆卸安装调压器造成液化石油气泄漏,处置时又误将阀门反向开大,导致大量泄漏喷出,与空气混合达到爆炸极限,遇厨房内明火发生爆炸进而起火。由于没有组织疏散、唯一楼梯通道被炸毁的隔墙严重堵塞、二楼临街窗户被封堵并被锚固焊接的钢制广告牌完全阻挡,严重影响人员逃生,导致伤亡扩大。

3. 压力管道的安全运行与管理

(1) 基本要求。压力管道操作过程中,操作人员应严格控制工艺指标,正确操作,严禁超压、超温运行;加载和卸载速度不能太快;高温或低温(-20 ℃以下)条件下工作的管道,加热或冷却应缓慢进行;开工升温过程中,高温管道需对管道法兰连接螺栓进行热紧,低温管道需进行冷紧;管道运行时应尽量避免压力和温度的大幅波动;尽量减少管道开停次数。

(2) 管线巡查。操作人员和维修人员均要按照各自的责任和要求定期按巡回检查路线完成每个部位、每个项目的检查,并做好巡回检查记录。检查中发现的异常情况应及时汇报和处理。巡回检查的项目主要有以下几个方面。

① 各项工艺操作指标参数、系统平稳运行情况。

② 管道接头、阀门及各管件的密封情况。

③ 防腐层、保温层的完好情况。

④ 管道振动情况。

⑤ 管道支吊架的紧固、腐蚀和支承情况,管架、基础完好情况。

⑥ 阀门等操作机构的润滑状况。

⑦ 安全阀、压力表等安全保护装置的运行状况。

⑧ 静电跨接、静电接地、抗腐蚀阴极保护装置的运行和完好状况。

⑨ 地表环境情况。

⑩ 其他缺陷。

（3）维护保养。维护保养是延长管道使用周期的基础。管道的日常维护保养主要包括以下内容。

① 经常检查管道的腐蚀防护系统，确保管道腐蚀防护系统有效。

② 阀门操作机构要经常除锈上油并定期进行活动，保证其开关灵活。

③ 安全阀、压力表要经常擦拭，确保其灵活、准确，并按时进行检查和校验。

④ 定期检查紧固螺栓完好状况，做到数量齐全、不锈蚀、丝扣完整，连接可靠。

⑤ 发现管道因外来因素产生较大振动或摩擦等情况时，应分析原因并消除异常振动和摩擦。

⑥ 静电跨接和接地装置要保持良好完整，及时消除缺陷，防止故障发生。

⑦ 及时消除跑冒滴漏。

⑧ 管道的底部和弯曲处是系统的薄弱环节，最易发生腐蚀和磨损，因此必须经常对这些部位进行检查，发现损坏时，应及时采取修理措施。

⑨ 禁止将管道及支架作为电焊的零线或起重工具的锚点和撬抬重物的支撑点。

⑩ 停用的管道应排除管内有毒、可燃介质，并进行置换，必要时做惰性介质保护。管道外表面应涂刷油漆，防止环境因素腐蚀。

4. 起重机械的安全运行与管理

（1）吊运前的准备。吊运前的准备工作包括以下内容。

① 正确佩戴个人防护用品，包括安全帽、工作服、工作鞋和手套，高处作业还必须佩戴安全带和工具包。

② 检查清理作业场地，确定搬运路线，清除障碍物；室外作业要了解当天的天气预报；流动式起重机要将支撑地面垫实垫平，防止作业中地基沉陷。

③ 对使用的起重机和吊装工具、辅件进行安全检查；不使用报废元件，不留安全隐患；熟悉被吊物品的种类、数量、包装状况，以及周围联系。

④ 根据有关技术数据（如质量、几何尺寸、精密程度、变形要求），进行最大受力计算，确定吊点位置和捆绑方式。

⑤ 编制作业方案（对于大型、重要的物件的吊运或多台起重机共同作业的吊装，事先要在有关人员参与下，由指挥、起重机司机和司索工共同讨论，编制作业方案，必要时报请有关部门审查批准）。

⑥ 预测可能出现的事故，采取有效的预防措施，选择安全通道，制定应急对策。

（2）起重机司机安全操作技术。认真交接班，对吊钩、钢丝绳、制动器、安全防护装置的可靠性进行认真检查，发现异常情况及时报告。

① 开机作业前，应确认处于安全状态方可开机：所有控制器是否置于零位；起重机上和作业区内是否有无关人员，作业人员是否撤离到安全区；起重机运行范围内是否

有未清除的障碍物；起重机与其他设备或固定建筑物的最小距离是否在 0.5 m 以上；电源断路装置是否加锁或有警示标牌；流动式起重机是否按要求平整好场地，支脚是否牢固可靠。

② 开车前，必须鸣铃或示警；操作中接近人时，应给断续铃声或示警。

③ 司机在正常操作过程中，不得利用极限位置限制器停车；不得利用打反车进行制动；不得在起重作业过程中进行检查和维修；不得带载调整起升、变幅机构的制动器，或带载增大作业幅度；吊物不得从人头顶上通过，吊物和起重臂下不得站人。

④ 严格按指挥信号操作，对紧急停止信号，无论何人发出，都必须立即执行。

⑤ 吊载接近或达到额定值，或起吊危险器（液态金属、有害物、易燃易爆物）时吊运前认真检查制动器，并用小高度、短行程试吊，确认没有问题后再吊运。

⑥ 起重机各部位、吊载及辅助用具与输电线的最小距离应满足安全要求。

⑦ 有下述情况时，司机不应操作：起重机结构或零部件（如吊钩、钢丝绳、制动器、安全防护装置等）有影响安全工作的缺陷和损伤；吊物超载或有超载可能，吊物质量不清；吊物被埋置或冻结在地下、被其他物体挤压；吊物捆绑不牢，或吊挂不稳，被吊重物棱角与吊索之间未加衬垫；被吊物上有人或浮置物；作业场地昏暗，看不清场地、吊物情况或指挥信号。

⑧ 工作中突然断电时，应将所有控制器置零，关闭总电源。重新工作前，应先检查起重机工作是否正常，确认安全后方可正常操作。

⑨ 有主、副两套起升机构的，不允许同时利用主、副钩工作。

⑩ 用两台或多台起重机吊运同一重物时，每台起重机都不得超载。

⑪ 露天作业的轨道起重机，当风力大于 6 级时，应停止作业；当工作结束时，应锚定住起重机。

5. 场（厂）内专用机动车辆的安全运行与管理

（1）作业前的准备。

① 场（厂）内专用机动车辆必须按照出厂使用说明书规定的技术性能、承载能力和使用条件，正确操作，合理使用，严禁超载作业或任意扩大使用范围。

② 场（厂）内专用机动车辆上的各种安全防护装置及监测、指示、仪表、报警等自动报警、信号装置应完好齐全，有缺损时应及时修复。安全防护装置不完整或已失效的场（厂）内专用机动车辆不得使用。

③ 启动前应进行重点检查。灯光、喇叭、指示仪表等应齐全完整；燃油、润滑油冷却水等应添加充足；各连接件不得松动；轮胎气压应符合要求，确认无误后，方可启动。

④ 起步前，车旁及车下应无障碍物及人员。

（2）叉车安全操作技术。

① 叉装物件时，被装物件重量应在该机允许载荷范围内。当物件重量不明时，应将该物件叉起离地 100 mm 后检查机械的稳定性，确认无超载现象后，方可运送。

② 叉装时，物件应靠近起落架，其重心应在起落架中间，确认无误，方可提升。

③ 物件提升离地后，应将起落架后仰，方可行驶。

④ 两辆叉车同时装卸一辆货车时，应有专人指挥联系，保证安全作业。

⑤ 不得单叉作业和使用货叉顶货或拉货。

⑥ 叉车在叉取易碎品、贵重品或装载不稳的货物时，应采用安全绳加固，必要时，应有专人引导，方可行驶。

⑦ 以内燃机为动力的叉车，进入仓库作业时，应有良好的通风设施。严禁在易燃、易爆的仓库内作业。

⑧ 严禁货叉上载人。驾驶室除规定的操作人员外，严禁其他任何人进入或在室外搭乘。

四、防火防爆安全技术

（一）防火防爆基础知识

1. 燃烧和火灾的定义

人们常说的"起火""着火"是燃烧一词的通俗叫法。燃烧是可燃物（气体、液体或固体）与氧或氧化剂发生激烈的化学反应，同时发出热和光的现象。在燃烧的过程中伴随着火焰、发光和烟气的现象。

燃烧会产生具有高温反应的区域，如果在反应区域内伴有积聚的压力上升和压力突变，则燃烧过程将向爆炸过程转变。

《消防词汇 第一部分：通用术语》（GB/T 5907.1）将火灾定义为在时间或空间上失去控制的燃烧。

2. 火灾的分类

依据《火灾分类》（GB/T4968），按可燃物的类型及其燃烧特性将火灾分为 A、B、C、D、E、F 六类。

A 类火灾：指固体物质火灾，这种物质中通常含有有机物质，一般在燃烧时能产生灼热的灰烬，如木材、棉、毛、麻、纸张火灾等。

B 类火灾：指液体火灾和可熔化的固体物质火灾，如汽油、煤油、柴油、原油、甲醇、乙醇、沥青、石蜡火灾等。

C 类火灾：指气体火灾，如煤气、天然气、甲烷、乙烷、丙烷、氢气火灾等。

D 类火灾：指金属火灾，如钾、钠、镁、钛、锆、锂、铝镁合金火灾等。

E 类火灾：指带电火灾，是物体带电燃烧的火灾，如发电机、电缆、家用电器等。

F 类火灾：指烹饪器具内烹饪物火灾，如动植物油脂等。

3. 爆炸的定义及特征

爆炸是物质系统的一种极为迅速的物理的或化学的能量释放或转化过程，是系统蕴藏的或瞬间形成的大量能量在有限的体积和极短的时间内，骤然释放或转化的现象。在这种释放和转化的过程中，系统的能量将转化为机械功、光和热的辐射等。

一般说来，爆炸现象具有以下 4 种特征。

（1）爆炸过程高速进行。

（2）爆炸点附近压力急剧升高，多数爆炸伴有温度升高。

（3）发出或大或小的响声。

（4）周围介质发生震动或邻近的物质遭到破坏。

爆炸最主要的特征是爆炸点及其周围压力急剧升高。

（二）防火防爆技术

防火防爆的安全技术措施如下。

（1）基本措施。一切防火措施都是为了防止燃烧条件相互结合、相互作用。根据物质燃烧的原理，防火的基本措施包括以下 3 个方面。

① 控制可燃物。以难燃或不燃的材料代替易燃或可燃的材料；对于具有火灾、爆炸危险性的厂房，采用耐火建筑，阻止火焰的蔓延；降低可燃气体、蒸气和粉尘在厂房空气的浓度，使之不超过最高容许浓度；凡是性质能相互作用的物品应分开存放等。

② 在密闭设备中进行易燃易爆物质的生产。在充装惰性气体的设备中进行有异常危险的生产，隔绝空气储存一些化学易燃物品，如钠存于煤油中、磷存于水中、二硫化碳用水封闭存放等。

③ 控制火源。如采取隔离火源、控温、接地、避雷、安装防爆灯、遮挡阳光等措施，防止可燃物质遇明火或温度增高而起火。

（2）明火控制。

① 控制检修或施工现场的着火源，包括明火、冲击摩擦、自然发热、电火花、静电火花等。

② 禁止在有火灾、爆炸危险的库区使用明火。

③ 因特殊情况需要进行电、气焊等明火作业，应办理动火许可证。

④ 清除动火区域的易燃、可燃物质；配置消防器材。动火施工人员必须持证上岗。

（3）摩擦和撞击控制。

① 在辅助设施、泵类运行中，保持良好的润滑，及时清除附着的可燃污垢。

② 在搬运盛有可燃气体、易燃液体的金属容器时，防止相互撞击，不能抛掷，以免产生火花或容器爆裂而造成火灾和爆炸事故，进出人员不能穿带钉的鞋子。

③ 装卸、搬运时，轻装轻卸，防震动、撞击摩擦、重压和倾倒。

（4）自然发热控制。油抹布、油棉纱等易引起火灾，应装入金属容器内，放置安全地带并及时清理。

（5）电火花控制。库区内使用的主要是低压电器设备，往往会产生短时间的弧光放电和接点上的微弱火花，对需要点火能量低的可燃气体、易燃液体蒸汽、爆炸粉尘等构成危险，所以电气设备及其配线应选择防爆型。

（6）静电火花控制。静电最严重的可以导致可燃物燃烧、爆炸，对需要点火能量小的可燃气体或蒸汽尤其严重，在有汽油、苯、氢气等场所，应特别注意静电危害，进出人员应着防静电工作服，管道输送时应控制流速，散装化学品槽车应有可靠的静电接地部位并对静电接地电阻进行检测报警等，整个系统应抑制静电产生或迅速导出静电。

（7）阻止火焰及爆炸波的扩展。

① 阻火装置的作用是防止火焰窜入设备、容器与管道内，或阻止火焰在设备和管道

内扩展。常见的阻火设备有安全水封、阻火器和单向阀。

② 进入易燃易爆库区的运输车辆应进行"三证"检查，并加装防火罩、带小型防火器材。

③ 对于带压的储存设施，泄压装置是防火防爆的重要安全装置，包括安全阀和爆破片，以及放空管。

建筑施工现场常用安全技术措施制定实践

一、目标

（1）学生能够正确分析建筑施工单位生产场所常用的安全技术措施。

（2）学生能够结合建筑施工单位生产场所的实际情况，制作对应的安全检查表、安全操作规程。

（3）要求学生通过制定企业生产场所的事故安全技术措施，提高自身的职业素养和综合分析能力。

二、程序和规则

步骤1：将学生分成若干小组（3~5人为一组），小组内进行任务分工，如查找某建筑施工单位资料、安全技术措施制定、汇报发言等。

步骤2：每个小组根据任务分工进行任务实施。

步骤3：以小组为单位分别进行汇报展示，每组限时5分钟。

步骤4：小组互评、教师评价。

具体考核标准如表2-4所示。

表2-4 某建筑施工现场安全技术实践评价表

序号	考核内容	评价标准	标准分值	评分
1	该施工现场触电安全技术措施制定（20分）	制定5个及以上触电安全技术措施	20分	
		制定1~4个触电安全技术措施	10分	
		未能正确制定触电安全技术措施	0分	
2	该施工现场特种设备安全技术措施制定（40分）	识别出该建筑施工现场全部特种设备，并分别制定10条及以上特种设备安全技术措施	40分	
		识别出该建筑施工现场部分特种设备，并分别制定5条及以上特种设备安全技术措施	20分	
		未识别出该建筑施工现场特种设备，未能制定相应特种设备安全技术措施	0分	

续表

序号	考核内容	评价标准	标准分值	评分
3	该施工现场机械设备安全技术措施制定（20）	辨识出该建筑施工现场机械使用过程中的全部危险有害因素，并制定10条及以上机械设备安全技术措施	20分	
		辨识出该建筑施工现场机械使用过程中的部分危险有害因素，并制定5条及以上机械设备安全技术措施	10分	
		未辨识出该建筑施工现场机械使用过程中的危险有害因素，未能制定机械设备安全技术措施	0分	
4	汇报综合表现（20分）	表达清晰，语言简洁，肢体语言运用适当，大方得体	20分	
		表达较清晰，语言不够简洁，肢体语言运用较少，表现得较紧张	10分	
得分				

三、总结评价

通过小组之间互评和教师评价指导，巩固学生对建筑施工现场常用安全技术措施制定的理解，强化学生的职业素养，提升学生的实践应用能力。

课后思考

1. 如何防范静电引发的火灾和爆炸事故？

2. 根据《特种设备目录》，请简要阐述特种设备的类型有哪些，对应的技术参数是什么。

3. 请简要概述防火防爆的安全技术措施有哪些，并举例说明。

常见风险防范

哲人隽语

居安思危，思则有备，有备无患。

——《左传·襄公十一年》

模块导读

安全风险是我们在日常生活和工作中面临的一个重要问题，无论是个人还是企业，都需要对潜在的安全风险有一定的认识，并采取相应的防范措施来保护自身的安全。企业生产过程中的安全风险主要源于危险源失控，特别是重大危险源，一旦控制不当，极易发生重大及以上事故。危险源是事故发生的必要条件，而事故则是危险源失控或未得到有效控制的结果。因此，要预防和控制各类事故的发生，必须首先识别和控制危险源，消除或降低其潜在的危险性。同时，还需制定科学有效的事故防范措施，强化安全管理，提高全员的安全意识和素养，确保生产活动的安全进行。

学习目标

1. 了解安全标志的种类、型式及适用场所。

2. 掌握安全标志的管理，包括使用、检查与维修。

3. 了解第一类危险源、第二类危险源、重大危险源的相关概念。

4. 掌握危险化学品重大危险源的辨识方法、分级方法及管理措施。

5. 掌握事故的分类和事故防范常用的安全技术措施、安全管理措施。

6. 能够结合企业实际情况，进行安全标志管理、重大危险源管理，制定合理有效的事故防范措施。

7. 强化安全意识、培养安全风险预防思维，弘扬生命至上的理念，引导学生树立责任担当的意识。

单元一　安全标志

施工未设安全标志，引发事故谁来担责？

2021年11月6日，潘加某驾驶"新蕾"牌二轮电动车行驶至某汽贸公司门口处，因避让逆向行驶的周某金驾驶的"新日"牌二轮电动车，驶入非机动车道施工路段的水坑内发生侧翻，造成潘加某受伤及二轮电动车损坏的道路交通事故，潘加某于当日因抢救无效死亡。经交警部门认定，潘加某承担该起事故主要责任，周某金与路面施工单位A公司承担次要责任。事故发生后，因周某金和A公司一直未对潘加某的损失进行赔付，故潘加某的近亲属向法院提起民事诉讼。庭审中，周某金辩称潘加某死亡是因跌入水坑，而非避让，其与A公司的施工路段水坑存在更大因果关系。A公司亦辩称案涉事故发生的路段已经施工完毕，并交付使用，故其对事发路段不负有设置明显的安全警示标志及采取防护措施的义务，不应承担赔偿责任。

分析：法院经审理认为，潘加某的死亡与避让逆向行驶的周某金、跌入没有设置明显的安全警示标志的水坑均具有因果联系。A公司作为案涉路段改造工程的中标单位，事故发生时，该工程尚未办理交工及竣工验收手续，其作为施工单位对该路段有消除安全隐患和采取防护措施的义务。法院最终认定周某金与A公司的侵权行为共同导致潘加某死亡的结果，判决周某金与A公司各负15%的赔偿责任，赔偿潘加某近亲属经济损失近9万元。

安全标志是用以表达特定安全信息的标志，由图形符号、安全色（传递安全信息含义的颜色，包括红、黄、蓝、绿4种颜色）、几何形状（边框）或文字构成。安全标志分为禁止标志、警告标志、指令标志和提示标志四类，还有补充标志。安全标志是在作业现场中，最基本的元素，是员工应掌握的最基础的安全知识。当危险发生时能够指示人们尽快逃离或者指示人们采取正确、有效、得力的措施对危害加以遏制。

一、安全标志的种类

（一）禁止标志

1. 定义

禁止标志是禁止人们不安全行为的图形标志。

2. 型式

禁止标志的基本型式是带斜杠的圆环，圆环与斜杠相连用红色，图形符号用黑色，背景用白色。"禁止吸烟"标志如图3-1所示。

图3-1　"禁止吸烟"标志

3. 种类及适用场所

根据《安全标志及其使用导则》（GB 2894—2008）规定，禁止标志共有 40 种，具体图形、名称、适用区域类型、设置范围和地点如表 3-1 所示。

表 3-1　　40 种禁止标志

序号	图形	名称	适用区域类型	设置范围和地点
1		禁止吸烟	H	有甲类、乙类、丙类火灾危险物质的场所和禁止吸烟的公共场所等，如木工车间、油漆车间、沥青车间、纺织厂、印染厂等
2		禁止烟火	H	有甲类、乙类、丙类火灾危险物质的场所，如面粉厂、煤粉厂、焦化厂、施工工地等
3		禁止带火种	H	有甲类火灾危险物质及其他禁止带火种的各种危险场所，如炼油厂、乙炔站、液化石油气站、煤矿井内、林区、草原等
4		禁止用水灭火	H，J	生产、储运、使用中有不准用水灭火的物质的场所，如变压器室、乙炔站、化工药品库、各种油库等
5		禁止放置易燃物	H，J	具有明火设备或高温的作业场所，如动火区，各种焊接、切割、锻造、浇注车间等场所
6		禁止堆放	J	消防器材存放处，消防通道及车间主通道等
7		禁止启动	J	暂停使用的设备附近，如设备检修、更换零件等
8		禁止合闸	J	设备或线路检修时，相应开关附近

续表

序号	图形	名称	适用区域类型	设置范围和地点
9		禁止转动	J	检修或专人定时操作的设备附近
10		禁止叉车和厂内机动车辆通行	J，H	禁止叉车和其他厂内机动车辆通行的场所
11		禁止乘人	J	乘人易造成伤害的设施，如室外运输吊篮、外操作载货电梯框架等
12		禁止靠近	J	不允许靠近的危险区域，如高压试验区、高压线、输变电设备的附近
13		禁止入内	J	易造成事故或对人员有伤害的场所，如高压设备室、各种污染源等入口处
14		禁止推动	J	易于倾倒的装置或设备，如车站屏蔽门等
15		禁止停留	H，J	对人员具有直接危害的场所，如粉碎场地、危险路口、桥口等处
16		禁止通行	H，J	有危险的作业区，如起重、爆破现场，道路施工工地等
17		禁止跨越	J	禁止跨越的危险地段，如专用的运输通道、带式输送机和其他作业流水线，作业现场的沟、坎、坑等

序号	图形	名称	适用区域类型	设置范围和地点
18		禁止攀登	J	不允许攀爬的危险地点，如有坍塌危险的建筑物、构筑物、设备旁
19		禁止跳下	J	不允许跳下的危险地点，如深沟、深池、车站站台及盛装过有毒物质、易产生窒息气体的槽车、贮罐、地窖等处
20		禁止伸出窗外	J	易造成头、手伤害的部位或场所，如公交车窗、火车车窗等
21		禁止倚靠	J	不能倚靠的地点或部位，如列车车门、车站屏蔽门、电梯轿门等
22		禁止坐卧	J	高温、腐蚀性、塌陷、坠落、翻转、易损等易造成人员伤害的设备、设施表面
23		禁止蹬踏	J	高温、腐蚀性、塌陷、坠落、翻转、易损等易造成人员伤害的设备、设施表面
24		禁止触摸	J	禁止触摸的设备或物体附近，如裸露的带电体，炽热物体，具有毒性、腐蚀性的物体等处
25		禁止伸入	J	易于夹住身体部位的装置或场所，如有开口的传动机、破碎机等
26		禁止饮用	J	禁止饮用水的开关处，如循环水、工业用水、污染水等

续表

序号	图形	名称	适用区域类型	设置范围和地点
27		禁止抛物	J	抛物易伤人的地点，如高处作业现场、深沟（坑）等
28		禁止戴手套	J	戴手套易造成手部伤害的作业地点，如旋转的机械加工设备附近
29		禁止穿化纤服装	H	有静电火花会导致灾害或有炽热物质的作业场所，如冶炼、焊接及有易燃易爆物质的场所等
30		禁止穿带钉鞋	H	有静电火花会导致灾害或有触电危险的作业场所，如有易燃易爆气体或粉尘的车间及带电作业场所
31		禁止开启无线移动通信设备	J	火灾、爆炸场所，以及可能产生电磁干扰的场所，如加油站、飞行中的航天器、油库、化工装置区等
32		禁止携带金属物或手表	J	易受到金属物品干扰的微波和电磁场所，如磁共振室等
33		禁止佩戴心脏起搏器者靠近	J	安装人工起搏器者禁止靠近高压设备、大型电机、发电机、电动机、雷达和有强磁场设备等
34		禁止植入金属材料者靠近	J	易受到金属物品干扰的微波和电磁场所，如磁共振室等
35		禁止游泳	H	禁止游泳的水域

续表

序号	图形	名称	适用区域类型	设置范围和地点
36		禁止滑冰	H	禁止滑冰的场所
37		禁止携带武器及仿真武器	H	不能携带和托运武器、凶器和仿真武器的场所或交通工具，如飞机等
38		禁止携带托运易燃及易爆物品	H	不能携带和托运易燃易爆物品及其他危险品的场所或交通工具，如火车、飞机、地铁等
39		禁止携带托运有毒物品及有害液体	H	不能携带托运有毒物品及有害液体的场所或交通工具，如火车、飞机、地铁等
40		禁止携带托运放射性及磁性物品	H	不能携带托运放射性及磁性物品的场所或交通工具，如火车、飞机、地铁等

注：

（1）适用区域类型代号 H：所提供的信息涉及较大区域的图形标志，也称为环境信息标志。

（2）适用区域类型代号 J：所提供的信息只涉及某地点，甚至某个设备或部件的图形标志，局部信息标志。

（二）警告标志

1. 定义

警告标志是提醒人们注意周围环境，以避免可能发生的危险的图形标志。

2. 型式

警告标志的基本型式是正三角形，其中正三角形用黑色，图形符号用黑色，背景用黄色。"注意安全"警告标志如图 3-2 所示。

3. 种类及适用场所

根据《安全标志及其使用导则》（GB 2894—2008）规定，警告标志共有 39 种，具体图形、名称、适用区域类型、设置范围和地点如表 3-2 所示。

图 3-2　"注意安全"警告标志

表 3-2　39 种警告标志

序号	图形	名称	适用区域类型	设置范围和地点
1		注意安全	H，J	易造成人员伤害的场所及设备等
2		当心火灾	H，J	易发生火灾危险的场所，如可燃性物质的生产、储运、使用等地点
3		当心爆炸	H，J	易发生爆炸危险的场所，如易燃易爆物质的生产、储运、使用或受压容器存放等地点
4		当心腐蚀	J	有腐蚀性物质（《危险货物品名表》（GB 12268—2005）中第 8 类所规定的物质）的作业地点
5		当心中毒	H，J	剧毒品及有毒物质（《危险货物品名表》（GB 12268—2005）中第 6 类第 1 项所规定的物质）的生产、储运及使用地点
6		当心感染	H，J	易发生感染的场所，如医院传染病区；有害生物制品的生产、储运、使用等地点
7		当心触电	J	有可能发生触电危险的电器设备和线路，如配电室、开关等
8		当心电缆	J	有暴露的电缆或地面下有电缆处施工的地点
9		当心自动启动	J	配有自动启动装置的设备
10		当心机械伤人	J	易发生机械卷入、轧压、碾压、剪切等机械伤害的作业地点

序号	图形	名称	适用区域类型	设置范围和地点
11		当心塌方	H，J	有塌方危险的地段、地区，如堤坝及土方作业的深坑、深槽等
12		当心冒顶	H，J	具有冒顶危险的作业场所，如矿井、隧道等
13		当心坑洞	J	具有坑洞易造成伤害的作业地点，如构件的预留孔洞及各种深坑的上方等
14		当心落物	J	易发生落物危险的地点，如高处作业、立体交叉作业的下方等
15		当心吊物	J，H	有吊装设备作业的场所，如施工工地、港口、码头、仓库、车间等
16		当心碰头	J	易发生碰头危险的场所
17		当心挤压	J	易产生挤压的装置、设备或场所，如自动门、电梯门、车站屏蔽门等
18		当心烫伤	J	具有热源易造成伤害的作业地点，如冶炼、锻造、铸造、热处理车间等
19		当心伤手	J	易造成手部伤害的作业地点，如玻璃制品、木制加工、机械加工车间等
20		当心夹手	J	易产生挤压的装置、设备或场所，如自动门、电梯门、列车车门等

序号	图形	名称	适用区域类型	设置范围和地点
21		当心扎脚	J	易造成脚部伤害的作业地点，如铸造车间、木工车间、施工工地及有尖角散料等处
22		当心有犬	H	有犬类作为保卫的场所
23		当心弧光	H，J	由于弧光造成眼部伤害的各种焊接作业场所
24		当心高温表面	J	有灼烫物体表面的场所
25		当心低温	J	易导致冻伤的场所，如冷库、气化器表面、存在液化气体的场所等
26		当心磁场	J	有磁场的区域或场所，如高压变压器、电磁测量仪器附近等
27		当心电离辐射	H，J	能产生电离辐射危害的作业场所，如生产、储运、使用《危险货物品名表》（GB 12268—2005）中规定的第 7 类物质的作业区
28		当心裂变物质	J	具有裂变物质的作业场所，如其使用车间、储运仓库、容器等
29		当心激光	H，J	有激光产品和生产、使用、维修激光产品的场所
30		当心微波	H	存在微波辐射的作业场所

续表

序号	图形	名称	适用区域类型	设置范围和地点
31		当心叉车	J，H	有叉车通行的场所
32		当心车辆	J	厂内车、人混合行走的路段，道路的拐角处，平交路口；车辆出入较多的厂房、车库等出入口
33		当心火车	J	厂内铁路与道路平交路口，厂（矿）内铁路运输线等
34		当心坠落	J	易发生坠落事故的作业地点，如脚手架、高处平台、地面的深沟（池、槽）、建筑施工、高处作业场所等
35		当心障碍物	J	地面有障碍物，易绊倒造成伤害的地点
36		当心跌落	J	易跌落的地点，如楼梯、台阶等
37		当心滑倒	J	地面有易造成伤害的滑跌地点，如地面有油、冰、水等物质及滑坡处
38		当心落水	J	落水后有可能产生淹溺的场所或部位，如城市河流、消防水池等
39		当心缝隙	J	有缝隙的装置、设备或场所，如自动门、电梯门、列车等

注：

（1）适用区域类型代号 H：所提供的信息涉及较大区域的图形标志，也称为环境信息标志。

（2）适用区域类型代号 J：所提供的信息只涉及某地点，甚至某个设备或部件的图形标志，局部信息标志。

(三）指令标志

1. 定义

指令标志是强制人们必须做出某种动作或采取防范措施的图形标志。

2. 型式

指令标志的基本型式是圆形，其中图形符号用白色，背景用蓝色。"必须戴防护眼镜"指令标志如图3-3所示。

图3-3 "必须戴防护眼镜"指令标志

3. 种类及适用场所

根据《安全标志及其使用导则》（GB 2894—2008）规定，指令标志共有16种，具体图形、名称、适用区域类型、设置范围和地点如表3-3所示。

表3-3 16种指令标志

序号	图形	名称	适用区域类型	设置范围和地点
1		必须戴防护眼镜	H，J	对眼睛有伤害的各种作业场所和施工场所
2		必须佩戴遮光护目镜	J，H	存在紫外、红外、激光等光辐射的场所，如电气焊等
3		必须戴防尘口罩	H	具有粉尘的作业场所，如纺织清花车间、粉状物料拌料车间，以及矿山凿岩处等
4		必须戴防毒面具	H	具有对人体有害的气体、气溶胶、烟尘等作业场所，如有毒物散发的地点或处理由毒物造成的事故现场
5		必须戴护耳器	H	噪声超过85 dB的作业场所，如铆接车间、织布车间、射击场、工程爆破、风动掘进等处
6		必须戴安全帽	H	头部易受外力伤害的作业场所，如矿山、建筑工地、伐木场、造船厂及起重吊装处等

续表

序号	图形	名称	适用区域类型	设置范围和地点
7		必须戴防护帽	H	易造成人体碾绕伤害或有粉尘污染头部的作业场所，如纺织、石棉、玻璃纤维的生产地，以及具有旋转设备的机加工车间等
8		必须系安全带	H, J	易发生坠落危险的作业场所，如高处建筑、修理、安装等地点
9		必须穿救生衣	H, J	易发生溺水的作业场所，如船舶、海上工程结构物等
10		必须穿防护服	H	具有放射、微波、高温及其他需穿防护的作业场所
11		必须戴防护手套	H, J	易伤害手部的作业场所，如具有腐蚀、污染、灼烫、冰冻及触电等危险的作业地点
12		必须穿防护鞋	H, J	易伤害脚部的作业场所，如具有腐蚀、灼烫、触电、砸（刺）伤等危险的作业地点
13		必须洗手	J	解除有毒有害物质作业后
14		必须加锁	J	剧毒品、危险品库房等地点
15		必须接地	J	防雷、防静电场所

续表

序号	图形	名称	适用区域类型	设置范围和地点
16		必须拔出插头	J	在设备维修、故障、长期停用、无人值守状态下

注：

（1）适用区域类型代号 H：所提供的信息涉及较大区域的图形标志，也称为环境信息标志。

（2）适用区域类型代号 J：所提供的信息只涉及某地点，甚至某个设备或部件的图形标志，局部信息标志。

（四）提示标志

1. 定义

提示标志是向人们提供某种信息（如标明安全设施或场所等）的图形标志。

2. 型式

提示标志的基本型式是正方形，其中图形符号用白色，背景用绿色，如图 3-4"应急避难场所"提示标志所示。

图 3-4　"应急避难场所"提示标志

3. 种类及适用场所

根据《安全标志及其使用导则》（GB 2894—2008）规定，提示标志共有 8 种，其具体图形、名称、适用区域类型、设置范围和地点如表 3-4 所示。

表 3-4　8 种提示标志

序号	图形	名称	适用区域类型	设置范围和地点
1		紧急出口	J	便于安全疏散的紧急出口处，与方向箭头结合，设在通向紧急出口的通道、楼梯口等处
2		避险处	J	铁路桥、公路桥、矿井及隧道内躲避危险的地点

续表

序号	图形	名称	适用区域类型	设置范围和地点
3		应急避难场所	H	在发生突发事件时用于容纳危险区域内疏散人员的场所，如公园、广场等
4		可动火区	J	经有关部门划定的可使用明火的地点
5		击碎板面	J	必须击开板面才能获得出口
6		急救点	J	设置现场急救仪器设备及药品的地点
7		应急电话	J	安装应急电话的地点
8		紧急医疗站	J	有医生的医疗救助场所。

注：

（1）适用区域类型代号 H：所提供的信息涉及较大区域的图形标志，也称为环境信息标志。

（2）适用区域类型代号 J：所提供的信息只涉及某地点，甚至某个设备或部件的图形标志，局部信息标志。

（五）补充标志

1. 定义

补充标志是对前述四种标志的补充说明，以防误解。

2. 型式

补充标志的基本型式是矩形，有横写和竖写两种形式。

横写时，补充标志写在标志的下方，可以和标志连在一起，也可以分开。禁止标志、指令标志为白色字；警告标志为黑色字。禁止标志、指令标志背景为标志的颜色，警告标志背景为白色。横写的补充标志如图 3-5 所示。

图 3-5　横写的补充标志

竖写时，补充标志写在标志杆的上部。禁止标志、警告标志、指令标志、提示标志均为白色背景，黑色字。标志杆下部色带的颜色应和标志的颜色相一致。竖写在标志杆上部的补充标志如图 3-6 所示。

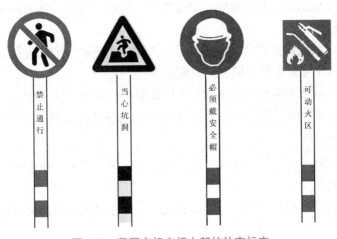

图 3-6　竖写在标志杆上部的补充标志

案例 3.1

配电箱未张贴安全标志，电力公司被罚 2.5 万元

2023 年 11 月 6 日，深圳市某区应急管理局执法人员到辖区某电力有限公司进行检查时，发现该单位配电房有三处电压 380 V 以上的配电箱未张贴安全标志、杂物房一处电压 400 V 的配电箱未张贴安全标志。深圳市某区应急管理局依据《中华人民共和国安全生产法》第九十六条第一款、参照《深圳市应急管理行政处罚自由裁量权实施标准（2020 年版）》违法行为编号 1011 规定，对该企业作出罚款人民币 2.5 万元的行政处罚。

分析：本案中，涉事企业四处配电箱均为电压 380 V 以上，无论是操作还是检修，均属于可能引起触电事故的作业，此时都应戴绝缘手套。设置安全标志的目的，是为了警示所有人应谨慎操作，小心触电。如果没有设置安全标志，操作人员就可能因一时疏忽或操作不慎而触电，380 V 以上的高电压很有可能会致人伤亡。

二、安全标志的管理

（一）安全标志的使用

（1）安全标志应设在与安全有关的醒目位置，并使大家看见后，有足够的时间来了解它所表示的内容。环境信息标志宜设在有关场所的入口处和醒目处；局部信息标志应设在所涉及的相应危险地点或设备（部件）附近的醒目处。

（2）安全标志不应设在门、窗、架等可移动的物体上，以免安全标志随母体物体相应移动，影响认读。安全标志前不得放置妨碍认读的障碍物。

（3）安全标志的平面与视线夹角应接近90°，观察者位于最大观察距离时，最小夹角不低于75°。

（4）安全标志应设置在明亮的环境中。

（5）多个安全标志在一起设置时，应按警告、禁止、指令、提示的类型顺序，先左后右、先上后下地排列。

（6）安全标志的固定方式分附着式、悬挂式和柱式三种。悬挂式和附着式的固定应稳固不倾斜，柱式的安全标志和支架应牢固地连接在一起。

（7）安全标志设置的高度，应尽量与人眼的视线高度相一致。悬挂式和柱式的环境信息标志牌的下缘距地面的高度不宜小于2m；局部信息标志的设置高度应视具体情况而定。

（二）检查与维修

（1）安全标志牌至少每半年检查一次，如发现破损、变形、褪色等不符合要求的情况时应及时修整或更换。

（2）在修整或更换激光安全标志时应有临时的标志替换，以避免发生意外伤害。

案例3.2

安全标志能不能贴在门上？

2023年8月5日，福建省某市应急管理局前往某科技有限公司进行执法检查，发现该企业罐区配电室安全标志张贴在可移动的门上，不符合《安全标志及其使用导则》（GB 2894—2008）"9.2标志牌不应设在门、窗、架等可移动的物体上，以免标志牌随母体物体相应移动，影响认读"的要求，违反了《中华人民共和国安全生产法》第三十五条的规定。根据《中华人民共和国安全生产法》第九十九条第一款规定，参照《福建省安全生产行政处罚裁量基准》中该罚则的第一阶次实施标准"有4处以下安全警示标志设置不明显、未按规范设置或未设置的，责令限期改正，对生产经营单位处2万元以下的罚款"，福建省某市应急管理局对该企业作出罚款1万元的行政处罚。

分析：本案中，涉事企业将安全标志张贴在门、窗、架等可移动的物体上，这是各类企业普遍存在的问题，不符合《安全标志及其使用导则》（GB 2894—2008）的要求。《福建省安全生产行政处罚裁量基准》对《中华人民共和国安全生产法》第九十九条的裁量规定包括：安全警示标志设置不明显、未按规范设置或未设置。福建省某市应急管理局据此对企业作出行政处罚，同时进行通报警示、以罚示警，有助于提升企业的安全管理意识和安全生产标准化水平。

活动与训练

脚手架作业场所安全标志布置实践

一、目标

（1）学生能够正确辨识出脚手架作业场所可能发生的事故。

（2）学生能够合理选择出脚手架作业场所的安全标志，并进行正确的顺序设置。

（3）学生通过模拟脚手架作业场所安全标志的布置实践，提高自身的职业素养和综合分析能力。

二、程序和规则

步骤1：将学生分成若干小组（3~5人为一组），小组内进行任务分工，如查找资料、PPT制作、汇报发言等。

步骤2：每个小组根据任务分工进行任务实施。

步骤3：以小组为单位分别进行汇报展示，每组限时5分钟。

步骤4：小组互评、教师评价。

具体考核标准如表3-5所示。

表3-5　安全标志实践评价表

序号	考核内容	评价标准	标准分值	评分
1	辨识脚手架作业场所可能发生的事故（30分）	辨识出3个及以上可能发生的事故	30分	
		辨识出2个可能发生的事故	20分	
		辨识出1个可能发生的事故	10分	
		未辨识出可能发生的事故	0分	
2	安全标志选择（30分）	合理选择出6个及以上安全标志	30分	
		合理选择出4~5个安全标志	20分	
		合理选择出1~3个安全标志	10分	
		未合理选择出安全标志	0分	
3	安全标志顺序（20分）	安全标志顺序完全正确	20分	
		安全标志顺序部分正确	10分	
		安全标志顺序全部错误	0分	
4	汇报综合表现（20分）	表达清晰，语言简洁，肢体语言运用适当，大方得体	20分	
		表达较清晰，语言不够简洁，肢体语言运用较少，表现得较紧张	10分	
得分				

三、总结评价

通过小组之间互评和教师评价指导，加深学生对安全标志相关知识的理解，强化学生的职业素养，提升学生的实践应用能力。

课后思考

1. 请列举安全标志在企业安全生产中的作用。

2. 请分别解释禁止标志、警告标志、指令标志、指示标志的含义，并分析四种安全标志的型式特点。

3. 讨论：安全标志在使用中需要注意哪些事项？

单元二　危险源辨识

案例导入

天津港"8·12"瑞海公司危险品仓库特别重大火灾爆炸事故

2015年8月12日，位于天津市滨海新区天津港的瑞海国际物流有限公司危险品仓库发生火灾爆炸事故，造成165人遇难（其中参与救援处置的公安消防人员110人，事故企业、周边企业员工和周边居民55人）、8人失踪（其中天津港消防人员5人，周边企业员工、天津港消防人员家属3人），798人受伤（伤情重及较重的伤员58人、轻伤员740人）。经国务院调查组调查认定，天津港"8·12"瑞海公司危险品仓库火灾爆炸事故是一起特别重大生产安全责任事故。

分析：经调查，事故直接原因是瑞海公司危险品仓库运抵区南侧集装箱内的硝化棉由于湿润剂散失出现局部干燥，在高温（天气）等因素的作用下加速分解放热，积热自燃，引起相邻集装箱内的硝化棉和其他危险化学品长时间大面积燃烧，导致堆放于运抵区的硝酸铵等危险化学品发生爆炸。事故发生前，瑞海公司运抵区内共储存危险货物72种、4 840.42 t，其中硝酸铵800 t，硝酸铵的主要用途是做肥料及炸药。800 t硝酸铵已经构成了重大危险源，由于重大危险源所涉及的危险化学品一般具有易燃、易爆、有毒、有害等特性，如果控制不当，极易引发重特大事故，造成群死群伤。

危险源是指可能造成人员伤害和疾病、财产损失、作业环境破坏或其他损失的根源或状态。危险源管控是企业安全生产管理工作的重点，如果控制措施不合理，将有可能导致生产安全事故发生，造成人员伤亡或财产损失。

一、危险源分类

不同的危险源在导致事故发生、造成伤亡后果时表现各异，所以对其识别、控制的方式也不尽相同，根据危险源在事故发生、发展中的作用，一般把危险源分为两大类，即第一类危险源和第二类危险源。

（一）第一类危险源

第一类危险源是指生产过程中存在的，可能发生意外释放的能量，包括生产过程中的各种能量源、能量载体或危险物质。第一类危险源决定了事故后果的严重程度，它具有的能量越多，发生事故的后果越严重。例如，炸药、旋转的飞轮等属于第一类危险源。

（二）第二类危险源

第二类危险源是指导致能量或危险物质约束或限制措施破坏或失效的各种因素。广义上包括物的故障、人的失误、环境不良，以及管理缺陷等因素。第二类危险源决定了事故发生的可能性，它出现得越频繁，发生事故的可能性越大。例如，冒险进入危险场所等。

在企业安全管理工作中，第一类危险源客观上已经存在并且在设计、建设时已经采取了必要的安全措施，因此，企业安全生产管理工作的重点是第二类危险源的控制问题。

案例3.3

高温铁渣炉料夺走5名工人性命

2023年6月22日7时55分许，辽宁省营口市某钢铁有限公司炼铁厂一号高炉在生产过程中炉缸烧穿，液态铁渣遇冷却水发生喷爆，引发灼烫事故，造成5人死亡、4人受伤，直接经济损失约2 825.27万元。

分析：经调查，该钢铁有限公司事故高炉的西出铁口主沟漏铁，泄漏的铁水将用于实时监测炉缸温度的热电偶信号参数电缆烧毁，在没有监控数据保障的情况下，冒险蛮干，致使炭砖已经被侵蚀殆尽的炉缸烧穿，最终导致事故发生。事故中高温液态铁渣就是第一类危险源。该钢铁有限公司在事故高炉炉役末期，未有效采取降低冶炼强度、加强炉底炉缸侵蚀情况监测、定期使用钒钛矿护炉等措施，这些都是第二类危险源。第一类危险源是事故发生的内因，没有第一类危险源，第二类危险源就无从谈起；第二类危险源是事故发生的外因，没有第二类危险源，第一类危险源就处于相对安全的状态。事故的发生、发展过程必然是两类危险源相互依存、相辅相成的结果，也就是内因通过外因的触发导致事故。第一类危险源在事故发生时释放出的有害物质或能量会导致人员伤亡或财产损失，有害物质的数量和能量强度决定事故的严重程度；第二类危险源（人失误、物故障、环境不良、管理缺陷）出现的难易，决定事故发生的可能性大小。两类危险源共同决定了危险源的危险性。

二、重大危险源管理

（一）重大危险源相关概念

《危险化学品重大危险源辨识》（GB 18218）中对危险化学品重大危险源的定义进行了明确：危险化学品重大危险源是指长期地或临时地生产、储存、使用或经营危险化学品，且危险化学品的数量等于或超过临界量的单元。危险化学品重大危险源可分为生产单元危险化学品重大危险源和储存单元危险化学品重大危险源。

单元：涉及危险化学品的生产、储存装置、设施或场所，分为生产单元和储存单元。

生产单元：危险化学品的生产、加工及使用等的装置及设施，当装置及设施之间有切断阀时，以切断阀作为分隔界限划分为独立的单元。

储存单元：由用于储存危险化学品的储罐或仓库组成的相对独立的区域，储罐区以罐区防火堤为界限划分为独立的单元，仓库以独立库房（独立建筑物）为界限划分为独立的单元。

（二）危险化学品重大危险源的辨识

1. 辨识依据

以国家标准《危险化学品重大危险源辨识》（GB 18218）为依据，开展危险化学品重大危险源的辨识。

该标准适用于生产、储存、使用和经营危险化学品的生产经营单位。

2. 辨识方法

单元内存在的危险化学品的数量根据危险化学品种类的多少区分为以下两种情况。

（1）生产单元、储存单元内存在的危险化学品为单一品种时，该危险化学品的数量即为单元内危险化学品的总量，若等于或超过相应的临界量，则定为重大危险源。

（2）生产单元、储存单元内存在的危险化学品为多品种时，则按下式计算，若满足下式，则定为重大危险源：

$$S = q_1/Q_1 + q_2/Q_2 + \cdots + q_n/Q_n \geqslant 1$$

式中：S——辨识指标；

q_1，q_2，$\cdots$，q_n——每种危险化学品的实际存在量，单位为吨（t）；

Q_1，Q_2，$\cdots$，Q_n——与每种危险化学品相对应的临界量，单位为吨（t）。

与各危险化学品相对应的临界量 Q 根据《危险化学品重大危险源辨识》（GB 18218）进行取值。危险化学品储罐，以及其他容器、设备或存储区的危险化学品的实际存在量按设计最大量确定。对于危险化学品混合物，如果混合物与其纯物质属于相同危险类别，则视混合物为纯物质，按混合物整体进行计算。如果混合物与其纯物质不属于相同危险类别，则应按新危险类别考虑其临界量。

危险化学品重大危险源辨识流程如图 3-7 所示。

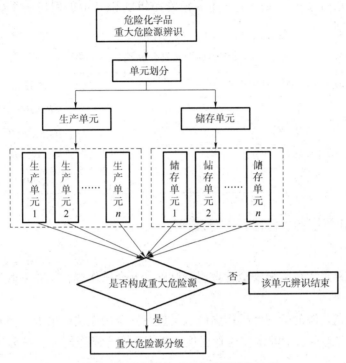

图 3-7 危险化学品重大危险源辨识流程

（三）危险化学品重大危险源的分级

依据《危险化学品重大危险源辨识》（GB 18218）对危险化学品重大危险源进行分级。

1. 分级指标

采用单元内各种危险化学品实际存在量与其相对应的临界量比值，经校正系数校正后的比值之和 R 作为分级指标。

2. 重大危险源分级指标的计算方法

重大危险源的分级指标按下式计算。

$$R = \alpha\left(\beta_1\frac{q_1}{Q_1} + \beta_2\frac{q_2}{Q_2} + \cdots\beta_n\frac{q_n}{Q_n}\right)$$

式中：R——重大危险源分级指标；

α——该危险化学品重大危险源厂区外暴露人员的校正系数；

β_1，β_2，$\cdots$，β_n——与每种危险化学品相对应的校正系数；

q_1，q_2，$\cdots$，q_n——每种危险化学品的实际存在量，单位为吨（t）；

Q_1，Q_2，$\cdots$，Q_n——与每种危险化学品相对应的临界量，单位为吨（t）。

校正系数 α、β 根据《危险化学品重大危险源辨识》（GB 18218）进行取值。

3. 重大危险源分级标准

根据计算出来的 R 值，按表 3-6 重大危险源级别和 R 值的对应关系确定危险化学品重大危险源的级别。

表 3-6　重大危险源级别和 R 值的对应关系

重大危险源级别	R 值
一级	$R \geqslant 100$
二级	$100 > R \geqslant 50$
三级	$50 > R \geqslant 10$
四级	$R < 10$

（四）危险化学品重大危险源的管理措施

1. 制度建设与人员培训

（1）建立完善重大危险源安全管理规章制度和安全操作规程，并采取有效措施保证其得到执行。

（2）对重大危险源的管理和操作岗位人员进行安全操作技能培训，使其了解重大危险源的危险特性，熟悉重大危险源安全管理规章制度和安全操作规程，掌握岗位的安全操作技能和应急措施。

2. 建立、健全安全监测监控体系

根据构成重大危险源的危险化学品种类、数量、生产、使用工艺（方式）或者相关设备、设施等实际情况，按照下列要求建立、健全安全监测监控体系，完善控制措施。

（1）重大危险源配备温度、压力、液位、流量、组分等信息的不间断采集和监测系统，以及可燃气体和有毒有害气体泄漏检测报警装置，并具备信息远传、连续记录、事故预警、信息存储等功能；一级或者二级重大危险源，具备紧急停车功能。记录的电子数据保存时间不少于 30 天。

（2）重大危险源的化工生产装置、装备满足安全生产要求的自动化控制系统；一级或者二级重大危险源，装备紧急停车系统。

（3）对重大危险源中的毒性气体、剧毒液体和易燃气体等重点设施，设置紧急切断装置；毒性气体的设施，设置泄漏物紧急处置装置。涉及毒性气体、液化气体、剧毒液体的一级或者二级重大危险源，配备独立的安全仪表系统（SIS）。

（4）重大危险源中储存剧毒物质的场所或者设施，设置视频监控系统。

（5）安全监测监控系统符合国家标准或者行业标准规定。

3. 重大危险源的风险控制

通过定量风险评价确定的重大危险源的个人和社会风险值，不得超过《危险化学品重大危险源监督管理暂行规定》附件 2 列示的个人和社会可允许风险限值标准。超过个人和社会可允许风险限值标准的，需要采取相应的降低风险措施。

4. 对重大危险源的监控管理

（1）按照国家有关规定，定期对重大危险源的安全设施和安全监测监控系统进行检测、检验，并进行经常性维护、保养，保证重大危险源的安全设施和安全监测监控系统有效、可靠运行。维护、保养、检测应当做好记录，并由有关人员签字。

（2）明确重大危险源中关键装置、重点部位的责任人或者责任机构，并对重大危险源的安全生产状况进行定期检查，及时采取措施消除事故隐患。事故隐患难以立即排除的，应当及时制定治理方案，落实整改措施、责任、资金、时限和预案。

5. 重大危险源所在场所的警示语告知

在重大危险源所在场所设置明显的安全警示标志，写明紧急情况下的应急处置办法。将重大危险源可能发生的事故后果和应急措施等信息，以适当方式告知可能受影响的单位、区域及人员。

6. 重大危险源事故的应急对策

（1）依法制定重大危险源事故应急预案，建立应急救援组织或者配备应急救援人员，配备必要的防护装备及应急救援器材、设备、物资，并保障其完好和使用方便；配合地方人民政府安全生产监督管理部门制定所在地区涉及本单位的危险化学品事故应急预案。

对存在吸入性有毒、有害气体的重大危险源，危险化学品单位应当配备便携式浓度检测设备、空气呼吸器、化学防护服、堵漏器材等应急器材和设备；涉及剧毒气体的重大危险源，还应当配备两套以上（含本数）气密型化学防护服；涉及易燃易爆气体或者易燃液体蒸气的重大危险源，还应当配备一定数量的便携式可燃气体检测设备。

（2）制订重大危险源事故应急预案演练计划，并按照下列要求进行事故应急预案演练：

① 对重大危险源专项应急预案，每年至少进行一次；

② 对重大危险源现场处置方案，每半年至少进行一次。

应急预案演练结束后，对应急预案演练效果进行评估，撰写应急预案演练评估报告，分析存在的问题，对应急预案提出修订意见，并及时修订完善。

7. 重大危险源的建档

对辨识确认的重大危险源及时、逐项进行登记建档。重大危险源档案应当包括下列文件、资料。

（1）辨识、分级记录。

（2）重大危险源基本特征表。

（3）涉及的所有化学品安全技术说明书。

（4）区域位置图、平面布置图、工艺流程图和主要设备一览表。

（5）重大危险源安全管理规章制度及安全操作规程。

（6）安全监测监控系统、措施说明，检测、检验结果。

（7）重大危险源事故应急预案、评审意见、演练计划和评估报告。

（8）安全评估报告或者安全评价报告。

（9）重大危险源关键装置、重点部位的责任人、责任机构名称。

（10）重大危险源场所安全警示标志的设置情况。

8. 重大危险源档案材料的备案

在完成重大危险源安全评估报告或者安全评价报告后15日内，应当填写重大危险源备案申请表，连同重大危险源档案材料（其中重大危险源安全管理规章制度及安全操作规程只需提供清单），报送所在地县级人民政府安全生产监督管理部门备案。重大危险源档案更新后，应重新备案。

危险化学品单位新建、改建和扩建危险化学品建设项目，应当在建设项目竣工验收前完成重大危险源的辨识、安全评估和分级、登记建档工作，并向监督管理部门备案。

案例3.4

液氧贮槽是否构成了危险化学品重大危险源？

2019年7月19日17时43分，河南省三门峡市河南省煤气（集团）有限责任公司义马气化厂（以下简称义马气化厂）C套空分装置发生重大爆炸事故，造成15人死亡、16人重伤，爆炸产生的冲击波导致周围群众175人被玻璃划伤、重物砸伤，造成直接经济损失8 170.008万元。

分析： 经调查，义马气化厂C套空分装置冷箱标高42米处与V701阀（粗氩冷凝器液空出口阀）相连接管道发生泄漏未得到及时处置，时间长达23天。富氧液体泄漏至珠光砂中，低温液体造成冷箱支撑框架和冷箱板低温冷脆，在冷箱超压情况下，发生剧烈喷砂现象并导致冷箱倒塌。冷箱及铝制设备倒向东北方向，砸裂东侧500 m³液氧贮槽及停放在旁边的液氧槽车油箱，大量液氧迅速外泄到周边区域，可燃物（汽车发动机机油、柴油、铝质材料）、助燃气体（氧气）、激发能（存有余温的发动机、正在运行的液氧充车泵及电控箱产生的电弧火花、坠落物机械冲击）三要素共同造成第一次爆炸，第一次爆炸产生的能量作为激发能，使处于富氧环境中的填料（厚度0.15 mm）、筛板、板式换热器等铝质材料发生第二次爆炸。根据《危险化学品重大危险源辨识》（GB 18218），液氧的危险化学品重大危险源临界量是200 t，事故中被冷箱及铝制设备所砸裂的液氧贮槽容量是500 m³，1 m³的液氧重量约为1.14 t，500 m³的液氧贮槽重量约为570 t，显然已经构成了危险化学品重大危险源。

活动与训练

危险化学品重大危险源辨识、分级和管理实践

一、目标

（1）学生能够正确分析危险化学品重大危险源可能导致的事故。

（2）学生能够正确辨识危险化学品重大危险源，并进行分级。

（3）学生能够结合企业实际情况，制定合理的危险化学品重大危险源管理措施。

（4）要求学生通过模拟危险化学品重大危险源辨识、分级和管理实践，提高自身的职业素养和综合分析能力。

二、企业背景资料

某化工企业储罐区布置有 4 个液氨储罐，A 储罐容积为 30 m³，B 储罐容积为 15 m³，C 储罐容积为 10 m³，D 储罐容积为 8 m³，每个储罐都设置了罐区防火堤。该企业厂区 500 m 范围内常住人口大于 100 人。已知液氨的危险化学品重大危险源临界量为 10 t，密度为 617 kg/m³，校正系数 α 取值为 2，校正系数 β 取值为 2。

三、程序和规则

步骤 1：将学生分成若干小组（3~5 人为一组），小组内进行任务分工，如查找资料、PPT 制作、汇报发言等。

步骤 2：每个小组根据任务分工进行任务实施。

步骤 3：以小组为单位分别进行汇报展示，每组限时 5 分钟。

步骤 4：小组互评、教师评价。

具体考核标准如表 3-7 所示。

表 3-7　危险化学品重大危险源辨识、分级和管理实践评价表

序号	考核内容	评价标准	标准分值	评分
1	该化工企业储罐区可能发生的事故（20分）	辨识出 3 个及以上可能发生的事故	20 分	
		辨识出 1~2 个可能发生的事故	10 分	
		未正确辨识出可能发生的事故	0 分	
2	4 个液氨储罐各自是否构成危险化学品重大危险源（20分）	4 个储罐的危险化学品重大危险源辨识均正确	20 分	
		3 个储罐的危险化学品重大危险源辨识正确	15 分	
		2 个储罐的危险化学品重大危险源辨识正确	10 分	
		1 个储罐的危险化学品重大危险源辨识正确	5 分	
		0 个储罐的危险化学品重大危险源辨识正确	0 分	
3	液氨储罐危险化学品重大危险源级别划分（20分）	液氨储罐危险化学品重大危险源级别划分正确（计算结果）	20 分	
		液氨储罐危险化学品重大危险源级别划分错误（计算结果）	0 分	

续表

序号	考核内容	评价标准	标准分值	评分
4	液氨储罐危险化学品重大危险源管理措施（20分）	制定 5 类以上管理措施，且措施合理	20 分	
		制定 1~5 类管理措施，且措施基本合理	10 分	
		未制定管理措施	0 分	
5	汇报综合表现（20分）	表达清晰，语言简洁，肢体语言运用适当，大方得体	20 分	
		表达较清晰，语言不够简洁，肢体语言运用较少，表现得较紧张	10 分	
得分				

四、总结评价

通过小组之间互评和教师评价指导，加深学生对危险化学品重大危险源辨识、分级和管理的理解，强化学生的职业素养，提升学生的实践应用能力。

课后思考

1. 请解释第一类危险源、第二类危险源的含义，并分析危险源与事故的关系。

2. 请简要概述危险化学品重大危险源的辨识流程。

3. 为什么我们要对危险化学品重大危险源进行分级？

单元三 防范危险的经验与常见措施

**案例导入**

河南安阳市凯信达商贸有限公司"11·21"特别重大火灾事故

2022 年 11 月 21 日 16 时许，河南省安阳市文峰区安阳市凯信达商贸有限公司发生特别重大火灾事故，造成 42 人死亡、2 人受伤，直接经济损失 12 311 万元。

分析：有关部门经综合调查询问、现场勘验、视频分析、实验验证以及技术鉴定，排除放火、电气、自燃、吸烟等因素，认定事故直接原因为凯信达商贸有限公司负责人在一层仓库内违法违规电焊作业，高温焊渣引燃包装纸箱，纸箱内的瓶装聚氨酯泡沫填缝剂受热爆炸起火，进而使大量黄油、自喷漆、除锈剂、卡式炉用瓶装丁烷和手套、橡胶品等相继快速燃烧蔓延，并产生大量高温有毒浓烟。火灾发生时，凯信达商贸有限公司一层仓库的部分消防设施缺失、二层的消防设施被人为关停失效，位于二层的尚鑫公司负责人未及时有效组织员工疏散撤离，是造成大量员工伤亡的重要原因。

生产安全事故是我国经济社会运行与发展过程中的一个极不稳定因素，严重威胁人民群众的生命财产安全、国家安全和社会安定。维护良好的社会生产生活秩序、减少生产安全事故的发生、提升应对生产安全事故的能力，是保护人民群众生命财产安全、促进地方经济社会持续稳定发展的重要保障，是贯彻总体国家安全观的重要组成部分，也是推进国家安全体系和能力现代化的应然之举与必由之路。

一、事故类型

　　参照《企业职工伤亡事故分类标准》（GB 6441），综合考虑起因物、引起事故的诱导性原因、致害物、伤害方式等，可将事故分为如下 20 类。

　　（1）物体打击。失控物体的惯性力造成的人身伤害事故。如落物、滚石、锤击、碎裂、崩块、砸伤等造成的伤害，不包括爆炸、主体机械设备、车辆、起重机械、坍塌等引发的物体打击。

　　（2）车辆伤害。企业机动车辆在行驶中引起的人体坠落和物体倒塌、下落、挤压造成的伤亡事故。如机动车辆在行驶中的挤、压、撞车或倾覆等事故，在行驶中上下车、搭乘矿车或放飞车所引起的事故，以及车辆运输挂钩、跑车事故。

　　（3）机械伤害。指机械设备与工具引起的绞、辗、碰、割、戳、切等伤害。如工件或刀具飞出伤人，切屑伤人，手或身体被卷入，手或其他部位被刀具碰伤，被转动的机构缠压住等。常见伤害人体的机械设备有皮带运输机、球磨机、行车、卷扬机、干燥车、气锤、车床、辊筒机、混砂机、螺旋输送机、泵、压模机、灌肠机、破碎机、推焦机、榨油机、硫化机、卸车机、离心机、搅拌机、轮碾机、制毡撒料机、滚筒筛等。但属于车辆、起重设备的情况除外。

　　（4）起重伤害。

　　起重伤害事故是指在进行各种起重作业（包括吊运、安装、检修、试验）中发生的重物（包括吊具、吊重或吊臂）坠落、夹挤、物体打击、起重机倾翻等事故。

　　（5）触电。因电流流经人体而造成生理伤害的事故，适用于触电、雷击伤害。如人体接触带电的设备金属外壳或裸露的临时线，漏电的手持电动手工工具；起重设备误触高压线或感应带电；雷击伤害；触电坠落等事故。

　　（6）淹溺。因大量水经口、鼻进入肺内，造成呼吸道阻塞，发生急性缺氧而窒息死亡的事故。适用于船舶、排筏、设施在航行、停泊、作业时发生的落水事故。

　　（7）灼烫。强酸、强碱溅到身体上引起的灼伤，或因火焰引起的烧伤，高温物体引起的烫伤，放射线引起的皮肤损伤等事故。适用于烧伤、烫伤、化学灼伤、放射性皮肤损伤等伤害。不包括电烧伤，以及火灾事故引起的烧伤。

　　（8）火灾。造成人身伤亡的企业火灾事故。不适用于非企业原因造成的火灾，比如，居民火灾蔓延到企业。

　　（9）高处坠落。人由站立工作面失去平衡，在重力作用下坠落引起的伤害事故。适用于脚手架、平台、陡壁施工等高于地面的坠落，也适用于山地面踏空失足坠入洞、坑、沟、升降口、漏斗等情况。但排除以其他类别为诱发条件的坠落。如高处作业时，因触电失足坠落应定为触电事故，不能按高处坠落划分。

（10）坍塌。建筑物、构筑物、堆置物等的倒塌，以及土石塌方引起的事故。适用于因设计或施工不合理而造成的倒塌，以及土方、岩石发生的塌陷事故。如建筑物倒塌，脚手架倒塌，挖掘沟、坑、洞时土石的塌方等情况。不适用于矿山冒顶片帮事故，或因爆炸、爆破引起的坍塌事故。

（11）冒顶片帮。矿井工作面、巷道侧壁由于支护不当、压力过大造成的坍塌，称为片帮；顶板垮落为冒顶。二者经常同时发生，简称为冒顶片帮。适用于矿山、地下开采、掘进及其他坑道作业发生的坍塌事故。

（12）透水。矿山、地下开采或其他坑道作业时，因意外水源带来的伤亡事故。适用于井巷与含水岩层、地下含水带、溶洞或与被淹巷道、地面水域相通时，涌水成灾的事故。不适用于地面水害事故。

（13）放炮。施工时，因放炮作业造成的伤亡事故，适用于各种爆破作业。如采石、采矿、采煤、开山、修路、拆除建筑物等工程进行的放炮作业引起的伤亡事故。

（14）火药爆炸。火药、炸药及其制品在生产、运输、储藏的过程中发生的爆炸事故。适用于火药与炸药在加工配料、运输、储藏、使用过程中，由于震动、明火、摩擦、静电作用，或因炸药的热分解作用，发生的化学性爆炸事故。

（15）瓦斯爆炸。可燃性气体瓦斯、煤尘与空气混合形成了达到燃烧极限的混合物，接触火源时，引起的化学性爆炸事故。主要适用于煤矿，同时也适用于空气不流通，瓦斯、煤尘积聚的场合。

（16）锅炉爆炸。锅炉发生的物理性爆炸事故。适用于使用工作压力大于 0.07MPa、以水为介质的蒸汽锅炉。但不适用于铁路机车、船舶上的锅炉，以及列车电站和船舶电站的锅炉。

（17）容器爆炸。压力容器破裂引起的气体爆炸，即物理性爆炸。包括容器内盛装的可燃性液化气在容器破裂后，立即蒸发，与周围的空气混合形成爆炸性气体混合物，遇到火源时产生的化学爆炸，也称容器的二次爆炸。

（18）其他爆炸。凡不属于上述爆炸的事故均列为其他爆炸事故，包括以下几类：

① 可燃性气体如煤气、乙炔等与空气混合形成的爆炸；

② 可燃蒸气与空气混合形成的爆炸性气体混合物，如汽油挥发气引起的爆炸；

③ 可燃性粉尘，以及可燃性纤维与空气混合形成的爆炸性气体混合物引起的爆炸；

④ 间接形成的可燃气体与空气相混合，或者可燃蒸气与空气相混合（如可燃固体、自燃物品，当其受热、水、氧化剂的作用迅速反应，分解出可燃气体或蒸气与空气混合形成爆炸性气体），遇火源爆炸的事故。炉膛爆炸，钢水包、亚麻粉尘的爆炸，都属于上述爆炸方面的，亦均属于其他爆炸。

（19）中毒和窒息。人接触有毒物质，如误食有毒食物或呼吸有毒气体引起的人体急性中毒事故，或在废弃的坑道、暗井、涵洞、地下管道等不通风的地方工作，因为氧气缺乏，有时会发生突然晕倒甚至死亡的事故称为窒息事故。两种现象合为一体，称为中毒和窒息事故。不适用于病理变化导致的中毒和窒息的事故，也不适用于慢性中毒的职业病导致的死亡。

（20）其他伤害。凡不属于上述伤害的事故均称为其他伤害，如扭伤、跌伤、冻伤、野兽咬伤、钉子扎伤等。

案例 3.5

2023 年全国化工行业哪一类事故起数最多？

根据《2023 年全国化工事故分析报告》，在当年发生的化工事故中，中毒和窒息事故有 28 起、死亡 41 人，分别占事故总起数及死亡总人数的 24.3% 和 25.8%；火灾事故有 18 起、死亡 18 人，分别占 15.7% 和 11.3%；高处坠落事故有 16 起、死亡 24 人，分别占 13.9% 和 15.1%；爆炸事故有 13 起、死亡 32 人，分别占 11.3% 和 20.1%；机械伤害事故有 13 起、死亡 12 人，分别占 11.3% 和 7.5%；灼烫事故有 7 起、死亡 10 人，分别占 6.1% 和 6.3%；物体打击事故有 6 起、死亡 7 人，分别占 5.2% 和 4.4%；车辆伤害、触电、坍塌事故合计 9 起、死亡 11 人，共占 7.8% 和 6.9%；其他伤害事故有 5 起、死亡 4 人，分别占 4.3% 和 2.5%。2023 年全国化工行业事故类型如图 3-8 所示。

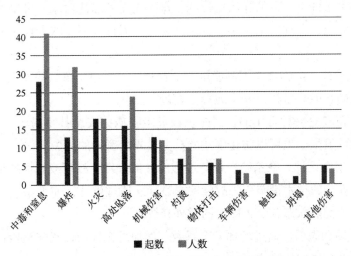

图 3-8　2023 年全国化工行业事故类型图

分析：从事故类型的分布情况看，中毒和窒息事故的起数、死亡人数均最多，爆炸事故的起数居第五位、死亡人数居第二位，火灾事故的起数居第二位、死亡人数居第四位，高处坠落事故的起数、死亡人数均居第三位，机械伤害事故的起数居第四位、死亡人数居第五位，其次是灼烫、物体打击、车辆伤害、触电、坍塌等事故。中毒和窒息、爆炸、火灾等三类事故多数涉及危险化学品，属于化工过程安全事故，共计 59 起、死

亡 91 人，占全年事故总起数和死亡总人数的 51.3% 和 57.2%；其他事故属于职业安全事故，共计 56 起、死亡 68 人，占 48.7% 和 42.8%。

二、事故防范

事故防范措施是为确保工作场所的安全、减少事故风险而采取的一系列技术和管理手段。这些措施通常包括安全技术措施和安全管理措施两个方面。

（一）安全技术措施

按照导致事故的原因，事故防范措施中的安全技术措施可分为防止事故发生的安全技术措施和减少事故损失的安全技术措施。

1. 防止事故发生的安全技术措施

防止事故发生的安全技术措施是指为了防止事故发生，采取的约束、限制能量或危险物质，防止其意外释放的技术措施。常用的防止事故发生的安全技术措施有消除危险源、限制能量或危险物质、隔离故障—安全设计、减少故障和失误等。

（1）消除危险源。消除系统中的危险源，可以从根本上防止事故的发生。但是，按照现代安全工程的观点，彻底消除所有危险源是不可能的。因此，人们往往首先选择危险性较大、在现有技术条件下可以消除的危险源，作为优先考虑的对象。可以通过选择合适的工艺技术、设备设施，合理的结构形式，选择无害、无毒或不能致人伤害的物料来彻底消除某种危险源。

（2）限制能量或危险物质。限制能量或危险物质可以防止事故的发生，如减少能量或危险物质的量，防止能量蓄积，安全地释放能量等。

（3）隔离。隔离是一种常用的控制能量或危险物质的安全技术措施。采取隔离技术，既可以防止事故的发生，也可以防止事故的扩大，减少事故的损失。

（4）故障—安全设计。在系统、设备设施的一部分发生故障或破坏的情况下，在一定时间内也能保证安全的技术措施称为故障安全设计。通过设计，使得系统、设备设施发生故障或事故时处于低能状态，防止能量的意外释放。

（5）减少故障和失误。通过增加安全系数、增加可靠性或设置安全监控系统等减轻物的不安全状态，减少物的故障或事故的发生。

2. 减少事故损失的安全技术措施

防止意外释放的能量引起人的伤害或物的损坏，或减轻其对人的伤害或对物的破坏的技术措施称为减少事故损失的安全技术措施。该类技术措施是在事故发生后，迅速控制局面，防止事故的扩大，避免引起二次事故的发生，从而减少事故造成的损失。常用的减少事故损失的安全技术措施有隔离、设置薄弱环节、个体防护、避难与救援等。

（1）隔离。隔离是把被保护对象与意外释放的能量或危险物质等隔开。隔离措施按照被保护对象与可能致害对象的关系可分为隔开、封闭和缓冲等。

（2）设置薄弱环节。设置薄弱环节是利用事先设计好的薄弱环节，使事故能量按照人们的意图释放，防止能量作用于被保护的人或物，如锅炉上的易熔塞、电路中的熔断器等。

（3）个体防护。个体防护是把人体与意外释放能量或危险物质隔离开，是一种不得已的隔离措施，但也是保护人身安全的最后一道防线。

（4）避难与救援。设置避难场所，当事故发生时，人员可暂时躲避，免遭伤害或赢得救援的时间。应事先选择撤退路线，当事故发生时，人员可按照撤退路线迅速撤离。事故发生后，组织有效的应急救援力量，实施迅速的救护，是减少事故人员伤亡和财产损失的有效措施。

此外，安全监控系统作为防止事故发生和减少事故损失的安全技术措施，是发现系统故障和异常的重要手段。安装安全监控系统，可以及早发现事故，获得事故发生、发展的数据，避免事故的发生或减少事故的损失。

（二）安全管理措施

要控制事故发生的概率和事故后果的严重程度，必须以最优化安全管理做保证，防范事故发生的安全技术措施的制定与实施也必须以合理的安全管理措施为前提。

1. 建立全员安全生产责任体系

企业要严格执行安全生产法律法规和标准规定，建立、健全自我约束、持续改进的全员安全生产责任制，签订责任书，定期考核和奖惩，实现企业安全生产责任全员、全岗位、全覆盖、全过程追溯，确保每位员工都能充分认识到安全生产的重要性，并积极参与其中，共同维护企业的安全生产环境。

2. 建立完善的安全生产制度

企业严格遵守安全生产法律法规和标准规定，建立、健全本单位的安全生产规章制度，根据生产特点编制岗位安全操作规程，开展安全生产标准化、信息化建设，构建安全风险分级管控和隐患排查治理双重预防机制，推动安全生产管理制度化、标准化、规范化，定期开展评估、持续改进、及时修订，确保各项制度有效和严格执行。企业应定期对本单位的安全生产制度及岗位安全操作规程运行情况开展评估，查找不足和漏洞，确保安全生产各项制度定得好、用得好。

3. 配备专业的安全管理力量

企业要明确本单位的安全生产管理架构，依法设置安全生产管理机构、配齐配强安全生产管理人员。矿山、危化、金属冶炼、建筑施工等行业企业要聘用注册安全工程师，其他生产经营单位通过设置安全总监、聘请专家等方式增强本单位的安全管理力量。

4. 加大企业安全生产投入

企业应按照《企业安全生产费用提取和使用管理办法》（财资〔2022〕136号）标准

足额保障安全生产经费投入，制订安全生产资金投入计划，用于设备设施购置、技术改造、隐患治理、应急演练、宣传教育培训等，提升企业安全生产本质水平。

5. 加强安全设施建设维护

企业应严格执行新建、改建、扩建项目安全设施"三同时"制度，确保安全设施与主体工程同时设计、同时施工、同时投入生产和使用，并对本单位的安全设备、防护设施定期进行维护、保养和检验检测，派专人负责管理，如实记录维护、保养情况，确保安全设备、防护设施的正常运转。

6. 加大教育培训力度

企业要加强企业主要负责人和安全生产管理人员的安全生产知识和管理能力培训，主要负责人和安全生产管理人员必须取得相应的安全合格证书，并定期参加继续教育；要加强从业人员岗前"三级安全"教育，保证全体人员具备必要的安全生产知识和操作技能，从业人员未经培训考核合格不得上岗作业；要加强特种作业人员培训，特种作业人员必须按照国家有关规定经专门的安全作业培训，取得相应资格，方可上岗作业。企业要建立安全培训档案，并如实记录本单位安全教育和培训开展情况。

7. 突出安全风险辨识

企业依据相关标准规范辨识本单位的风险点、危险源和有害因素，按照红、橙、黄、蓝（红色为最严重级别）四种级别实施分级监管，定期对红、橙色风险的分析记录和问题实施闭环管理。对较大危险因素的生产经营场所和重大危险源，企业要进行登记建档，落实管控措施；对重大危险源企业必须定期进行检测、评估、监控，制定应急预案，并按规定进行备案。

8. 强化隐患排查治理

企业应建立事故隐患排查治理制度，制订事故隐患排查工作计划，开展隐患自查自纠，采取监控、监测、信息化等技术手段提高事故隐患排查治理水平，实现对隐患的闭环管理。企业要建立事故隐患排查治理台账，如实记录隐患排查治理情况，并定期向全体员工公示。

9. 完善应急管理体系建设

企业应制定生产安全事故应急救援预案，配备必要的应急装备和应急物资，定期检查和维护。企业还要制订应急预案演练计划，每年至少组织一次综合应急预案演练或者专项应急预案演练，每半年至少组织一次现场处置方案演练。同时，企业必须加强应急管理培训，定期组织专兼职应急救援队伍和人员进行训练，提高应急响应能力。

10. 加强外包单位安全管理

企业要履行外包单位安全管理责任，将聘请的外包单位安全生产纳入本单位统一管理，对外包队伍安全生产负同责。要严把资质条件审查关，确保承包单位具备相应资质和安全生产条件，严禁非法分包、转包。要依法与承包单位签订安全协议，做好安全技术交底工作，定期对承包单位的安全生产条件相关情况进行监督检查。发现外包单位有安全生产违法行为的，应当及时制止或者责令整改。对承包单位拒不整改或者存在重大违法行为的，要向有关部门报告，依法终止合同。

11. 落实安全生产责任保险

高危行业、领域的生产经营单位，应当投保安全生产责任保险。企业应将风险防控机制引入安全生产领域，发挥保险公司事前安全检查、风险识别、培训教育，事中应急救援，事后兜底理赔、快速恢复正常生产秩序等作用，切实提高企业的风险识别、防控和对抗能力，改善企业的安全生产条件。

案例 3.6

辽宁盘锦浩业化工有限公司"1·15"重大爆炸着火事故

2023 年 1 月 15 日 13 时 25 分，盘锦浩业化工有限公司在烷基化装置水洗罐入口管道带压密封作业过程中发生爆炸着火事故，造成 13 人死亡、35 人受伤，直接经济损失约 8 799 万元。

分析：经调查，事故直接原因是事故管道发生泄漏，在带压密封作业过程中发生断裂，水洗罐内反应流出物大量喷出，与空气混合形成爆炸性蒸气云团，遇点火源爆炸并着火，造成现场作业、监护流及爆炸冲击波波及范围内的重多人员伤亡。涉事企业在事故防范中存在三个方面的问题：一是法律意识缺失，违法组织烷基化项目建设，委托不具备监理资质的单位承揽烷基化装置建设工程的监理；二是对效益与安全关系的处理严重失衡，安全生产主体责任悬空；未经设计变更便将不符合设计文件规定材质的压力管道投入使用，管道长期带"病"运行；三是安全管理混乱，制度规章执行流于形式，作业现场管理混乱，人员聚集，点火源管控不力。

活动与训练

事故防范措施制定实践

一、目标

(1) 学生能够正确分析企业生产场所可能发生的事故。

(2) 学生能够结合企业生产场所的实际情况，制定合理的事故防范措施。

(3) 要求学生通过模拟制定企业生产场所的事故防范措施，提高自身的职业素养和综合分析能力。

二、企业背景资料

某加油站主要经营汽油、柴油、润滑油。该加油站共有职工 4 名，其中兼职安全员 1 名。该加油站汽油储存能力为 60 m³，柴油储量为 40 m³，为三级加油站。该加油站供电负荷为三级负荷。该站采用单回路电源供电，并设发电机一台作为备用电源。该站外接电源引自供电公司 380V/220V 城市电网，直接接至配电室。

三、程序和规则

步骤 1：将学生分成若干小组（3~5 人为一组），小组内进行任务分工，如查找资料、PPT 制作、汇报发言等。

步骤 2：每个小组根据任务分工进行任务实施。

步骤 3：以小组为单位分别进行汇报展示，每组限时 5 分钟。

步骤 4：小组互评、教师评价。

具体考核标准如表 3-8 所示。

表 3-8　事故防范措施制定实践评价表

序号	考核内容	评价标准	标准分值	评分
1	该加油站可能发生的事故辨识（20 分）	辨识出 5 个及以上可能发生的事故	20 分	
		辨识出 3~4 个可能发生的事故	10 分	
		辨识出 1~2 个可能发生的事故	5 分	
		未正确辨识出可能发生的事故	0 分	
2	该加油站事故防范措施的制定（60 分）	制定的加油站事故防范措施，包括安全技术措施、安全管理措施，有针对性且内容全面，能够有效预防、控制该加油站可能发生的各类事故	60 分	
		制定的加油站事故防范措施，包括安全技术措施、安全管理措施，有针对性，但措施内容不够全面，对预防、控制该加油站可能发生的各类事故有一定作用	40 分	
		制定的加油站事故防范措施，只有安全技术措施、安全管理措施中的一类，或具体措施无针对性、内容过于简单，对预防、控制该加油站可能发生的各类事故作用较弱	20 分	
		未制定出该加油站事故防范措施	0 分	
3	汇报综合表现（20 分）	表达清晰，语言简洁，肢体语言运用适当，大方得体	20 分	
		表达较清晰，语言不够简洁，肢体语言运用较少，表现得较紧张	10 分	
得分				

四、总结评价

通过小组之间互评和教师评价指导，巩固学生对 20 类事故内涵及有效防范措施制定的理解，强化学生的职业素养，提升学生的实践应用能力。

课后思考

1. 简述企业在安全生产中如何进行安全标志管理。
2. 简述防止事故发生的安全技术措施有哪些类别，并举例说明。
3. 事故防控的安全技术措施和安全管理措施有什么区别？

现场作业安全

有不尽者，亦宜防微杜渐，而禁于未然。

——《元史·张桢传》

模块导读

现场作业安全对安全管理人员而言，具有至关重要的意义。它不仅是保障员工生命安全与健康的基石，也是提升企业运营效率、塑造良好企业形象的关键所在。良好的现场作业安全管理能够显著提升工作效率与质量。有序的作业现场减少了因混乱导致的中断和延误，使生产过程更加顺畅高效。同时，安全管理能减少因事故导致的设备损坏、物料浪费等经济损失，确保企业资源的有效利用。通过细致入微的现场管理和隐患排查，能够有效预防和控制事故的发生，为员工营造一个安全、稳定的工作环境。这不仅体现了企业对员工的关怀与责任，也是企业持续发展的基石。作业现场良好的安全风险控制，能够推动企业管理制度、操作规程等标准化建设，提高安全管理的规范性和有效性。因此，了解 6S 现场管理、安全风险识别等相关概念，学习不同的安全管理体系建设方法，应用安全风险识别、风险评估、风险控制技术，做好高处作业、有限空间作业、高温作业等常见作业的安全管理，有助于降低事故发生概率、保障员工生命财产安全和企业安全生产。

学习目标

1. 了解 6S 现场管理、安全风险识别、安全风险评估等职业安全相关概念。

2. 了解安全风险识别、安全风险评估的方法。

3. 理解安全风险控制的原则。

4. 能够帮助企业开展安全生产标准化建设、职业健康安全管理体系建设等工作。

5. 开展高处作业、有限空间作业、高温作业等现场作业的安全管理。

6. 树立"安全第一、预防为主"的观念，增强责任感和使命感，培养规范操作的安全自觉性和职业素养。

单元一　6S 现场管理

千里之堤，溃于蚁穴

在战国时期，魏国都城大梁靠近黄河，经常遭受黄河水患的侵袭。为了保障城市和居民的安全，魏国修筑了高高的河堤来抵御洪水。然而，就是这看似坚不可摧的千里长堤，却隐藏着巨大的安全隐患。白圭，名丹，是战国时期的著名商人，也是一位水利专家。他因善于修堤筑坝、治理水患而被魏王任命为专管治水的大臣。白圭深知堤防的重要性，因此他要求手下的人整天沿着堤坝巡查，寻找并清除堤坝上的蚂蚁洞穴。

有一次，白圭在亲自检查河堤时，发现了一处蚁穴。他对此极为重视，认为如果不及时清除蚁穴，长堤可能会因此崩溃。然而，主管大堤的官员却对此满不在乎，认为千里之堤固若金汤，一个小小的蚁穴不会对大坝造成威胁。魏国的大臣和魏惠王也大多不以为意，认为白圭小题大做。白圭深感忧虑，他明白千里长堤的崩塌往往都是从一个个小蚁穴开始的。如果不给予足够的重视和及时的处理，这些小问题就会像滚雪球一样越积越多，最终酿成大祸。他试图说服魏国君臣重视蚁穴的危害，但未能成功。最终，白圭见魏国君臣如此缺乏远见，毅然弃官而去。

分析："千里之堤，溃于蚁穴"这个典故深刻揭示了微小的隐患可能带来巨大危害。它告诉我们在实际工作中必须防微杜渐，从小事做起，及时处理好各种不安全因素，避免事故或灾难的发生。

作业现场管理是安全管理的立足点，规范的作业现场安全管理能够有力促进企业的安全生产。因此，掌握先进的现场管理技术，全面开展 6S 现场管理，规范现场作业安全管理，最大限度地减少微小差错对生产带来的安全隐患，对做好安全管理、防范事故的发生具有十分重要的作用。

一、6S 现场管理概述

(一) 6S 现场管理的内涵和外延

企业管理的效率和质量成为企业发展的关键。在现代企业管理中，6S 现场管理被广泛应用，成为提高企业管理水平和效率的重要工具。6S 现场管理是指从整理（Seiri）、整顿（Seiton）、清扫（Seiso）、清洁（Seiketsu）、素养（Shitsuke）、安全（Safety）6 个方面，对生产现场中的人员、机器、材料等生产要素进行有效管理。这 6 个方面因均以"S"开头，故简称为"6S"现场管理。6S 现场管理有如下具体内涵。

（1）整理（Seiri）。将工作现场的所有物品区分为有用品和无用品，除了有用的留下来，其他的都清理掉。目的在于腾出空间，做到活用空间并防止误用，保持清爽的工作环境。

（2）整顿（Seiton）。把留下来的必需要用的物品依规定位置摆放，要放置整齐并进行标识。目的在于使工作场所一目了然，减少寻找物品的时间，保持整整齐齐的工作环境，消除过多的积压物品。

（3）清扫（Seiso）。将工作场所内看得见与看不见的地方清扫干净，保持工作场所干净、整齐，创造良好的工作环境。目的在于稳定品质，减少工业伤害。

（4）清洁（Seiketsu）。将整理、整顿、清扫进行到底并且制度化，保持环境处于整洁美观的状态。目的在于创造整洁的现场，维持推行上述3S的成果。

（5）素养（Shitsuke）。每位成员都养成良好的习惯，并按照规则要求做事，培养积极主动的精神（也称习惯性）。目的在于促进良好行为习惯的形成，培养员工遵守规则的意识，发扬团队精神。

（6）安全（Safety）。重视成员的安全教育，使其每时每刻都有安全第一的观念，防患于未然。目的在于建立及维护安全生产的环境，确保所有的工作都建立在安全的前提下。

6S现场管理的外延主要体现于其在实际应用中的拓展和深化，以及与其他管理理念和方法的结合。具体而言，可以从以下几个方面来理解。

（1）与其他管理方法的结合。6S现场管理可以与精益生产、TPM（全面生产维护）、ISO质量管理体系等相结合，形成更加全面和系统的管理体系。这些管理方法在目标上相互补充，共同推动企业管理水平的提升。

（2）持续改进。6S现场管理不是一成不变的，而是一个持续改进的过程。企业需要不断审视和优化6S现场管理的实施效果，及时发现和解决问题，确保6S现场管理的有效性和持续性。

（3）全员参与。6S现场管理的成功实施离不开全体员工的积极参与和共同努力。企业需要加强对员工的培训和引导，提高员工对6S现场管理的认识和重视程度，形成全员参与的良好氛围。

（4）文化建设。6S现场管理不仅是一种管理工具和方法，更是一种企业文化和理念的体现。企业需要将6S现场管理融入企业文化建设之中，形成具有自身特色的6S现场管理文化，推动企业持续健康发展。

综上所述，6S现场管理的内涵和外延涵盖了从生产现场管理到企业文化建设等多个方面。通过实施6S现场管理，企业可以获得提升管理水平、提高工作效率、保障产品质量、增强员工素质、营造安全环境等多方面的效益。

（二）6S现场管理的产生和发展

6S现场管理是5S现场管理（即整理、整顿、清扫、清洁、素养）的扩展和深化。5S为6S提供了坚实的基础，6S的起源要从5S说起。5S现场管理可以追溯到20世纪50年代的日本。当时，日本的企业为了应对战后经济复苏和工业化进程的加速，开始寻求一种有效的现场管理方法，以提高生产效率、保障产品质量和降低生产成本。在这种背景下，5S现场管理逐渐形成并发展起来。5S现场管理的起源与日本的"现场管理"和"品质管理"密不可分。在日本的制造业中，现场管理一直是企业管理的核心之一。为了保持生产现场的整洁、有序和高效，企业开始实施各种现场管理方法。其中，5S 现场管理作为一种简单、实用、有效的管理方法，逐渐受到企业的青睐和推崇。5S 现场管理的 5 个要素在日本的制造业中得到了广泛的应用和实践。通过实施 5S 现场管理，企业能够创造一个整洁、有序、高效的工作环境，提高员工的工作效率和满意度，同时也能够降低生产成本、提高产品质量和增强企业的竞争力。

丰田汽车公司是 5S 现场管理的积极倡导者和实践者。作为日本制造业的代表，丰田公司深谙 5S 现场管理对于提升生产效率、保障产品质量和创造良好工作环境的重要性。丰田的 5S 现场管理并非仅限于生产现场，还渗透到企业的各个角落，形成了独特的丰田生产方式（Toyota Production System，TPS）。本田技研工业株式会社同样重视 5S 现场管理，并将其视为企业管理的重要组成部分。本田公司通过严格的 5S 现场管理，确保生产现场的整洁、有序和高效。这种管理方式不仅提高了员工的工作效率，还增强了员工的归属感和责任感。株式会社日立制作所是一家多元化的跨国企业，在电子设备、电力设备、家用电器等多个领域具有领先地位。日立集团在其生产和管理过程中也积极推行 5S 现场管理，通过不断优化工作环境和提升员工素养，实现了生产效率和产品质量的双重提升。

除了上述企业，还有许多日本企业在 5S 现场管理方面也取得了显著成效，其中就包括松下、三菱、佳能等知名企业。这些企业通过实施 5S 现场管理，不仅提高了生产效率和产品质量，还增强了企业的竞争力、提高了企业的市场地位。

1986 年，日本首部 5S 著作面世，对整个日本的现场管理模式产生了深远影响，并掀起了 5S 现场管理的热潮。由此，5S 现场管理开始在日企中广泛推行。

20 世纪 90 年代，我国开始引进 5S 现场管理，最初是在位于广东的一些日本企业里推行，随后当地的台湾企业、香港企业也相继推行。进入 21 世纪，随着我国企业管理水平的不断提升，5S 现场管理逐渐开始在全国范围内得到推广和普及。许多企业开始认识到 5S 现场管理的重要性，并将其作为提升企业管理水平的重要手段。在引进 5S 现场管理的过程中，我国企业并没有完全照搬国外的做法，而是结合自身的实际情况和国情，对 5S 现场管理进行了调整和创新。在实施 5S 现场管理的基础上，进一步增加了安全（Safety）这一要素，形成了 6S 现场管理。这一管理模式不仅保留了原有的整理、整顿、清扫、清洁、素养等 5 个方面的要求，还强调了安全在生产现场管理中的重要性。

安全是企业生产经营活动的首要前提，没有安全就没有效益。在生产过程中，如果忽视安全管理，就可能导致事故的发生，给企业带来严重的经济损失和声誉损害。因此，将安全纳入 5S 现场管理，旨在通过全面的现场管理，确保企业的安全生产，为企业的可持续发展提供坚实保障。

员工是企业安全生产的主体，他们的安全意识直接影响到企业的安全状况。通过将安全纳入 5S 现场管理，可以强化员工的安全意识，使他们时刻关注安全、重视安全，从而在日常工作中严格遵守安全操作规程，减少安全事故的发生。

5S 现场管理原本就强调对生产现场的整理、整顿、清扫、清洁以及员工的素养，而安全作为现场管理的重要组成部分，其被纳入可以进一步优化现场管理。通过实施

6S 现场管理，企业可以确保生产现场的环境整洁、设备完好、物流顺畅、人员有序，为安全生产创造有利条件。

自 6S 现场管理实施以来，其应用范围逐渐从最初的制造业扩展到汽车制造、电子制造、食品加工、航空航天等各个领域。各行业纷纷采用 6S 现场管理方法来提高生产效率、降低成本、改进产品质量和提升员工满意度。这种广泛的应用表明，6S 现场管理在中国企业中已经得到了广泛的认可和接受。

我国企业在实施 6S 现场管理的过程中，不仅注重基本要素的落实，还积极融合各种精益工具和技术，如价值流分析、持续改进、质量管理工具等。这些工具和技术的应用，有助于企业更深入地挖掘生产过程中的浪费行为，优化生产流程，降低库存水平，从而进一步提升企业的竞争力。

将 6S 现场管理作为企业文化的重要组成部分。企业鼓励员工提出改进意见，积极参与问题的解决，从而营造一个积极、持续改进的工作环境。这种文化的形成，不仅有助于提升员工的归属感和满意度，还能够激发员工的创新精神和创造力，为企业的发展注入新的活力。

当然，随着市场竞争的加剧和客户需求的变化，企业也需要不断调整和优化 6S 现场管理策略，以适应新的市场环境和需求。

二、6S 现场管理的作用和实施步骤

（一）6S 现场管理在企业管理中的作用

1. 能够提升企业形象

6S 现场管理通过整理、整顿、清扫、清洁等步骤，使企业的生产现场变得整洁有序，有助于提升企业的整体形象。这种形象不仅体现在对外展示上，更重要的是能够增强员工和客户的信心，提高企业的市场竞争力。客户或参观者在考察企业时，往往会根据现场管理的水平来判断企业的整体实力和产品品质。一个管理得干净整洁的工厂，更容易赢得客户的信任和认可，从而增加订单和合作机会。

2. 能够提高生产效率

物品摆放有序，员工无须花费大量时间寻找所需物品，从而提高了工作效率。6S 现场管理强调对工作流程的优化和标准化，通过减少不必要的环节和浪费，使生产过程更加顺畅和高效。良好的工作环境和氛围有助于提升员工的士气和工作兴趣，使员工更加专注于工作本身，从而提高整体的生产效率。

3. 能够保障产品质量

清洁的工作环境可以减少灰尘、油污等污染物对产品的影响，同时定期的点检和维护可以降低设备故障率，从而保障产品的品质。6S 现场管理强调从小事做起，认真对待每一件小事。这种态度会渗透到产品的生产过程中，使员工更加注重细节和品质控制。

4. 能够降低生产成本

通过整理、整顿和清扫等步骤，可以及时发现并处理各种浪费现象，如过多的库存、不必要的材料浪费等。定期的点检和维护可以确保设备的正常运行和高效利用，从而降低因设备故障而导致的生产中断和损失。

5. 能够确保安全生产

6S现场管理强调对安全隐患的排查和整改，通过定期的安全检查和培训，可以提高员工的安全意识和应急能力，从而确保生产过程中的安全。整洁有序的工作环境有助于减少意外事故的发生，为员工创造一个安全、舒适的工作场所。

6. 能够提升员工素养

6S现场管理要求员工养成良好的工作习惯和行为规范，如保持工作场所的整洁、遵守操作规程等。这些习惯有助于提升员工的职业素养和综合能力。通过参与6S现场管理活动，员工可以感受到企业对他们的关注和重视，从而增强对企业的归属感和忠诚度。

（二）实施6S现场管理的关键步骤

1. 明确目标，制订计划

制订6S现场管理计划是一个详细且系统的过程，它确保了6S现场管理活动的有序进行和最终目标的实现。以下是对制订6S现场管理计划的具体展开说明，包括明确目标、制定时间表、确定实施范围和重点、制定详细计划。

（1）明确目标。

首先，需要明确6S现场管理的总体目标，如提升工作环境质量、提高工作效率、降低生产成本、增强员工安全意识等。这些目标应与企业的发展战略和当前的管理需求紧密结合。

其次，要明确具体目标，如整理（Seiri）要达到减少工作场所中的无用物品、释放空间、提高空间利用率的目标。整顿（Seiton）要实现物品的有序摆放和快速取用，减少寻找时间，提高工作效率。清扫（Seiso）要保持工作场所的清洁和卫生，减少污染和故障，保障产品质量。清洁（Seiketsu）要将整理、整顿、清扫的成果制度化、标准化，形成长效机制。素养（Shitsuke）要提升员工的6S意识和行为习惯，培养团队的合作精神和责任感。安全（Safety）要做到确保工作场所的安全，预防事故的发生，保障员工的人身安全。

（2）制定时间表。

① 启动阶段。确定6S现场管理计划启动的日期，进行计划动员和培训，让员工了解6S的意义、方法和要求。

② 实施阶段。

a. 短期目标（1~3个月）。完成初步的整理、整顿和清扫工作，建立基本的6S现场管理制度和流程。

b. 中期目标（3~6个月）。巩固前期成果，进行深入的清洁和素养提升工作，形成持续改进的机制。

c. 长期目标（6个月以上）。全面实现 6S 现场管理的目标，将 6S 现场管理融入企业文化，成为员工的自觉行为。

③ 评估与改进阶段。定期对 6S 实施效果进行评估，发现问题并及时整改，不断优化 6S 现场管理体系。

（3）确定实施范围和重点。

实施范围包括区域范围和人员范围。其中区域范围要明确 6S 现场管理实施的具体区域，如生产车间、仓库、办公室、公共区域等。人员范围要确定参与 6S 现场管理活动的员工范围，包括管理人员、一线员工、后勤人员等。

实施重点可以从三个方面理解。首先，要考虑优先对影响工作效率和产品质量的关键区域进行 6S 现场管理，如生产线、质量检测区等。其次，针对长期存在的难点问题，如物品乱放、设备维护不善等，制定针对性的解决方案。最后，将提升员工素养作为 6S 现场管理的核心任务之一，通过培训、激励等方式增强员工的 6S 意识和行为习惯。

（4）制订详细计划。

在明确了目标、时间表、实施范围和重点后，需要结合企业对象实际制订详细实施计划，包括具体的任务分配、责任人、完成时间、所需资源等。同时，还需要建立监督检查机制，确保计划的顺利执行和目标的达成。

2. 组织动员，开展 6S 现场管理的专项培训与教育

按计划对全体员工进行 6S 现场管理的培训，使其了解 6S 现场管理的概念、方法和要求，培养良好的工作习惯和意识，增强员工责任感、归属感和认同感，使其成为员工的自觉行为。

具体培训过程可以通过 PPT、视频等形式，系统介绍 6S 现场管理的概念、重要性、实施步骤及预期效果。组织员工参观优秀 6S 现场管理示范区，实地感受 6S 现场管理带来的变化；同时，现场演示整理、整顿、清扫的具体操作方法。将员工分成小组，每个小组负责一块区域，按照 6S 现场管理的要求进行实际操作，加深理解和记忆。邀请有过成功实施 6S 现场管理经验的管理人员或员工分享经验，包括遇到的挑战、解决方案及成效。设置问答环节，鼓励员工提问，解答疑惑，增强培训效果。

通过培训让员工认识到自己工作的好坏直接影响到整个团队和企业的形象，从而增强责任心。通过持续的 6S 活动，使员工养成按标准操作的习惯，提高工作效率和质量。通过共同努力实现目标，增强团队凝聚力。鼓励员工在日常工作中发现问题、提出改进建议，形成持续改进的文化氛围。

3. 具体实施步骤

在具体实施过程中需要按 6S 现场管理的要求逐步推进建设过程。

（1）整理（Seiri）。整理要与不要的物品，做好一留一弃。区分要与不要的物品，将不需要的物品处理掉。对工作场所进行全面检查，清理无用的物品，减少空间浪费。

需要检查并做到取走工作台上的消耗品、工具、治具、计测器等无用或暂无用物品；生产线上不应放置多余物品且无掉落的零件；地面不能直接放置成品、零件，不能掉有零部件；不良品放置在不良品区内；作业区应标明并区分开；工区内物品放置应有整体感；不同类型、用途的物品应分开管理；私人物品不应在工区出现；电源线应管理好，不应杂乱无章或抛落在地上；标志胶带的颜色要明确（如绿色为固定，黄色为移动，红色为不良）；卡板、塑胶箱应按平行、垂直放置；没有使用的治具、工具、刀具应放置在工具架上；治具架上长期不使用的模具、治具、工具、刀具和经常使用的物品应区分开；测量工具的放置处不要有其他物品放置；装配机械的设备上不能放置多余物品；作业岗位不能放置不必要的工具；零件架、工作台、清洁柜、垃圾箱应在指定标志场所按水平直角放置。整理前和整理后的对比如图4-1、图4-2所示。

图4-1 整理前

图4-2 整理后

（2）整顿（Seiton）。科学布局，取用快捷。将需要的物品进行分类、定位、标识，方便查找和使用。根据物品的使用频率和便利性，合理安排存放位置，并制作清晰的标识。

需要做到消耗品、工具、计测器应在指定标志场所按水平直角放置；台车、棚车、推车、铲车应在指定标志场所水平直角放置；零件、零件箱应在指定标志场所水平直角整齐放置；成品、成品箱应在指定标志场所整齐放置；零件应与编码相对应，编码不能被遮住；空箱不能乱放，须整齐美观且要及时回收；底板类物品在指定标志场所水平直角放置；落线机、样本、检查设备应在指定标志场所水平直角放置；文件的存放应按不同内容分开存放并详细注明；标志用胶带应无破损、无起皱、呈水平直角状态；标志牌、指示书、标准、工程标志应在指定标志场所水平直角放置。

还要做到各种柜、架的放置处有明确标识；半成品的放置处应明确标识；成品、零部件不能在地面直接放置；不良品放置区应有明确规定；不良品放置场地应用红色等颜色予以区分；应在符合人体工学位置放置作业工具；作业工具放置处应有余量；治具、工具架上应有编码，在架子前应能清楚辨明上面的编码；治具、工具架应用不同颜色标识区分。整顿前和整顿后的对比如图4-3、图4-4所示。

（3）清扫（Seiso）。清扫、清除垃圾，保持美好环境。要求保持工作场所的干净整洁，防止污染和故障。制订清扫计划和责任人，定期对设备、工具、地面等进行清洁。地面应保持无灰尘，无碎屑、纸屑等杂物；墙角、底板、设备下应为重点清扫区域；地面上浸染的油污应清洗。

（4）清洁（Seiketsu）。洁净环境，贯彻到底。要维持整理、整顿、清扫的成果，形成良好的工作习惯。建立清洁标准和检查制度，确保工作环境的持续整洁。

图 4-3　整顿前

图 4-4　整顿后

工作台、文件柜、治具、柜架、门窗等应保持无灰尘、无油污；设备、配膳箱应保持无灰尘、无油污；地面应定时打扫，保持无灰尘、无油污；工作鞋、工作服应整齐干净，不乱写乱画；装配机械本体不能有锈和油漆的剥落，盖子应无脱落；清洁柜、清洁用具应保持干净。

（5）素养（Shitsuke）。形成制度，养成习惯。逐步提高员工的素质，遵守规章制度，养成良好的工作习惯。加强员工的行为规范和职业操守教育，培养团队精神。

要求员工不做与工作无关的事；严格遵守和执行公司的各项规章制度；按时上下班，按时打卡，不早退、不迟到、不旷工；按规定穿工作鞋、工作服，佩戴工作证；吸烟应到规定场所，不得在作业区吸烟；如需戴手套，按要求将手套戴好；不随地吐痰，不随便乱抛垃圾，看见垃圾立即拾起放好；上班时间不准进食早餐、零食等物；应注意良好的个人卫生等。

（6）安全（Safety）。预防为主，防治结合。确保生产过程中的安全，防止事故的发生。制定完善的安全管理制度和操作规程，加强安全教育和培训。

切实做到：危险品应有明显的标识；各安全出口的前面不能有物品堆积；灭火器应在指定位置放置及处于可使用状态；消火栓的前面或下面不能有物品放置；易燃品的持有量应在允许范围以内；所有消防设施应处于正常动作状态；应无物品伸入或占用通道；空调、电梯等大型设施设备的开关及使用应指定专人负责或制定相关规定；注意电源、线路、开关、插座是否有异常现象出现；严禁违章操作；对易倾倒物品应采取防倒措施；对其他不安全的生产行为进行预防。

4. 建立管理机制

明确各级管理人员和员工在 6S 现场管理中的职责和权限，确保责任到人。建立监督检查机制，定期对 6S 现场管理的实施情况进行检查和评估，及时发现问题并整改。鼓励员工提出改进意见和建议，不断优化 6S 现场管理的流程和方法，实现持续改进。

5. 营造氛围

企业领导应高度重视 6S 现场管理的实施，积极参与和支持相关工作。鼓励全体员工积极参与到 6S 现场管理中来，形成"人人参与、人人有责"的良好氛围。通过宣传栏、标语、会议等多种形式宣传 6S 现场管理的意义和好处，引导员工树立正确的观念和态度。

通过以上步骤和要点的有效实施，建立起良好的 6S 现场管理体系，提升管理水平，提高工作效率和产品质量，为企业的发展奠定坚实的基础。

（三）实施 6S 现场管理的优秀案例

1. 海尔集团 6S 现场管理案例

海尔集团（以下简称"海尔"）在 6S 现场管理方面的实践堪称典范。海尔通过全面推行 6S 现场管理，实现了生产现场的规范化、标准化和精细化。具体来说，海尔在以下几个方面做得尤为出色。

海尔对生产现场进行了彻底整理，清除了不必要的物品，并对剩余物品进行了合理的分类和标识，确保了生产现场的整洁有序。同时，海尔还通过整顿，优化了生产布局和物流路径，提高了生产效率和物流效率。

海尔注重生产现场的清扫和清洁工作，制订了严格的清扫标准和清洁计划，并落实到每个员工身上。通过定期的清扫和清洁，海尔保持了生产现场的干净整洁，为员工提供了一个良好的工作环境。

海尔在 6S 现场管理中特别强调了员工的素养和安全意识。通过培训和宣传，海尔提高了员工的职业素养和安全意识，使员工能够自觉遵守规章制度和操作规程，减少了安全事故的发生。同时，海尔还建立了完善的安全管理体系和应急响应机制。

海尔在 6S 现场管理中注重持续改进和创新。通过定期的检查和评估，海尔能够及时发现和解决生产现场存在的问题和不足，并不断优化 6S 现场管理方案。此外，海尔还鼓励员工提出改进意见和建议，激发了员工的积极性和创造力。

综上，海尔集团通过全面推行 6S 现场管理，不仅提升了生产现场的管理水平，还增强了员工的素养和企业的整体竞争力。

2. 丰田汽车公司 6S 现场管理案例

丰田汽车公司（以下简称"丰田"）也是 6S 现场管理实践得非常好的企业之一。丰田的企业文化强调持续改善、尊重员工和团队合作等价值观，这些价值观与 6S 现场管理的核心理念高度契合。丰田将 6S 现场管理视为实现持续改善的重要工具之一，通过 6S 现场管理的实施，不断推动企业文化的落地和深化。

丰田汽车公司建立了完善的 6S 现场管理体系，包括整理、整顿、清扫、清洁、素养和安全 6 个方面。每个方面都有具体的实施标准和操作流程，确保了 6S 现场管理的全面性和系统性。

丰田鼓励全体员工积极参与 6S 现场管理，通过定期的培训和宣传活动，提高员工对 6S 现场管理的认识和重视程度。同时，丰田还建立了持续改进的机制，通过不断检查和评估，发现问题并采取措施进行改进，确保 6S 现场管理的持续优化和提升。

通过实施 6S 现场管理，丰田汽车公司取得了显著的成效。在生产效率方面，丰田的生产线实现了高度的自动化和精益化，生产效率大幅提高；在产品质量方面，由于工作场

所的整洁和有序，以及员工素养的提高，丰田的产品质量得到了有效保障；在员工满意度方面，丰田注重员工的参与和发展，通过6S现场管理让员工在工作中养成良好的习惯和素养，提高了员工的工作积极性和满意度。

综上所述，丰田汽车公司在6S现场管理方面的成功实践为我国企业提供了宝贵的经验和启示。通过借鉴丰田的经验，我国企业可以进一步提升现场管理水平，增强员工的素养和企业的整体竞争力。

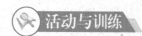

机械制造企业 6S 现场管理实施

一、目标

（1）学生能够正确分析机械制造企业作业现场的6S现场管理要素。

（2）学生能够结合机械制造企业的实际情况，分析该企业的6S现场管理实施步骤。

（3）要求学生通过分析典型的6S现场管理实施效果及小组汇报，提高自身的职业素养、综合分析能力和团队协作能力，锻炼规范的语言表达能力。

二、案例背景

某机械制造厂，由于长期以来生产管理不规范，导致生产现场杂乱无章，物料堆放随意，工具设备损坏频繁，员工工作效率低下，产品质量难以保证。为了改变这一现状，该厂决定引入6S现场管理，通过整理、整顿、清扫、清洁、素养和安全6个方面的管理，全面提升生产管理水平。

该厂成立了以厂长为组长的6S现场管理小组，负责全厂的6S现场管理推进工作。小组下设若干子小组，分别负责不同区域和部门的6S现场管理工作。小组根据机械制造厂的实际情况，制订了详细的6S现场管理计划，明确了各个阶段的目标和任务，并制定了相应的考核标准和奖惩措施。为了确保6S现场管理的顺利实施，该厂对所有员工进行了6S现场管理培训。培训内容包括6S的基本概念、实施方法、注意事项等，使员工充分了解6S现场管理的重要性和必要性。完成动员之后开始正式实施机械加工车间的6S现场管理试点工作。

将生产现场的所有物品进行分类，区分出必要的和不必要的物品，将不必要的物品清除出生产现场。对必要的物品进行定置管理，明确物品的摆放位置和数量，并进行标识，确保物品取用方便且易于管理。对生产现场进行彻底的清扫，清除垃圾、油污等杂物，保持生产现场的整洁和卫生。将清扫工作制度化、规范化，定期对生产现场进行清洁维护，确保生产环境的持续整洁。通过培训和宣传，提高员工的素养和自我管理能力，使员工养成良好的工作习惯和行为规范。加强生产现场的安全管理，确保员工的人身安全和设备的安全运行。6S现场管理小组定期对各区域和部门的6S现场管理情况进行监督检查，发现问题及时整改，并根据考核标准对各部门和员工进行奖惩。

通过全体员工的努力，6S现场管理顺利实施，该机械制造厂的生产环境得到了显著改善，物料堆放整齐有序，工具设备摆放规范，生产现场整洁明亮。员工取用物品更加方便快捷，减少了寻找物品的时间，工作效率显著提高。同时，由于生产环境的改善，员工的精神状态也得到了提升，工作积极性更高。

该机械制造厂通过实施 6S 现场管理，成功改善了生产环境，提高了工作效率和产品质量，降低了生产成本。

三、程序和规则

步骤 1：将学生分成若干小组（3~5 人为一组），并在小组内进行任务分工，围绕案例分析企业如何在作业现场实施 6S 现场管理。

步骤 2：每个小组根据任务分工进行任务实施。

步骤 3：以小组为单位分别进行汇报展示，每组限时 5 分钟。

步骤 4：小组互评、教师评价。

具体考核标准如表 4-1 所示。

四、总结评价

通过小组之间互评和教师评价指导，巩固学生对 6S 现场管理概念的理解，强化学生的 6S 现场作业职业素养，提升学生在作业现场实施 6S 现场管理的应用能力。

表 4-1　机械制造企业 6S 现场管理实施评价表

序号	考核内容	评价标准	标准分值	评分
1	6S 要素分析（20 分）	正确分析出 6S 现场管理要素	20 分	
		未正确分析出 6S 现场管理要素	0 分	
2	6S 实施步骤分析（40 分）	全面、合理分析出 6S 现场管理的实施步骤	40 分	
		合理分析出 3~4 条 6S 现场管理的实施步骤	25 分	
		合理分析出 1~2 条 6S 现场管理的实施步骤	10 分	
		未分析出 6S 现场管理的实施步骤	0 分	
3	术语的规范使用（20 分）	专业术语的使用准确无误	20 分	
		部分专业术语的使用不够准确	10 分	
		专业术语的使用不准确	0 分	
4	汇报综合表现（20 分）	表达清晰，语言简洁，肢体语言运用适当，大方得体	20 分	
		表达较清晰，语言不够简洁，肢体语言运用较少，表现得较紧张	10 分	
得分				

课后思考

1. 请简述 6S 现场管理要素的内涵和要求。

2. 请阐述 6S 现场管理的实施步骤。

3. 请以一个行业为例，说说如何进行作业现场的 6S 现场管理。

单元二 安全风险管理

居安思危，思则有备，有备无患

春秋时期，宋、齐、晋、卫等 12 个诸侯国联合围攻弱小的郑国。郑国自知兵力不足，便请求晋国作为中间人进行调解，希望其他诸侯国能够取消攻打郑国的念头。晋国同意后，其他诸侯国因畏惧晋国的强大而纷纷退兵。为了感谢晋国，郑国国君向晋国赠送了大量美女、贵重珠宝，以及配齐甲兵的成套兵车等礼物。晋悼公收到礼物后非常高兴，并论功行赏，将礼物的一半分赠给大臣魏绛。然而，正直的魏绛却拒绝了赠礼，并劝谏晋悼公说："《书》曰：'居安思危'。思则有备，有备无患。"他的意思是，尽管晋国现在强大昌盛，但绝不能因此大意，而应当时刻想到未来可能发生的危险，并提前做好准备，以避免失败和灾祸的发生。晋悼公听后认为魏绛言之有理，采纳了他的建议，并对他更加敬重。

分析：魏绛的这句话强调了在安定的环境中也要时刻保持危机意识，预先做好准备，以防止不测之祸的发生。在安全风险管理中，这意味着企业或个人要时刻关注潜在的风险因素，制定应对策略和预案，以便在风险发生时能够迅速、有效地进行应对和处置。

事故发生有偶然性，要防范风险发展为事故，就必须将安全风险管理作为常态化的工作开展。因此，掌握安全风险识别、评估方法，全面实施安全风险控制，是做好安全管理、防范事故的前提和基础。

一、安全风险识别

安全风险识别是风险管理的第一步，也是安全风险管理的基础。它指的是在风险事故发生之前，通过运用各种方法系统地、连续地认识所面临的各种安全风险，并分析这些风险事故发生的潜在原因。安全风险识别的主要目的是为风险管理提供前提和决策依据，以确保企业、单位和个人能够以最小的支出获得最大的安全保障，减少风险损失。

（一）安全风险识别的环节和内容

1. 主要环节

安全风险识别的主要环节包括：感知风险和分析风险。

（1）感知风险。了解客观存在的各种安全风险。这是风险识别的基础，只有通过感知风险，才能进一步在此基础上进行分析，寻找导致安全风险事故发生的条件因素，为拟定风险处理方案、进行风险管理决策服务。

（2）分析风险。分析引起安全风险事故的各种因素。这是风险识别的关键，需要对已感知的风险进行深入的剖析，找出其根源和可能的影响范围，以便制定有效的风险应对措施。

2. 主要内容

安全风险识别的内容涵盖了企业生产过程中可能存在的安全隐患和事故风险，主要包括以下几个方面。

（1）系统性安全风险的识别。识别生产区域或整体运营环境中可能存在的系统性安全风险，如生产流程中的薄弱环节、设备布局不合理、安全通道不畅等。

（2）设备设施和作业活动的安全风险。检查设备设施的安全性，包括设备的完好性、运行状态、维护保养情况等，识别可能存在的安全风险。分析作业活动中可能存在的安全风险，如操作不当、违规操作、作业环境恶劣等。

（3）安全设施设备的风险。定期检测检验和维护保养：识别安全设施设备在定期检测检验和维护保养过程中可能存在的安全风险，确保设施设备始终处于良好状态。

（4）环境风险。检查建筑物、构筑物的结构安全性，识别可能存在的倒塌、坍塌等风险。识别生产经营环境中易燃易爆和有毒有害物质的存储、使用、处理等环节可能存在的安全风险。考虑与生产经营相关的相邻作业环境、场所可能对本单位产生的安全风险。

（5）人员风险。关注从业人员的身体健康状况，识别可能因健康问题导致的安全风险。评估从业人员的职业素养，包括安全意识、操作技能等，识别可能因职业素养不足导致的安全风险。检查从业人员的个人防护装备是否齐全、有效，识别可能因个人防护不足导致的安全风险。观察从业人员的日常作业行为，识别可能存在的违章操作、不规范作业等安全风险。针对特种作业人员，识别其技能水平是否满足岗位要求，以及可能存在的技能不足导致的安全风险。

（6）安全管理制度的风险。检查安全生产责任制的落实情况，识别可能因责任不明确、落实不到位导致的安全风险。分析操作规程的合理性、可操作性，识别可能因操作规程不当导致的安全风险。评估安全教育培训的效果，识别可能因教育培训不足导致的安全风险。识别现场作业、应急处置、事故救援等环节可能存在的安全风险，确保相关措施得到有效执行。

（7）其他可能的风险因素。识别其他可能产生安全风险的因素，如自然灾害、社会安全事件等，确保企业具备应对各种风险的能力。

（二）安全风险识别的方法

为了进行安全风险识别，可以采用多种方法，如事件树分析、决策树分析、因果图分析等。这些方法各有特点，可以根据实际情况和需要选择使用。这些方法旨在通过系统性的分析，发现潜在的安全问题，并制定相应的安全措施来降低风险。以下是一些常用的系统安全分析方法。

（1）事件树分析（ETA）。事件树分析是一种逻辑演绎方法，从初始事件开始，分析其可能导致的一系列后续事件，以及这些事件最终可能导致的后果。它有助于识别出导致系统失效或事故的关键路径和因素，从而采取相应的预防措施。

（2）事故树分析（FTA）。事故树分析是一种定量的安全分析方法，用于评估系统中故障事件和故障组合对系统安全性能的影响。它通过建立事故树模型，分析导致事故发生的各种因素及其逻辑关系，从而确定事故发生的概率和可能的影响范围。

（3）故障类型影响分析（FMEA）。故障类型影响分析是一种常用的安全分析方法，旨在识别系统、产品或服务中可能的失效模式和失效影响，以及导致失效的根本原因。通过故障类型影响分析，可以确定关键部件或环节的失效对系统整体安全性能的影响程度，从而采取相应的改进措施。

（4）安全检查表（SCL）。安全检查表是一种基于经验的系统安全分析方法，通过编制详细的安全检查表，对系统、设备或作业环境进行全面的安全检查。这种方法简单易行，能够及时发现潜在的安全隐患，并采取相应的整改措施。

（5）因果分析法（Cause-and-Effect Analysis）。因果分析法是一种用于识别和分析导致事故或故障发生的根本原因的方法。它通过分析事件之间的因果关系链，找出导致事故发生的直接原因和间接原因，从而制定相应的纠正和预防措施。

（6）危险与可操作性分析（HAZOP）。危险与可操作性分析是一种结构化的系统安全分析方法，旨在识别和评估系统中的潜在危险和操作性问题。它通过对系统或工艺过程进行详细的审查，识别出可能导致事故或故障的因素，并提出相应的改进措施。

（7）系统安全性过程分析（STPA）。系统安全性过程分析是一种系统性的、模型驱动的安全分析方法，旨在识别和评估系统中的潜在安全问题，并提供有针对性的安全措施。它通过分析系统的控制结构和行为模式，识别出可能导致不安全行为或状态的因素，并制定相应的控制措施。

（8）层次分析法（AHP）。层次分析法是一种定性与定量相结合的分析方法，用于处理复杂的决策因素。在系统安全分析中，层次分析法可以用于评估不同安全措施的有效性和优先级，从而帮助决策者做出更加科学合理的决策。

（9）定量风险评估（QRA）。定量风险评估是一种基于概率和统计学的风险评估方法。它通过对系统或项目中存在的各种风险因素进行量化分析，计算出风险发生的概率和影响程度，并据此制定相应的风险管理策略。

以上方法各有特点和应用场景，在实际应用中可以根据具体需求和情况选择合适的方法进行分析。

二、安全风险评估

安全风险评估是指对组织或个人进行全面、系统的分析和评估，以确定存在的安全威胁和潜在风险，并提出相应的对策和措施的过程。这一过程对于保障组织或个人的安全至关重要，它能够帮助识别潜在的安全隐患，评估这些隐患可能带来的危害程度，并制定相应的预防措施，以及制订应急响应计划。

（一）安全风险评估主要环节

1. 确定评估目标

首先，需要明确评估的目标和范围。这包括确定评估的具体对象（如某个系统、流程、项目或设施），以及评估的目的（如识别潜在风险、评估风险等级、制定防控措施等）。

2. 收集必要信息

收集与生产过程相关的信息，包括设备设施情况、操作流程、材料使用、工作人员资质等。这些信息是后续风险评估的基础，需要确保全面、准确、可靠。

3. 识别潜在风险因素

通过观察和检查，识别可能导致安全事故的潜在风险因素。这些因素可能包括设备故障、操作疏忽、材料泄漏、环境因素（如温度、湿度、噪声等），以及人为因素（如员工疲劳、违规操作等）。识别过程中可以借鉴类似案例和经验，提高识别的准确性和全面性。

4. 评估风险的可能性与严重程度

（1）评估风险的可能性。根据实际情况和经验判断，评估各个风险因素发生事故的可能性。可以采用风险矩阵分析、事故树分析等方法进行定量或定性评估。

（2）评估风险的严重程度。评估风险事件发生时可能导致的后果和损失，包括人员伤亡、财产损失、环境影响等。同样需要采用科学的方法进行量化评估。

5. 确定风险等级和优先级

将风险按照可能性和严重程度进行综合评估，确定风险的等级和优先级。这有助于后续制定针对性的防控措施，优先解决高风险问题。

6. 制定风险控制措施

根据评估结果，针对高等级和优先级的风险，制定相应的风险控制措施。这些措施可能包括技术措施（如改进设备设施、优化工艺流程）、管理措施（如完善安全管理制度、加强人员培训）和应急措施（如制定应急预案、建立应急响应机制）等。制定措施时应充分考虑实际可行性和有效性，确保能够切实降低安全风险。

（二）安全风险评估方法

进行安全生产风险评估时，可以采用多种理论方法，这些方法旨在全面、系统地识别、分析和评估生产过程中可能存在的安全风险。

1. 风险矩阵分析法（Risk Matrix Analysis，RMA）

风险矩阵分析法是一种将事故发生的可能性与事故后果的严重性相结合来评估风险的方法。该方法通过构建一个二维矩阵，横轴表示事故发生的可能性（L），纵轴表示事故后果的严重性（S），将风险划分为不同的等级（$R=L\times S$）。这种方法能够直观地展示风险的严重程度，并帮助决策者确定优先处理的风险项。

2. 作业条件危险性分析评价法（LEC 法）

作业条件危险性分析评价法是一种半定量的风险评估方法，它通过对事故发生的可能性（L）、人员暴露于危险环境中的频繁程度（E）和一旦发生事故可能造成的后果（C）进行评分，然后将这三个评分值相乘得到风险度（$D=L\times E\times C$）。这种方法考虑了多个因素，能够更全面地评估作业条件的危险性。根据风险度的大小，可以判断作业活动的风险等级，并采取相应的风险控制措施。

3. 预先危险性分析（Preliminary Hazard Analysis，PHA）

预先危险性分析也称初始危险分析，是安全评价的一种重要方法。它是在每项生产活动之前，特别是在设计的开始阶段，对系统存在的危险类别、出现条件、事故后果等进行概略地分析，以尽可能评价出潜在的危险性。这种方法的主要目的是尽早发现系统的潜在危险因素，确定系统的危险性等级，并提出相应的防范措施，防止这些危险因素发展成为事故，从而避免因考虑不周所造成的损失。

4. 概率风险评价法

该方法通过构建数学模型和统计分析，计算事故发生的概率及其可能导致的后果，从而对系统的风险进行定量评估。例如，事故树分析（FTA）和事件树分析（ETA）就是典型的概率风险评价法。

5. 危险指数评价法

危险指数评价法利用系统的某些参数或指标来评价系统的危险性。通过计算得到的危险指数，可以定量地表示系统的危险程度。例如，道化学公司火灾爆炸危险指数评价法和蒙德火灾爆炸毒性指数评价法就是危险指数评价法的代表。

以上方法各有特点和应用场景，在实际应用中可以根据具体需求和情况选择合适的方法进行分析。

三、安全生产风险控制

安全生产风险控制是指风险管理者在安全生产或运营过程中，采取一系列措施和方法，以消灭或减少安全生产风险事件发生的可能性，或者降低安全生产风险事件发生时造成的损失。这一过程是确保组织或个人资产、人员及环境安全的重要环节。

（一）安全生产风险控制的原则

安全生产风险控制的原则是确保生产过程中人员、设备和环境安全的重要指导方针。这些原则涵盖了从风险识别、评估到控制措施制定和实施的各个方面，以确保风险得到有效控制和管理。

1. 基于风险的原则

一切从企业现场的实际出发，进行危害辨识与风险评估，找出可能导致损失的风险。明确安全生产风险管理的方向，以便有针对性地制定控制措施。

2. 预先控制的原则

安全生产风险控制体系将通过对事故发生的三个阶段（发生前、发生中、发生后）的全过程管理，来指导企业与员工如何规避风险。其强调在事故发生前采取预防措施，预防事故的发生，降低事故发生的可能性和后果的严重性。

3. 系统性原则

通过闭环管理的有机整合，形成密切配合、互相包容、互相关联的一个有机的管理体系。克服安全监管不力、规章执行不严的传统管理缺陷，提高安全管理的整体效能。

4. 全员参与的原则

体系的实施不是某个领导或部门的工作，它强调企业的全员参与，鼓励员工积极参与到企业安全生产风险管理中。每个员工都应承担起自己的安全责任，共同为企业的安全生产贡献力量。

5. 安全的行为与态度的原则

安全生产风险控制体系的运行与执行以员工个体为载体和依托，通过行为干预技术，赋予员工相关知识、操作技能与处理风险的经验。最终实现员工态度、价值观及行为规范的改变，形成积极向上的安全文化氛围。

6. 持续改进的原则

企业应不断审视和改进安全生产风险控制措施，确保其有效性和适应性。持续改进是企业永恒的目标，是体系实现整体绩效改进，使之符合组织政策的过程。

（二）安全生产风险控制的措施

安全生产风险控制的措施是确保生产过程中人员、设备和环境安全的关键环节。

1. 严格落实安全生产责任

生产经营单位的主要负责人对本单位的安全生产工作负全面责任，应建立、健全并落实全员安全生产责任制。组织制定并实施安全生产规章制度和操作规程，确保员工有章可循，有据可依。

2. 加强风险辨识与评估

定期进行安全生产风险辨识，识别生产过程中可能存在的危险有害因素。运用定量或定性的方法评估风险的严重性和可能性，确定风险等级。

3. 制定并实施风险控制措施

优先考虑通过工程技术手段消除危险有害因素，或采用低风险的材料、设备替代高风险的材料、设备。通过隔离、密闭、通风等措施降低风险水平。制定并严格执行安全操作规程，加强员工培训，提高员工的安全意识和操作技能。为员工提供符合国家标准的个体防护用品，并监督其正确使用。

4. 强化监督与检查

对生产设备、安全设施进行定期检查和维护，确保其处于良好状态。针对高风险作业、重点区域进行专项检查，及时发现并消除安全隐患。建立隐患排查治理机制，对发现的安全隐患进行登记、评估、整改和验收。

5. 提升应急管理能力

针对可能发生的生产安全事故，制定科学合理的应急预案。定期组织应急演练，提高员工应对突发事件的能力和水平。确保应急物资、设备充足，应急通道畅通无阻。

6. 推动信息化技术应用

建立安全生产信息化管理系统，实现风险预警、隐患排查、应急指挥等功能的集成化管理。运用大数据分析技术，对安全生产数据进行深度挖掘和分析，为决策提供支持。

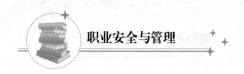

7. 构建多元共治体系

加强政府监管力度，督促企业落实安全生产主体责任。鼓励社会公众、媒体等参与安全生产监督，形成全社会共同关注安全生产的良好氛围。企业应自觉遵守安全生产法律法规和标准规范，不断提升安全生产管理水平。

综上所述，安全生产风险控制的措施涉及多个方面和环节，需要企业、政府和社会各方共同努力，形成合力，确保生产过程的安全稳定。

（三）安全生产标准化

1. 安全生产标准化概述

安全生产标准化是指通过建立安全生产责任制，制定安全管理制度和操作规程，排查治理隐患和监控重大危险源，建立预防机制，规范生产行为，使各生产环节符合有关安全生产法律法规和标准规范的要求，人、机、物、环处于良好的生产状态，并持续改进，不断加强企业安全生产规范化建设。其核心内容包括目标职责、制度化管理、教育培训、现场管理、安全投入、安全风险管控，以及隐患排查治理、应急管理、事故查处、绩效评定和持续改进等多个方面。

在企业实践中，安全生产标准化和安全风险控制往往紧密结合在一起。企业通过建立完善的安全生产标准化体系，明确各级人员的安全生产职责和操作规程，加强安全教育培训和现场管理，同时运用系统化的方法识别和评估生产过程中的安全风险，制定有效的风险控制措施并加强监控和应急响应能力。这样不仅能够提升企业的安全管理水平和风险控制能力，还能够为企业的可持续发展奠定坚实的基础。

2. 安全生产标准化建设

（1）明确目标和要求。企业应结合自身实际，确立安全生产标准化的具体目标，如达到某一等级的安全生产标准化水平。深入学习和掌握《企业安全生产标准化基本规范》等法规和标准，确保安全生产标准化工作符合法规要求。

（2）建立组织机构和责任制。由企业主要负责人担任组长，相关部门负责人和关键岗位人员作为成员，负责安全生产标准化工作的组织、协调和推进。建立、健全安全生产责任制，明确各级单位、部门和人员的安全生产职责，确保安全生产责任到人。

（3）制定安全生产管理制度和操作规程。根据法规和标准要求，结合企业实际，制定和完善各项安全生产管理制度，如安全生产责任制、安全教育培训制度、隐患排查治理制度等。针对关键岗位和作业环节，编制详细的安全操作规程，明确操作步骤、安全要求和应急措施。

（4）开展全员安全教育培训。结合企业实际和岗位需求，制订全员安全教育培训计划，明确培训内容和培训方式。通过集中授课、现场演示、模拟演练等方式，对全体员工进行安全教育培训，提高员工的安全意识和操作技能。

（5）实施隐患排查治理。建立定期开展隐患排查治理的工作机制，明确排查周期、排查内容和排查责任。按照隐患排查治理机制要求，组织相关人员对生产现场进行全面排查，及时发现并消除安全隐患。

（6）加强现场管理和设备设施安全。加强生产现场的定置化管理，确保设备设施、安全标志、警示标识等符合标准要求。定期对设备设施进行检查、维护和保养，确保其处于良好运行状态；对存在安全隐患的设备设施进行及时维修或更换。

（7）持续改进和提升。采用PDCA动态循环模式，定期对安全生产标准化工作进行评估和改进。通过宣传、教育等方式，营造浓厚的安全生产文化氛围，提高全体员工的安全生产意识。

（8）外部评审和认证。企业应根据相关标准和评分细则，对本企业开展安全生产标准化工作的情况进行自主评定。自主评定后，企业可申请外部评审机构进行评审定级。外部评审分为一级、二级、三级，一级为最高。

通过以上步骤的实施，企业可以逐步建立起符合法规要求、适应自身特点的安全生产标准化管理体系，全面提升安全生产水平。

3. 安全生产标准化建设过程中的注意事项

企业在安全生产标准化建设过程中，需要特别注意以下几个方面的事项，以确保建设的有效性和持续性。

（1）通过安全文化建设促进标准化建设。企业要树立"安全第一"的核心理念，将安全视为企业发展的重要支撑。通过组织安全培训、安全演习、安全知识竞赛等活动，增强员工的安全意识和责任感。

（2）制定和完善安全制度。依据国家法律法规、行业标准及企业实际情况，制定科学合理的安全制度和规章制度。明确员工在生产过程中的安全职责和操作规范，确保每项工作都有明确的安全责任人。定期对制度和规章进行评估和修订，确保其适应企业的实际情况和法律法规的要求。

（3）加强安全风险管理。对生产过程中可能存在的各类安全风险进行全面评估，包括设备、环境、人员等方面的风险。针对评估出的风险，制定相应的风险控制措施，如定期检修设备、改善作业环境、加强人员培训等。建立风险监控机制，对风险进行持续监控和动态管理，确保风险控制措施的有效执行。

（4）加强安全培训和教育。定期对员工进行安全培训和教育，包括新员工入职培训和老员工复训。采用视频教育、现场演示、案例分析等多种方式，提升培训效果。对培训效果进行考核，确保员工掌握必要的安全知识和技能。

（5）建立、健全安全管理体系。设立安全标准化建设机构，建立一套完善的安全管理体系，包括安全责任制、安全审核制度、安全考核制度等。明确各级管理人员的安全职责和权限，确保安全管理体系的顺畅运行。定期对安全管理体系进行评估和改进，确保其适应企业的实际情况和法律法规的要求。

（6）重视隐患排查与整改。定期组织员工对生产过程中存在的事故隐患进行排查，确保不留死角。对排查出的事故隐患要及时采取措施予以整改，并跟踪整改进度。建立事故

隐患排查和整改的台账，记录隐患的发现、整改和验证情况。

（7）加强应急管理。根据企业的实际情况，制定科学合理的事故应急预案。定期组织应急演练和演习，提高员工的应急处置能力和水平。建立、健全事故应急管理机制，明确各级应急组织的职责和任务。

（8）加强企业对外交流与合作。积极参与政府部门、行业协会等组织的安全生产标准化建设活动。与其他企业分享安全生产标准化建设的经验和做法，共同提高安全生产水平。积极引入外部资源和专家支持，提升企业的安全生产管理能力。

（四）职业健康安全管理体系

1. 职业健康安全管理体系概念

职业健康安全管理体系（Occupational Health and Safety Management Systems，OHSMS）是 20 世纪 80 年代后期在国际上兴起的现代安全生产管理模式，它通过遵循近代管理科学理论制定的管理标准，规范组织的职业健康安全管理行为，促进组织建立职业健康安全管理体系，以预防、控制事故的发生，保障组织员工和相关方的安全与健康，并不断改进组织的职业健康安全绩效。

2. 职业健康安全管理体系的核心要素

职业健康安全管理体系的核心要素包括制定和实施职业安全健康政策，明确组织对员工安全健康的承诺；识别、评估并控制工作场所的潜在危险和风险；设定职业安全健康目标，并制订相应的实施计划；确保所有员工参与职业安全健康管理，提供必要的培训和教育；定期进行职业安全健康检查和审计，确保管理体系的有效运行；对事故、事件和不符合项进行调查，采取纠正和预防措施；通过反馈和评估，不断改进职业安全健康管理体系的绩效。

3. 建立职业健康安全管理体系的意义

通过系统化的管理，减少事故发生的可能性，提高生产活动的安全性。有效预防和控制事故，减少因事故造成的人员伤亡和财产损失。展示企业对员工安全健康的重视，增强企业的社会责任感和公信力。确保企业遵守相关的法律法规，避免因违反规定而面临的法律风险和罚款。在国际贸易中，符合国际标准的职业健康安全管理体系有助于提升企业的竞争力，促进产品在国际市场上的销售。职业健康安全管理体系的建立和维护遵循一定的标准，如 GB/T45000/ISO45000 标准，这些标准规定了职业健康安全管理体系的要求，并给出了其使用指南。

4. 建立职业健康安全管理体系的步骤

企业建设职业健康安全管理体系是一个结构化的过程，旨在预防工作场所的伤害、疾病和其他职业健康安全风险。企业建设职业健康安全管理体系有如下主要步骤。

（1）领导决策与准备。企业高层需明确对职业健康安全管理的承诺，并制定职业健康安全政策。为管理体系的建设和运行分配必要的资源，包括人力、物力和财力。成立职业健康安全委员会或指定负责人，组建专业团队负责管理体系的建设和实施。

（2）初始状态评审。评估企业当前的职业健康安全状况，包括风险源、法律法规符合性、员工健康记录等。将现状与职业健康安全管理体系的要求进行对比，识别存在的差距和不足。

（3）策划与设计。根据现状评审结果，设定具体的、可量化的职业健康安全目标。制订详细的实施计划，包括时间表、责任分配、资源需求等。设计符合企业实际情况的职业健康安全管理体系框架，包括组织结构、职责分配、程序文件等。

（4）风险识别与评估。对工作场所进行全面检查，识别可能存在的危险源和风险点。采用适当的方法（如风险矩阵、LEC法等）对识别出的风险进行评估，确定其严重性和可能性。针对评估出的风险，制定具体的控制措施，包括工程技术措施、管理措施和个人防护措施等。

（5）编写体系文件。编写职业健康安全管理体系手册，概述管理体系的范围、目的、原则、组织结构、职责分配等。根据管理体系的要求，编制各项管理活动的程序文件，如风险评估程序、培训程序、应急准备与响应程序等。针对特定作业或岗位，制定详细的作业指导书，明确操作步骤、安全要求和注意事项。

（6）实施与运行。为员工提供必要的培训和教育，使其了解职业健康安全管理体系的要求和自身职责。按照管理体系的要求进行试运行，检验其有效性和适用性。通过内部审核、管理评审等方式，不断发现问题并采取措施进行改进。

（7）监测与测量。建立职业健康安全绩效的监测机制，定期收集和分析相关数据。根据监测结果评估管理体系的效果，判断其是否达到预期目标。

（8）审核与认证。定期进行内部审核，检查管理体系的符合性和有效性。高层管理者定期对管理体系进行评审，确保其持续适应企业发展的需要。申请并接受第三方机构的审核和认证，以证明管理体系的符合性和有效性。

（9）沟通与参与。建立有效的内部沟通机制，确保管理体系的信息在各部门和层级之间顺畅传递。鼓励员工积极参与职业健康安全管理体系的建设和运行，提出改进建议。与供应商、客户、政府等相关方保持沟通，共同推动职业健康安全管理的提升。

通过以上步骤，企业可以系统地建设和完善职业健康安全管理体系，做好安全风险控制，提高职业健康安全管理水平，保障员工的生命安全和身体健康。

活动与训练

安全风险管理实践

一、目标

（1）学生能够正确分析生产企业的安全风险。

（2）学生能够结合生产场所的实际情况，正确选择安全风险评估方法，得出正确结论。

（3）要求学生能够根据生产企业风险评估结果，提出有针对性的安全技术措施，并完成小组汇报，提高学生自身的职业素养、综合分析能力和团队协作能力，锻炼规范的语言表达能力。

二、案例背景

某市硫酸加工厂，占地面积 350 m^2，年设计生产能力为 9 万 t 硫酸。硫酸为强腐蚀性、强氧化性物质，遇水大量放热，可造成严重烧伤和环境污染。二氧化硫、三氧化硫等有害气体在生产过程中可能泄漏，对人体健康构成威胁。硫酸生产涉及高温、高压、易燃易爆等危险环节，如反应釜超温超压、物料泄漏、静电火花等都可能引发火灾、爆炸等事故。储罐、管道、泵、阀门等设备设施若存在缺陷或维护不当，易发生泄漏、破裂等事故。操作人员的违章操作、误操作、安全意识淡薄等因素可能增加事故风险。工厂已建立较为完善的安全管理制度，包括安全生产责任制、安全操作规程、安全检查制度等，但部分制度执行力度不够。工厂定期开展安全教育培训活动，旨在提高员工的安全意识和操作技能，但培训内容和形式有待进一步丰富和创新。工厂设备设施总体状况良好，但部分老旧设备存在安全隐患，需及时更新改造。同时，设备维护保养和检测检验工作需进一步加强。工厂已制定应急预案，建立应急救援队伍，配备必要的应急设备和物资，但应急演练频次不足，员工应急响应能力有待提高。工厂现场安全管理基本到位，但部分区域存在杂物堆放、标识不清等问题，需加强现场管理。

三、程序和规则

步骤 1：围绕对硫酸生产企业现状进行安全风险分析、评估，并提出对策措施的学习任务，将学生分成若干小组（3~5 人为一组），小组内进行任务分工。

步骤 2：每个小组根据任务分工进行任务实施。

步骤 3：以小组为单位分别进行汇报展示，每组限时 5 分钟。

步骤 4：小组互评、教师评价。

具体考核标准如表 4-2 所示。

表 4-2　硫酸生产企业安全风险管理实践评价表

序号	考核内容	评价标准	标准分值	评分
1	安全风险识别 （25分）	合理分析出安全风险 10 项及以上	25 分	
		合理分析出安全风险 6~9 项	15 分	
		合理分析出安全风险 1~5 项	5 分	
		未正确识别出安全风险	0 分	
2	安全风险评估 （25分）	合理评估安全风险 10 项及以上	25 分	
		合理评估安全风险 6~9 项	15 分	
		合理评估安全风险 1~5 项	5 分	
		未做出合理的安全风险评估	0 分	

续表

序号	考核内容	评价标准	标准分值	评分
3	安全分析控制 （30分）	能提出20条以上有针对性的安全管理措施	30分	
		能提出10~20条有针对性的安全管理措施	20分	
		能提出1~10条有针对性的安全管理措施	10分	
		未能提出有针对性的安全管理措施，或管理措施无针对性	0分	
4	汇报综合表现 （20分）	表达清晰，语言简洁，肢体语言运用适当，大方得体	20分	
		表达较清晰，语言不够简洁，肢体语言运用较少，表现得较紧张	10分	
得分				

四、总结评价

通过小组之间互评和教师评价指导，巩固学生对安全风险相关概念的理解，强化学生的安全风险管理职业素养，提升学生对于企业安全风险控制的能力。

 课后思考

1. 请阐述什么是安全风险识别。
2. 请简述安全风险评估的方法有哪些。
3. 请以某一个行业为例，说说如何进行安全风险管理。

单元三　常见作业安全

 案例导入

某企业"8·15"高处作业吊篮倾覆事故

2023年8月15日7时许，山东省菏泽市郓城县恒源锦绣城E区项目12号楼发生一起高处作业吊篮倾覆事故。事故发生时，有5名作业人员正在进行楼外立面真石漆修补作业，以及楼屋面修补作业。这5名作业人员在未佩戴安全带的情况下乘坐使用了吊篮。当吊篮提升至26层时，东侧工作钢丝绳断裂，导致吊篮倾覆。在吊篮旋转、倾覆的过程中，5名搭乘人员先后从吊篮中脱离坠落至地面，最终不幸身亡。

经过事故调查组的深入调查，认定事故的直接原因为高处作业吊篮工作钢丝绳断裂：东侧工作钢丝绳锈蚀、破损严重，呈现大量断丝，已达到报废标准，受力时达到极限承载力而断裂；安全锁未能有效锁住安全钢丝绳：安全钢丝绳的穿绳方法错误，导致安全锁无

效，无法起到安全保护作用；违规超员搭乘高处作业吊篮：5 名作业人员违反规定搭乘吊篮，增加了吊篮的负载；高处作业吊篮搭乘人员未佩戴安全带：所有搭乘人员均未佩戴安全带，导致在吊篮倾覆过程中无法得到有效保护。事故间接原因为：项目管理和施工现场管理存在严重漏洞，未能有效执行安全生产规章制度和操作规程；相关部门和单位对建筑施工项目的安全监管不到位，未能及时发现和纠正存在的安全隐患。

分析： 山东省菏泽市高处作业吊篮倾覆事故是一起因违章操作和管理不善导致的严重生产安全事故。该事故造成了重大的人员伤亡和财产损失，给受害者家庭带来了不可挽回的损失。为了防止类似事故的再次发生，必须加强建筑施工项目的安全管理和监管力度，严格执行安全生产规章制度和操作规程，提高作业人员的安全意识和技能水平。同时，对于存在的安全隐患要及时发现和整改，确保施工过程中的安全稳定。

安全生产事故往往由多种因素共同作用导致。为有效预防和控制安全事故的发生，我们要加强安全教育与培训，完善安全管理制度，强化安全检查与隐患排查，加强应急管理与救援能力，了解并熟悉常见的事故类型以及常见的安全防护措施。

一、高处作业

高处作业是指凡在距坠落高度基准面 2 m 以上（含 2 m）有可能坠落的高处进行的作业。根据国家标准 GB/T 3608—2008《高处作业分级》，这一定义明确了高处作业的基本条件和范围。在建筑行业中，高处作业涵盖了广泛的场景，包括但不限于建筑物内外墙面的施工、设备安装、维修、清洁等。具体来说，高处作业主要包括临边、洞口、攀登、悬空、交叉等五种基本类型，这些类型的高处作业是高处作业伤亡事故可能发生的主要地点。

（一）高处作业的分类与分级

高处作业根据其作业高度和是否存在直接引起坠落的客观危险因素进行分级。按照作业高度可划分为一级、二级、三级和特级高处作业。

- 一级高处作业：作业高度在 2~5 m。
- 二级高处作业：作业高度在 5~15 m。
- 三级高处作业：作业高度在 15~30 m。
- 特级高处作业：作业高度在 30 m 以上。

此外，高处作业还可根据作业环境、作业性质等因素分为特殊高处作业、化工工况高处作业和一般高处作业等类别。这些分类有助于针对不同类型的高处作业制定更具针对性的安全管理和防护措施。

（二）高处作业的风险与防范措施

高处作业因其特殊的工作环境和作业条件，具有一定的风险性。常见的风险包括高空坠落、物体打击、触电、火灾等。为了保障高处作业人员的安全，必须采取一系列有效的防范措施。

1. 个人防护措施

高处作业人员必须正确佩戴和使用个人防护装备，如安全帽、安全带、安全鞋等。这些装备的选择和使用应符合国家相关标准和规定，确保在紧急情况下能够有效保护作业人员的安全。

2. 作业前准备

在进行高处作业前，应仔细检查作业环境、设备和工具的安全性，确保无安全隐患。同时，应对作业人员进行必要的安全教育和培训，使其了解作业流程、安全注意事项和应急处理措施。

3 作业过程管理

在高处作业过程中，应严格按照操作规程和安全要求进行作业，禁止违章操作和冒险作业。同时，应设置专人进行监护和指挥，确保作业过程中的安全有序。

4. 应急预案与救援

应制定完善的应急预案和救援措施，以应对可能发生的紧急情况。一旦发生事故或险情，应立即启动应急预案，迅速组织救援力量进行处置和救援。

（三）高处作业的主要类型与特点

1. 临边作业

临边作业指工作面边沿无围护或围护设施低于 80 cm 的高处作业。这类作业主要存在于建筑物的边缘地带，如阳台、挑檐、屋顶等。由于边缘地带缺乏必要的防护措施，因此容易发生高空坠落事故。

2. 洞口作业

洞口作业指深度在 2 m 及 2 m 以上的孔洞边沿上的高处作业。这类作业主要存在于建筑物的预留洞口、施工洞口等位置。由于孔洞边缘缺乏稳定性，且可能存在隐蔽的危险源，因此洞口作业的风险较高。

3. 攀登作业

攀登作业指借助建筑结构、脚手架登高设施、梯子或其他登高设施在攀登条件下进行的高处作业。这类作业需要作业人员具备一定的体力和技能水平，同时还需要采取必要的防护措施以防止坠落事故的发生。

4. 悬空作业

悬空作业指在周边临空状态下进行的高处作业。这类作业主要存在于建筑物的悬空部分或需要悬空作业的设备安装、维修等场景。由于悬空部分缺乏稳定性且容易受到外部环境的影响（如风力、震动等），因此悬空作业的风险极高。

5. 交叉作业

交叉作业指上下不同层次、在空间贯通状态下同时进行的高处作业。这类作业涉及多个作业面和多个作业团队之间的协调和配合问题，因此容易发生碰撞、坠落等事故。为了确保交叉作业的安全进行，必须制订详细的作业计划和安全措施，并加强现场监管和指挥。

案例 4.1

高处风险易忽视，提重吊装变"提心吊胆"

2024 年 7 月 12 日上午 8 时 50 分许，在辽宁省朝阳市双塔区轩和云颂项目一标段二号楼施工现场，发生了一起严重的起重机械伤害事故。这起事故导致 1 名正在进行外墙保温作业的作业人员不幸身亡。该事故由朝阳鑫烨建筑工程有限公司承建，施工单位在进行外墙保温作业时，作业人员的安全绳被塔吊吊钩意外钩住，并在起重过程中被从 10 米高的吊篮中拉出，最终坠落到坡道入口顶部钢构处，经医院抢救无效后宣布死亡。

事故发生时，作业人员正位于吊篮内进行外墙保温作业。由于某种原因，其身上的安全绳被塔吊的吊钩钩住。随着塔吊的起重操作，作业人员被突然拉出吊篮，并在高空中失去了平衡，最终坠落到下方的坡道入口顶部钢构处。事故发生后，现场立即展开了紧急救援，但遗憾的是，由于伤势过重，该作业人员最终未能生还。

事故主要原因包括三个方面：一是不按方案和规范施工作业，塔吊司机未严格履行"十不吊"原则，存在违章作业、冒险蛮干行为；二是现场教育培训、技术交底不到位，安管人员、监理履职不到位；三是保护限制器未发挥应有作用，设备管理和安全防护措施存在不足。此次事故暴露出建筑起重机械安全管理方面的短板，需加强安全管理教育和落实企业主体责任。

二、有限空间作业

有限空间（Confined Space，又称受限空间）是指封闭或部分封闭，与外界相对隔离，出入口较为狭窄，作业人员不能长时间在内工作，自然通风不良，易造成有毒有害、易燃易爆物质积聚或者氧含量不足的空间。有限空间作业则是指在这些特定空间内进行的检查、作业、施工等活动。

有限空间作业，作为工业生产、建筑施工、化工生产、环保处理等多个领域中的重要环节，其安全性和规范性直接关系到作业人员的生命安全及生产活动的顺利进行。然而，由于有限空间本身的特殊性，如空间狭小、通风不良、存在有毒有害气体等，使得这一作业过程充满了高风险。

（一）有限空间的分类

1. 密闭设备

密闭设备如船舱、贮罐、车载槽罐、反应塔（釜）、冷藏箱、压力容器、管道、烟道、锅炉等。这些设备通常具有封闭的特性，内部空间有限，且可能含有有毒有害或易燃易爆物质。

2. 地下有限空间

地下有限空间如地下管道、地下室、地下工程、暗沟、隧道、涵洞、地坑、废井、地窖、污水池（井）、沼气池、化粪池、下水道等。这些空间往往处于地下，自然光照不足，通风条件差，且可能存在积水、淤泥等危险因素。

3. 地上有限空间

地上有限空间如储藏室、发酵池、垃圾站、温室、冷库、粮仓、料仓等。这些空间虽然位于地面以上，但同样具有封闭或半封闭的特点，且可能因储存物品的特性而存在一定的安全隐患。

4. 行业非标设备

行业非标设备如转炉、电炉、电渣炉、中频炉、煤气柜、重力除尘器、电除尘器、排水器、煤气水封等。这些设备多应用于特定行业，其结构和特性各异，但同样属于有限空间的范畴。

（二）有限空间作业的特点

1. 空间有限、通风不良

有限空间往往体积较小，且自然通风条件差，易造成有毒有害、易燃易爆物质的积聚和氧含量的不足。这不仅增加了作业人员的安全风险，也加大了救援的难度。

2. 存在多种危险因素

有限空间内可能存在酸、碱、毒、尘、烟等具有危险性的介质，以及缺氧或富氧、易燃气体和蒸气、有毒气体和蒸气等有害因素。这些因素相互作用，可能引发窒息、中毒、火灾和爆炸等事故。

3. 作业环境复杂多变

有限空间内的环境条件可能因作业活动、设备状态、物料性质等多种因素而发生变化。这种复杂多变的环境条件要求作业人员必须具备高度的警惕性和应对能力。

4. 作业难度大、技术要求高

由于空间有限和环境复杂，有限空间作业往往需要借助专业的设备和工具进行。同时，作业人员还需要具备丰富的专业知识和实践经验，以确保作业过程的安全和顺利进行。

（三）有限空间作业的风险

1. 中毒和窒息风险

有限空间内积聚的有毒有害气体和缺氧环境是导致中毒和窒息事故的主要原因。作业人员吸入这些气体后，可能出现头晕、恶心、呕吐、昏迷等症状，甚至导致死亡。

2. 火灾和爆炸风险

有限空间内的易燃易爆物质在遇到火源或高温时可能引发火灾和爆炸事故。这种事故不仅会造成人员伤亡和财产损失，还可能对周边环境造成严重影响。

3. 机械伤害和物体打击风险

有限空间内的设备、管道、构件等可能因操作不当，或设备故障而引发机械伤害和物体打击事故。这些事故往往具有突发性和不可预测性，对作业人员构成严重威胁。

4. 触电和淹溺风险

在涉及电气设备和液体介质的有限空间作业中，还可能存在触电和淹溺的风险。触电事故可能因设备漏电或操作不当而引发；淹溺事故则可能因液体介质积聚或设备故障而导致。

(四) 有限空间作业的防范措施

1. 建立、健全安全管理制度

企业应建立、健全有限空间作业安全管理制度，明确作业人员的安全职责和作业程序。同时，应加强对作业人员的安全教育和培训，提高其安全意识和操作技能。

2. 实施作业审批制度

有限空间作业前必须严格履行审批手续，确保作业方案的科学性、合理性和可行性。审批过程中应充分考虑作业环境、风险因素和应急措施等因素。

3. 严格执行"先通风、再检测、后作业"的原则

作业前应对有限空间进行充分的通风换气，以降低有毒有害气体的浓度和氧含量的不足。同时，应对空间内的气体进行采样测试，确保各项指标符合安全要求后方可进入作业。

4. 配备个人防护装备和应急救援设备

作业人员应正确佩戴和使用个人防护装备（如呼吸器、安全带、安全帽等），并随身携带应急救援设备（如气体检测仪、急救包等）。这些装备和设备应定期进行检查和维护，确保其处于良好状态。

5. 加强现场监护和通信联络

作业现场应设置专门的监护人员，负责观察作业人员的身体状况和作业环境的安全状况。同时，应确保作业人员与外部有可靠的通信联络，以便在紧急情况下及时报告和求助。

6. 制定应急预案并定期组织演练

企业应针对有限空间作业可能发生的各类事故制定应急预案，并定期组织演练。通过演练可以检验预案的可行性和有效性，提高作业人员的应急响应能力和自救互救能力。

7. 加强安全检查和隐患排查

企业应定期对有限空间作业现场进行安全检查和隐患排查，及时发现并消除安全隐患。对于发现的问题和隐患应制定整改措施并跟踪落实整改情况。

案例 4.2

安徽永利纸业有限公司"8·23"有限空间事故

2023 年 8 月 23 日上午 11 时 5 分许，安徽永利纸业有限公司造纸车间在进行复产准备过程中发生了一起严重的中毒事故。企业因环保问题停产整改期间，1 名员工在未审批、未通风检测和未采取安全防护的情况下，盲目进入冲浆池内，吸入有毒有害气体导致昏迷；现场人员未采取防护措施，盲目施救，造成伤亡扩大。最终造成 2 人死亡、1 人受伤。

分析：该事故暴露出企业有限空间作业安全管理存在严重漏洞。操作工梅某春在未做好安全防护、未进行通风检测和审批的情况下进入冲浆池作业，是事故发生的直接原因。随后，王某圣、王某刚等人在未采取防护措施的情况下盲目施救，导致事故伤亡扩大。事故反映出企业和地方政府的安全管理未落实到位。永利纸业未设置专门的安全生产管理机构，安全管理职责不明确。虽然制定了《安全生产责任制管理制度》《安全教育培训制度》《有限空间作业安全管理制度》，但执行不力，安全教育培训流于形式，员工对有限空间作业的危险性认识不足。地方政府及相关部门对永利纸业的安全监管存在缺失，未能有效督促企业落实安全生产主体责任，对有限空间作业的安全监管不到位。

三、高温作业

高温作业是指作业场所具有生产性热源，其气温高于本地区夏季室外通风设计计算温度2℃或2℃以上的作业（含夏季通风室外计算温度≥30℃地区的露天作业，不含矿井下作业）。这一定义涵盖了多个维度，包括作业环境的温度、湿度、辐射热等因素，以及这些因素对劳动者生理机能和工作效率的综合影响。

（一）高温作业的分类

1. 高温强辐射作业

高温强辐射作业环境的主要特点是气温高且伴有强烈的辐射热，如冶金工业的炼焦、炼铁、炼钢等车间，以及陶瓷、玻璃、搪瓷、砖瓦的烧制窑炉车间等。在这些场所，高温和辐射热共同作用，使人体通过对流和辐射两种方式的散热受到严重阻碍，导致体内蓄热增加，易发生中暑。

2. 高温高湿作业

高温高湿作业环境的主要特点是气温高、湿度大，如纺织印染、造纸、深井煤矿等作业。高湿度环境下，人体汗液蒸发困难，散热效率降低，加之高温作用，极易导致体温调节失衡，发生中暑和热射病。

3. 夏季露天作业

夏季露天作业如农田劳动、建筑施工、交通运输等，虽然气温可能未达到极端高温，但由于太阳辐射强烈，加之环境通风不良，劳动者长时间暴露在阳光下，也易受到高温危害。

（二）高温作业对人体健康的影响

1. 生理影响

（1）体温调节失衡。高温环境下，人体通过皮肤血管扩张、增加排汗等方式进行散热，但当环境温度超过一定限度时，这些生理调节机制无法有效维持体温恒定，导致中暑。

（2）水盐代谢紊乱。大量出汗导致体内水分和电解质（如钠、钾）大量丢失，若补充不及时或不当，可引起脱水、电解质紊乱，严重时甚至危及生命。

（3）循环系统负担加重。高温下，心脏需增加输出量以维持体温和血液循环，长期如此易导致心脏负担加重，诱发心血管疾病。

（4）消化系统功能减弱。高温使消化液分泌减少，胃肠蠕动减慢，食欲减退，影响营养吸收和消化功能。`

2. 心理影响

高温环境还可能导致劳动者出现烦躁、易怒、注意力不集中等心理问题，影响工作效率和安全生产。

3. 职业病风险增加

长期在高温环境下作业，劳动者患热射病、热痉挛、热衰竭等职业性中暑疾病的风险显著增加。

（三）高温作业的防护措施

1. 改善作业环境

（1）隔热降温。采用隔热材料或设备减少热源对作业环境的直接辐射，如设置隔热层、使用隔热罩等。

（2）通风降温。加强作业场所的自然通风或机械通风，降低环境温度和湿度，提高空气流通性。

（3）合理布局。优化作业场所布局，减少热源与劳动者的直接接触，如将热源集中布置并远离操作区。

2. 加强个人防护

（1）穿戴防护用品。为劳动者提供透气性好、防辐射、吸汗性强的防护服、防护帽、防护眼镜等个人防护装备。

（2）合理安排作息。根据气温变化调整作业时间，避免高温时段进行高强度劳动，实行轮换作业制度，确保劳动者有足够的休息时间。

（3）补充水分和电解质。鼓励劳动者定时定量饮水，适当补充含盐饮料或电解质饮料，以维持水盐平衡。

3. 健康监测与培训

（1）定期体检。对从事高温作业的劳动者进行定期体检，及时发现并处理健康问题。

（2）健康教育。开展高温作业健康知识培训，提高劳动者的自我保护意识和能力。

（3）应急演练。定期组织高温中暑应急演练，提高应急救援能力和效率。

4. 政策与制度保障

（1）制定高温作业标准。完善相关法律法规和标准体系，明确高温作业的定义、分类、防护措施及监督管理要求。

（2）落实高温津贴。按照国家规定发放高温津贴，保障劳动者在高温条件下的合法权益。

（3）加强监管执法。加大对高温作业场所的监督检查力度，对违反规定的企业和个人依法进行处罚。

案例4.3

60米塔吊上女操作员中暑昏迷，湖州消防一小时生死救援

2022年6月25日，南太湖新区梦溪路中屹建设工地上，塔吊女操作员因高温中暑被困在60米高的塔吊上无法动弹。最终，在消防救援人员的努力下，受困人员被及时送往医院，得以救治。

分析：在高温密闭或高空等特殊环境下作业的人员更容易发生中暑。因此，必须提前采取预防措施，如安装空调、通风设备等降低环境温度；同时加强作业人员的培训和应急演练，提高应对突发事件的能力。

四、冲压作业

冲压作业是一种通过压力机和模具对板材、带材、管材和型材等施加外力，使其产生塑性变形或分离，从而获得所需形状和尺寸的工件（冲压件）的成型加工方法。冲压加工是金属塑性加工（或压力加工）的主要方法之一，隶属于材料成型工程技术，广泛应用于汽车、机械、电子、家电等多个领域。冲压加工以其高效、精确、重复性好等特点，成为现代工业生产中不可或缺的重要工艺。

（一）冲压作业的分类

1. 单冲冲压

单冲冲压是指每次冲压只完成一个冲压工序的加工方式。在单冲冲压过程中，金属板材首先被放置在冲床的工作台上，并通过夹紧机构固定。然后，冲床上的冲头受到上冲操作，向下以一定的速度运动。冲头与金属板材之间的模具空腔会逐渐与金属板材产生接触，并对金属材料施加相应的压力。随着冲头继续向下运动，金属材料在冲床的压力下发生塑性变形，形成所需的形状，并将多余的材料通过模具空腔的排出系统排出。单冲冲压具有操作简便、易于控制等优点，但生产效率相对较低。

2. 连续冲冲压

连续冲冲压是指通过连续不断的上下运动实现多个冲压工序的加工方式。在连续冲冲压中，模具通常由多个冲头和模具组成，工作台会连续向上和向下运动。金属板材在工作台上被连续供给，在模具的作用下逐渐变形，并通过冲头和模具之间的接触完成冲压加工。与单冲冲压相比，连续冲冲压具有更高的生产效率和更快的工作速度。同时，由于多个冲压工序可以在一台压力机上连续完成，因此可以显著减少设备占地面积和降低生产成本。

（二）冲压作业常见安全问题

1. 噪声和振动

冲压作业过程中会产生较大的噪声和振动，对操作人员的身体健康造成一定影响。长期暴露在高噪声和振动环境下，操作人员可能会出现听力下降、神经衰弱等问题。

2. 模具和设备的危险

冲压作业中的模具和设备都具有一定的危险性。如果操作不当或设备出现故障，可能会导致模具损坏、设备失控等危险情况的发生。

3. 材料飞溅和碎片

冲压作业过程中，材料可能会因受到压力而飞溅或产生碎片。这些飞溅物和碎片可能会对操作人员造成伤害。

（三）冲压作业的防护措施

1. 佩戴防护装备

操作人员在进行冲压作业时，应佩戴必要的防护装备，如安全帽、防护眼镜、防护耳罩等。这些装备可以有效保护操作人员的头部、眼睛和耳朵等关键部位免受伤害。

2. 严格遵守操作规程

操作人员应严格按照操作规程进行操作，不得擅自更改设备参数或进行危险作业。同时，还需加强安全教育和培训，提高操作人员的安全意识和操作技能。

3. 加强设备维护和保养

定期对冲压设备和模具进行维护和保养，确保其正常运行和稳定性。同时，还需对设备进行定期检查和维修，及时发现并排除潜在的安全隐患。

4. 设置安全防护设施

在冲压作业现场设置必要的安全防护设施，如防护栏、警示标志等。这些设施可以提醒操作人员注意安全，并防止非操作人员进入危险区域。

案例 4.4

常熟市虞山超市设备厂冲压事故

2023 年 5 月 29 日，常熟市虞山超市设备厂的一名工人在操作冲床时，不慎被冲床轧伤左手，导致多手指完全切断。事后调查发现，该公司未对空压机储气罐压力表进行定期检测，违反了《中华人民共和国安全生产法》的相关规定。

分析： 此案例暴露出企业在安全生产管理方面的疏忽，特别是对安全设备的维护、保养和定期检测工作不到位。企业在进行冲压作业时必须严格遵守安全生产法律法规，加强安全设备的维护和管理；同时，也需要注重冲压模具的设计、制造和维护工作，不断提升冲压件的质量水平。通过总结经验教训和不断改进创新，我们可以更好地推动冲压作业领域的安全发展和质量提升。

活动与训练

常见作业安全事故分析实践

一、目标

（1）学生能够依据《企业职工伤亡事故分类标准》（GB 6441）正确分析事故类型。

（2）学生能够依据《生产过程危险和有害因素分类与代码》（GB/T 13861）分析事故直接原因、间接原因。

（3）要求学生能够结合事故案例提出事故防范和整改措施，提高自身素养和综合分析能力。

二、事故案例

2023年8月2日11时许，乾元明胶有限公司在清理排污池时，发生了一起严重的中毒事故，导致4人死亡、5人中毒。

发生原因：该公司的工人正在对排污池进行清理作业，由于排污池内有大量的有机物质和化学物质，导致产生了大量的有毒气体。其中1名工人不慎跌入排污池内，其他工人在未采取有效防护措施的情况下，盲目施救，最终造成4人死亡、5人中毒。

主要教训：该企业未严格落实有限空间作业安全管理制度，未执行"先通风、再检测、后作业"的基本作业要求；未对作业人员进行有效的安全培训，导致作业人员缺乏必要的安全知识和应急处理能力；在清理排污池前，未进行充分的通风和有毒有害气体检测，导致作业环境中硫化氢等有毒有害气体浓度超标；作业人员未佩戴个人防护装备，如正压式呼吸器、防毒面具等，无法有效抵御有毒有害气体的侵害；事故发生后，施救人员在未采取有效防护措施的情况下盲目施救，导致事故扩大，增加了伤亡人数。

三、程序和规则

步骤1：将学生分成若干小组（3~5人为一组），小组内进行任务分工，如查找资料、汇报发言等。

步骤2：每个小组根据任务分工进行任务实施。

步骤3：以小组为单位分别进行汇报展示，每组限时5分钟。

步骤4：小组互评、教师评价。

具体考核标准如表4-3所示。

表4-3　常见作业安全事故分析实践评价表

序号	考核内容	评价标准	标准分值	评分
1	事故类型分析（20分）	正确分析出事故类型	20分	
		未正确分析出事故类型	0分	
2	事故原因分析（30分）	全面、合理分析出事故的直接原因、间接原因	30分	
		合理分析出3~4条事故的直接原因、间接原因	20分	
		合理分析出1~2条事故的直接原因、间接原因	10分	
		未分析出事故的直接原因、间接原因	0分	

序号	考核内容	评价标准	标准分值	评分
3	事故防范和整改措施 （30分）	制定出3条及以上事故防范和整改措施	20分	
		制定出1~2条事故防范和整改措施	10分	
		未制定出事故防范和整改措施	0分	
4	汇报综合表现 （20分）	表达清晰，语言简洁，肢体语言运用适当，大方得体	20分	
		表达较清晰，语言不够简洁，肢体语言运用较少，表现得较紧张	10分	
得分				

四、总结评价

通过小组之间互评和教师评价指导，加深学生对常见作业安全相关知识的理解，强化学生的职业素养，提升学生的实践应用能力。

课后思考

1. 请阐述高处作业、有限空间作业、高温作业和冲压作业的概念。
2. 简述在进行高处作业时应遵循哪些基本的安全原则。

消防与用电安全

哲人隽语

"曲突徙薪，人皆知之，我则为之。"。

——《左传·僖公二十四年》

模块导读

消防安全和电气安全涉及生产生活的方方面面，是各级政府和生产经营单位安全生产工作的重要内容。消防安全、电气安全的基础知识和基础技能，是预防和处理事故的关键部分。因此，学习火灾及其产生的原因、灭火器的类型和使用，认识触电类型，学会触电防护的主要技能，并应用在企业职业安全管理中，有助于降低触电事故、火灾事故发生概率，能够保障员工的生命财产安全和企业的安全生产。

学习目标

1. 了解火灾、燃烧、燃烧三要素等相关概念。
2. 了解火灾分类等知识。
3. 掌握火灾发生的原因。
4. 能够正确选择和使用灭火器。
5. 认识触电的主要类型。
6. 学习触电防护的主要技能。

单元一 消防安全

 案例导入

浙江宁波锐奇日用品有限公司"9·29"重大火灾事故

2019年9月29日13时10分许，位于浙江省宁海县梅林街道梅林南路195号的宁波锐奇日用品有限公司（下称"锐奇公司"）发生重大火灾事故，事故造成19人死亡，3人受伤，过火总面积约1 100平方米，直接经济损失约2 380.4万元。事故调查发现，本次事故的直接

原因是锐奇公司员工孙某在香水罐装车间将加热后的异构烷烃混合物倒入塑料桶时，因静电放电引起可燃蒸气起火并蔓延成灾。火情发生后，孙某未就近取用灭火器灭火，而采用纸板扑打、覆盖塑料桶等错误方法灭火，持续4分多钟，灭火未成功火势渐大并烧燃塑料桶。引燃周边易燃可燃物，导致一层车间迅速进入全面燃烧状态并发生了数次爆炸，进而引燃二层、三层成品包装车间可燃物，最终使整个厂房处于立体燃烧状态。监控录像还发现，在火灾初起阶段，还有几名员工冷眼旁观，发现火势变大后，并没有采取任何灭火措施，而是慌忙跑出生产车间。还有一名员工，将水直接泼向着火点，造成火势迅速向四周蔓延扩散。

从发生火情到火势蔓延扩大，从一个灭火器就能灭掉的小火演变成19人死亡3人受伤的悲剧只用了短短三分半时间，而在这三分半时间里，一次又一次的错误选择，一个又一个漠然地旁观，导致火势蔓延扩散，最终造成夺走19条鲜活生命的悲剧。

分析：此案例暴露出企业安全管理不足，企业未能有效管理和控制生产过程中的安全风险，缺乏有效的安全操作规程和应急预案，导致员工在火灾发生时不知所措。员工培训不足，员工缺乏必要的安全知识和技能培训，特别是在火灾应急处理方面。员工对灭火器的使用方法和火灾初期的应对措施不了解，导致灭火失败和火势蔓延。应急响应不足，火灾发生后，企业的应急响应机制未能迅速启动，导致火势得不到及时控制。员工在火灾初起阶段未能采取有效行动，部分员工甚至冷眼旁观，缺乏团队协作和应急意识。

在人类发展的历史长河中，是火燃尽了茹毛饮血的历史，也是火点燃了现代社会的辉煌。正如传说中所记载的那样，火是具备双重性格的"神"。火给人类带来光明、温暖和文明进步，是人类的朋友，但有时火也会成为人类的敌人。失去控制的火，就会给人类造成灾难。

一、火灾及其产生原因

（一）火灾相关概念

1. 火灾

火灾是指在时间或空间上失去控制的燃烧所造成的灾害。火灾应当包括以下三层含义：

（1）必须造成灾害，包括人员伤亡或财物损失等；

（2）灾害必须是由燃烧造成的；

（3）燃烧必须是失去控制的。

要确定一种燃烧现象是否是火灾，应当根据以上三个条件去判定，否则就不能确定为火灾。比如，人们在家里用煤气做饭的燃烧就不能认为是火灾，因为它是有控制的燃烧；再如，垃圾堆里的燃烧，虽然也是失去控制的燃烧，但该燃烧没有造成灾害，所以也不能算作火灾。值得注意的是，人们把未造成灾害的失去控制的燃烧称为险肇火灾。

2. 燃烧

可燃物与氧化剂作用发生的放热化学反应，通常伴有发光、放热和（或）火焰、发烟现象，称为燃烧。燃烧可分为有焰燃烧和无焰燃烧。通常人们看到的明火都是有焰燃烧；有些固体发生表面燃烧时，有发光发热的现象，但是没有火焰产生，这种燃烧方式则是无焰燃烧。燃烧过程中的化学反应十分复杂，有化合反应、分解反应和复分解反应。多数复杂物质的燃烧，一般都是先受热分解，然后发生氧化反应。燃烧具有化学反应、放热、发光三个特征。

3. 燃烧三要素

燃烧和火灾的发生和发展必须具备三个必要条件，分别是可燃物、助燃物及温度，三者称为为燃烧三要素或燃烧三角形。当燃烧和火灾发生时，上述三个条件必须同时具备，如果有一个条件不具备，那么燃烧和火灾就不会发生。燃烧三角形关系如图 5-1 所示。

（1）可燃物。能与空气中的氧或其他助燃物（氧化剂）起化学反应的物质，均称为可燃物，如木材、煤炭、纸张、石油等。可燃物可分为无机可燃物和有机可燃物两大类；按其所处状态可分为可燃固体、可燃液体和可燃气体三大类；按化学成分，有单一元素的可燃物（如碳、氢，硫、磷等）和化合物的可燃物（如酒精、甲烷、乙炔等），也有混合物状态可燃物，如液化石油气等。

图 5-1　燃烧三角形关系

（2）助燃物。助燃物是指与可燃物结合，能导致和支持燃烧的物质，如空气中的氧气、其他氧化剂等。通常可燃物的燃烧是指在空气中的燃烧。常见的助燃物质除了氧气，还包括一些未列入化学危险物品的氧化剂，还有氯气、高锰酸盐、硝酸盐、过氧化物等。

（3）点火源。点火源是指凡是能够引起可燃物质燃烧的能源。点火源的种类很多，主要有热能、光能、电能、化学能、机械能等，凡是能引起物质燃烧的点燃能源，统称为点火源。常见的点火源有下列几种。

① 明火。明火指的是生产、生活中的炉火、烛火、吸烟火，机动车辆排气管火星等。

② 电弧、电火花。电弧、电火花是指电气设备、电气线路、电器开关及漏电打火、静电火花等。

③ 雷击。雷击瞬间高压放电产生的温度能引燃任何可燃物。

④ 高温。高温是指高温加热、烘烤、积热不散、机械设备故障发热，摩擦发热、聚焦发热等。

⑤ 自然引火源。自然引火源是指在既无明火又无外来热源的情况下，物质本身自行发热、燃烧起火，如白磷；钾、钠等金属遇水着火；易燃、可燃物质与氧化剂、过氧化物接触起火等。

即使具备了前述的三个条件，也不意味着燃烧或火灾就一定会发生。同时具备三个在必要条件的情况下，还需要两个充分条件，即着火源必须具有足够的温度和热量、燃烧的三个必要条件要发生相互作用。

（二）火灾的分类

1. 按火灾损失分类

根据《生产安全事故报告和调查处理条例》规定的生产安全事故等级标准，按一次火灾所造成的人员伤亡和财物损失金额的大小分为特大火灾、重大火灾、较大火灾和一般火灾 4 类。

（1）特大火灾是指造成 30 人以上死亡，或者 100 人以上重伤，或者 1 亿元以上直接财产损失的火灾。

（2）重大火灾是指造成 10 人以上 30 人以下死亡，或者 50 人以上 100 人以下重伤，或者 5 000 万元以上 1 亿元以下直接财产损失的火灾。

（3）较大火灾是指造成 3 人以上 10 人以下死亡，或者 10 人以上 50 人以下重伤，或者 1 000 万元以上 5 000 万元以下直接财产损失的火灾。

（4）一般火灾是指造成 3 人以下死亡，或者 10 人以下重伤，或者 1 000 万元以下直接财产损失的火灾。

（注："以上"包括本数，"以下"不包括本数。）

2. 按可燃物的类型和燃烧特性分类

在国标《火灾分类》（GB/T 4968—2008）标准中，按可燃物的类型和燃烧特性可将火灾分为 A、B、C、D、E、F 六类。

（1）A 类火灾，是指固体物质火灾。这种物质通常具有有机物性质，常在燃烧时能产生灼热余烬，如木材、棉、毛、麻、纸张及其制品等燃烧的火灾。

（2）B 类火灾，是指液体或可熔化的固体物质火灾，如汽油、煤油、柴油、原油、甲醇、乙醇、沥青、石蜡等燃烧的火灾。这里特别需要指出的是可融化的固体物质火灾也被纳入了 B 类火灾中，如沥青、石蜡等燃烧的火灾。

（3）C 类火灾，是指气体火灾，如煤气、天然气、甲烷、乙烷、丙烷、氢气等燃烧的火灾。

（4）D 类火灾，是指金属火灾，如钾、钠、镁、钛、锆、锂、铝镁合金等燃烧的火灾。

（5）E 类火灾，是指物体带电燃烧的火灾，如发电机房、变压器室、配电间、仪器仪表间和电子计算机房等在燃烧时不能及时断电，或者不宜断电的电气设备带电燃烧的火灾。

（6）F 类火灾，是指烹饪器具内的烹饪物（如动植物油脂）火灾。

在选择灭火器时，我们会使用到这个分类方式，例如，干粉灭火器的型号为：MFZ/ABC2，这里面的 A、B、C 指的是 A、B、C 这三种类型的火灾。

3. 按火灾发生地点分类

按火灾发生地点可以把火灾分为地上建筑火灾、地下建筑火灾、水上火灾和空间火灾 4 类。

（1）地上建筑火灾，是指发生在地表面建筑物内的火灾，包括民用建筑火灾、工业建筑火灾和森林火灾。

（2）地下建筑火灾，指发生在地表面以下建筑物内的火灾。

（3）水上火灾，指发生在水面上的火灾。

（4）空间火灾，指发生在飞机、航天飞机、空间站等航空及航天器内的火灾。

这 4 种不同类型的火灾，它们的火灾特性和火灾危险性是不一样的。例如，地下建筑火灾相对地上建筑火灾而言，由于受到自然采光、烟气自然通风、应急救援空间有限等因素影响，地下建筑火灾的危险性要高于地上建筑火灾。因此，在消防规范中，对地下建筑的防火要求要高于地上建筑。水上火灾的特点又不同于地上建筑火灾，救援难度也较大，特别是在大海中的船舶火灾，救援力量根本达不到，因此只能靠船舶自身携带的消防救援设备进行灭火和救援。空间火灾，特别是在太空中，由于缺少地球吸引力，其燃烧特征与地球上的火灾也不一样。

此外，还可按照起火原因进行分类，这样类别就有很多，如放火、违反电器安装安全规定等类别。

（三）火灾产生的原因

发生火灾事故的原因主要有以下 9 个方面。

（1）用火管理不当。无论是对生产用火（如焊接、锻造、铸造和热处理等工艺），还是对生活用火（如吸烟、使用炉灶等）的火源管理不善，都可能造成火灾。

（2）对易燃物品管理不善。库房不符合防火标准，没有根据物质的性质分类储存。例如，将性质互相抵触的化学物品放在一起，灭火要求不同的物质放在一起，遇水燃烧的物质放在潮湿地点等，都可能引起火灾。

（3）用电管理不慎。电气设备绝缘不良，安装不符合规程要求，发生短路、超负荷，接触电阻过大等，都可能引起火灾。

（4）工艺布置不合理。易燃易爆场所未采取相应的防火防爆措施，设备缺乏维护检修或检修质量低劣，都可能引起火灾。

（5）违反安全操作规程。使设备超温超压，或在易燃易爆场所违章动火、吸烟或违章使用汽油等易燃液体，都可能引起火灾。

（6）通风不良。生产场所的可燃蒸气、气体或粉尘在空气中达到爆炸浓度，遇火源引起火灾。

（7）避雷设备装置不当。缺乏检修或没有避雷装置，因发生雷击而引起失火。

（8）易燃易爆生产场所的设备、管线没有采取消除静电措施，因发生放电引起火灾。

（9）自燃引发火灾。棉纱、油布、沾油铁屑等，由于放置不当，在一定条件下发生自燃起火。

二、灭火器的类型与使用

（一）灭火器的类型

1. 根据操作使用方法分类

根据操作使用方法不同分为手提式灭火器和推车式灭火器。

手提式灭火器是指能在其内部压力作用下，将所装的灭火剂喷出以扑救火灾，并可手提移动的灭火器具。手提式灭火器的总重量一般不大于 20 kg，其中二氧化碳灭火器的总重量不大于 28 kg。

推车式灭火器是指装有轮子的可由一人推（或拉）至火场，并能在其内部压力作用下，将所装的灭火剂喷出以扑救火灾的灭火器具。推车式灭火器的总重量大于 40 kg。

2. 根据驱动灭火器的压力形式分类

根据驱动灭火器的压力形式分类，可分为储气瓶式灭火器和储压式灭火器。

（1）储气瓶式灭火器。灭火器筒体的灭火剂与驱动气体是分别存放的，灭火时，储气的瓶（有外置式和内置式两种）放出压力气体，冲入灭火剂存放处，带出灭火剂。

（2）储压式灭火器。灭火剂与驱动压缩气体在同一容器内。事实上，目前均采用储压式灭火器，因为储气瓶式灭火器危险性大，易发生爆炸。

3. 根据所充装的灭火剂分类

由于所充装的灭火剂有干粉、泡沫、二氧化碳、卤代烷、清水等，因此可分为干粉灭火器、泡沫灭火器、二氧化碳灭火器、卤代烷灭火器、清水灭火器等。

（1）干粉灭火器。干粉灭火器内充装的是干粉灭火剂。干粉灭火剂是用于灭火的干燥且易于流动的微细粉末，由具有灭火效能的无机盐和少量的添加剂经干燥、粉碎、混合而成的微细固体粉末组成。利用压缩的二氧化碳吹出干粉来灭火。

干粉灭火器是利用二氧化碳气体或氮气气体做动力，将瓶内的干粉喷出灭火的。干粉是一种干燥的、易于流动的微细固体粉末，由能灭火的基料和防潮剂、流动促进剂、结块防止剂等添加剂组成。

（2）泡沫灭火器。泡沫灭火器内有两个容器，分别盛放两种液体，它们是硫酸铝和碳酸氢钠溶液，两种溶液互不接触，不发生任何化学反应。平时千万不能碰倒泡沫灭火器。当需要泡沫灭火器时，把灭火器倒立，两种溶液混合在一起，就会产生大量的二氧化碳气体。

除了两种反应物外，该灭火器中还加入了一些发泡剂。打开开关，泡沫会从灭火器中喷出，覆盖在燃烧物品上，使燃烧着的物质与空气隔离，并降低温度，达到灭火的目的。

在结构上，泡沫灭火器由筒体、筒盖、硫酸瓶胆、喷嘴等组成。筒体内装有碳酸氢钠水溶液，硫酸瓶胆内装有浓硫酸。瓶胆口有铅塞，用来封住瓶口，以防瓶胆内的浓硫酸吸水稀释或同瓶胆外的药液混合。泡沫灭火器的作用原理是利用两种药剂混合后发生化学反应，产生压力使药剂喷出，从而扑灭火灾。

（3）二氧化碳灭火器。二氧化碳灭火器瓶体内储存液态二氧化碳，工作时，当压下瓶阀的压把时，内部的二氧化碳灭火剂便由虹吸管经过瓶阀到喷筒喷出，使燃烧区氧的浓度迅速下降。当二氧化碳达到足够浓度时火焰会窒息而熄灭，同时由于液态二氧化碳会迅速汽化，在很短的时间内吸收大量的热量，因此可对燃烧物起到一定的冷却作用，也有助于灭火。

推车式二氧化碳灭火器主要由瓶体、器头总成、喷管总成、车架总成等几部分组成，内装的灭火剂为液态二氧化碳灭火剂。

二氧化碳灭火器筒体采用优质合金钢经特殊工艺加工而成，重量比碳钢减少了40%。具有操作方便、安全可靠、易于保存、轻便美观等特点。

（4）卤代烷灭火器。卤代烷灭火器是充装卤代烷灭火剂的灭火器。该类灭火剂品种较多，而我国只发展了两种，分别是二氟一氯一溴甲烷（简称1211灭火器）和三氟一溴甲烷（简称1301灭火器）。卤代烷灭火剂的灭火机理是卤代烷接触高温表面或火焰时，分解产生的活性自由基，通过溴和氟等卤素氢化物的负化学催化作用和化学净化作用，大量捕捉、消耗燃烧链式反应中产生的自由基，破坏和抑制燃烧的链式反应，而迅速将火焰扑灭。卤代烷灭火器是靠化学抑制作用灭火的，另外，还有部分稀释氧和冷却作用。卤代烷灭火剂的主要缺点是会破坏臭氧层。

（5）清水灭火器。清水灭火器中充装的是清洁的水，为了提高灭火性能，可在清水中加入适量添加剂，如抗冻剂、润湿剂、增黏剂等。国产的清水灭火器采用储气瓶加压方式，加压气体为液体二氧化碳。清水灭火器只有手提式的，没有推车式的。

（二）灭火器的使用

1. 各种灭火器材的使用范围

（1）干粉灭火器。目前，常见的干粉灭火器有以下两种。

① 碳酸氢钠干粉灭火器，即 BC 干粉灭火器，是以碳酸氢钠为主料制作的干粉作为灭火剂的灭火器。可用于扑灭液体、气体类火灾。

② 磷酸铵盐干粉灭火器，即 ABC 干粉灭火器，是以磷酸铵盐为主料制作的干粉作为灭火剂的灭火器。可用于扑灭固体、液体、气体类火灾。

（2）泡沫灭火器主要适用于扑救油脂类、石油类产品及一般固体物质的初起火灾。

（3）二氧化碳灭火器，主要适用于扑救贵重设备、档案资料、仪器仪表、600 V 以下的电器及油脂等引起的火灾，但不适用于扑灭某些化工产品（如金属钾、钠等）引起的火灾。

（4）1211 灭火器、1301 灭火器，主要适用于扑救油类、精密机械设备、仪表、电子仪器设备及文物、图书、档案等贵重物品的初起火灾。

（5）喷雾水枪，喷出的雾状水，适用于扑救油类火灾及油浸式变压器、多油式断路器等电气设备火灾。

（6）开花水枪，喷射出的密集充足的水流，用来冷却容器外壁，阻隔辐射热，掩护灭火人员靠近着火点。

2. 灭火器的使用方法

（1）干粉灭火器。干粉灭火器有手提式和推车式两种。

手提式干粉灭火器使用方法。

① 使用手提式干粉灭火器时，应手提灭火器的提把，迅速赶到着火处。

② 在距离起火点 5 m 左右处，放下灭火器。在室外使用时，应占据上风方向。

③ 先拔下保险销，一只手握住喷嘴，另一只手用力压下压把，干粉便会从喷嘴喷射出来。

用干粉灭火器扑救流散液体火灾时，应从火焰侧面，对准火焰根部喷射，并由近而远，左右扫射，快速推进，直至把火焰全部扑灭。

用干粉灭火器扑救容器内可燃液体火灾时，也应从火焰侧面对准火焰根部，左右扫射。当火焰被赶出容器时，应迅速向前，将余火全部扑灭。灭火时应注意不要把喷嘴直接对准液面喷射，以防干粉气流的冲击力使油液飞溅，引起火势扩大，造成灭火困难。

推车式干粉灭火器使用方法。

① 推车式 ABC 干粉灭火器由 2 人操作，先将其推至距燃烧物 10 m 左右，处于上风方向。

② 一人负责放下胶管卷盘，手持喷枪对准燃烧区，另一人则拔出保险销，用力提起

手柄，当干粉喷出时，将射流对准火焰根部喷射，并边扫射边逐步靠近灭火。

应在上风口喷射干粉，并且在扑救液体火灾时，注意射流和液面夹角不能太大，否则会使液体溅起，引起更大火灾。

（2）泡沫灭火器。

① 拔掉保险销。在使用泡沫灭火器之前，需要先拔掉保险销。这是使用灭火器的第一步，拔掉保险销时，需要注意安全，避免误触发灭火器喷嘴。

② 握住喷嘴。拔掉保险销后，需要握住灭火器的喷嘴。喷嘴是灭火器的喷射部分，握住喷嘴可以确保灭火剂能够准确地喷射到火源上。

③ 按下压把。按下压把是使用灭火器的关键步骤，可以启动灭火器，使其开始喷射泡沫灭火剂。在按下压把时，需要注意力度，避免用力过猛导致灭火器损坏，同时还要注意安全，避免被喷溅的灭火剂弄脏或伤到自己。

④ 对准火源扫射。在喷射泡沫灭火剂时，需要将喷嘴对准火源，并左右扫射，以便将火源完全覆盖。如果火源没有被完全覆盖，可能会导致火势蔓延。在扫射火源时，需要注意安全，避免被热浪或火焰烫伤。

此外，使用泡沫灭火器时，可能需要保持灭火器呈一定角度，以便药剂能顺利流出并与空气混合产生泡沫。同时，泡沫灭火器不可用于扑灭带电设备和金属钾、钠等物质引起的火灾。使用完成后，应定期检查灭火器的压力和有效期，以确保其能够正常使用。

（3）二氧化碳灭火器。二氧化碳灭火器适用于油类、气体类火灾，它的缺点是使用人员极易冻伤。其使用方法如下。

① 拔出保险插销。

② 握住喇叭喷嘴和阀门压把。

③ 压下压把，二氧化碳即受内部高压喷出。

二氧化碳灭火器需每三个月检查一次，重量减轻后需重新灌充。

（4）1211、1301 灭火器。

① 使用时，应将手提灭火器的提把或肩扛灭火器带到火场。

② 在距燃烧处 5 m 左右，放下灭火器，先拔出保险销，一手握住开启把，另一手握在喷射软管前端的喷嘴处。如灭火器无喷射软管，可一手握住开启压把，另一手扶住灭火器底部的底圈部分。先将喷嘴对准燃烧处，再用力握紧开启压把，使灭火器喷射。

③ 当被扑救可燃烧液体呈现流淌状燃烧时，使用者应对准火焰根部由近而远并左右扫射，向前快速推进，直至火焰全部扑灭。如果可燃液体在容器中燃烧，应对准火焰左右晃动扫射，当火焰被赶出容器时，喷射流要跟着火焰扫射，直至把火焰全部扑灭。

应注意的是不能将喷流直接喷射在燃烧液面上，防止灭火剂的冲力将可燃液体冲出容器而扩大火势，造成灭火困难。如果扑救可燃性固体物质的初起火灾时，则将喷流对准燃烧最猛烈处喷射，当火焰被扑灭后，应及时采取措施，不让其复燃。灭火器使用时不能颠倒，也不能横卧，否则灭火剂不会喷出。另外，在室外使用时，应选择在上风方向喷射；在窄小的室内灭火时，灭火后操作者应迅速撤离，因灭火剂也有一定的毒性，以防对人体的伤害。

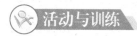

火灾事故案例分析实践

一、目标

（1）学生能够结合实际，理解燃烧三要素对于消防安全管理的启示。

（2）学生能够进行火灾分类，正确选择灭火器材。

（3）学生能够正确使用灭火器材。

二、事故案例

2023年4月18日12时50分，北京市丰台区靛厂新村291号北京长峰医院发生重大火灾事故，造成29人死亡、42人受伤，直接经济损失3 831.82万元。

事故直接原因： 北京长峰医院改造工程施工现场，施工单位违规进行自流平地面施工和门框安装切割交叉作业，环氧树脂底涂材料中的易燃易爆成分挥发、形成爆炸性气体混合物，遇角磨机切割金属净化板产生的火花发生爆燃；引燃现场附近可燃物，产生的明火及高温烟气引燃楼内木质装修材料，部分防火分隔未发挥作用，固定消防设施失效，致使火势扩大、大量烟气蔓延；加之初期处置不力，未能有效组织高楼层患者疏散转移，造成重大人员伤亡。

1. 起火原因分析

一是北京长峰医院南配楼三层ICU改造工程施工现场，作业人员开展自流平地面施工和净化门门框安装切割动火时，违规交叉作业。二是自流平地面施工涂刷的环氧树脂底涂材料中易燃易爆成分挥发，加之现场未保持有效通风，形成爆炸性气体混合物，且浓度达到爆炸下限。三是角磨机切割金属净化板产生的火花，遇爆炸性气体混合物引起爆燃，并引燃西北门外坡道下方堆放的可燃物。

2. 火灾蔓延原因分析

一是爆燃发生后，作业人员未将现场形成的多处火点全部扑灭，且未第一时间报警；事发医院工作人员发现火情后也未第一时间报警，未有效组织初期火灾扑救；固定消防设施失效，自动喷水灭火系统和消火栓系统管网无水，未能有效控制火势。二是坡道和医院通道墙面采用木质装修材料、施工区域与非施工区域未按规定采用不燃材料进行防火分隔，导致明火蔓延至东楼主体建筑内。三是部分管道竖井未进行防火封堵且未设置防火门；部分楼梯间防火门闭门器损坏，无法正常关闭，北通道五层东侧楼梯间常闭式防火门未保持关闭状态；南通道六层西侧楼梯间防火门上方石膏板隔墙被烧穿，导致烟气蔓延扩散。

3. 人员伤亡原因分析

未能及时转移疏散、吸入含一氧化碳的烟气是造成大量人员伤亡的主要原因。一是火灾初期事发医院未启动应急预案，未有效组织疏散转移被困人员；二是病区设置不合理，事发医院将行动不能自理或行动不便的患者集中安置在七层、八层等高楼层，大部分患者无自主

逃生能力；三是危重病患者移动难度大，楼内通道狭窄、转移条件差，救援转移困难。

三、程序和规则

步骤1：将学生分成若干小组（3~5人为一组），小组内进行任务分工，如查找该起事故资料、分析事故、汇报发言等。

步骤2：每个小组根据任务分工进行任务实施。

步骤3：以小组为单位分别进行汇报展示，每组限时5分钟。

步骤4：小组互评、教师评价。

具体考核标准如表5-1所示。

表5-1　火灾事故分析实践评价表

序号	考核内容	评价标准	标准分值	评分
1	事故类型分析（20分）	正确分析出该起火灾的事故类型	20分	
		未正确分析出该起火灾的事故类型	0分	
2	事故原因分析（30分）	全面、合理分析出事故的直接原因、间接原因	30分	
		合理分析出3~4条事故的直接原因、间接原因	20分	
		合理分析出1~2条事故的直接原因、间接原因	10分	
		未分析出事故的直接原因、间接原因	0分	
3	事故防范和整改措施（30分）	制定出3条及以上事故防范和整改措施	20分	
		制定出1~2条事故防范和整改措施	10分	
		未制定出事故防范和整改措施	0分	
4	汇报综合表现（20分）	表达清晰，语言简洁，肢体语言运用适当，大方得体	20分	
		表达较清晰，语言不够简洁，肢体语言运用较少，表现得较紧张	10分	
得分				

四、总结评价

通过小组之间互评和教师评价指导，加深学生对职业安全基本概念相关知识的理解，强化学生的职业素养，提升学生的实践应用能力。

课后思考

1. 请阐述我国消防工作方针及其内涵。

2. 简述国内外消防管理模式或经验。

单元二　用电安全

手砂轮触电事故案例

那些在安全生产中粗心、无知、冒险的"糊涂人"，终会酿成大祸，电气安全不容疏忽。

某厂铸造车间，工人甲某穿着干燥的皮鞋，准备在干燥的水泥地上，打磨一个工件。此时甲发现要用的三相手砂轮电源线不够长，于是甲某请了电工小李（化名）接长电源线。

该手砂轮电缆线内共有4条线，分别是L1、L2、L3、3条相线和PE线，这个设备是有保护零线的。电工小李做事粗心，他将手砂轮的PE线接进了电源的某一相线上，相应的，也就是3条相线中有1条相线被当作PE线直接接向电动机的外壳，此时的手砂轮外壳有触电风险！

不过，甲某取回接好线的手砂轮，他穿着干燥的皮鞋站在干燥的水泥地面上打磨，该设备能够使用，而且竟也没有触电的感觉。

过了几天，工人乙某也来借这个手砂轮，他在不那么干燥的泥土地面上操作，乙某此时有"麻电"感觉。"麻电"了就放下，歇一歇接着操作，冒险完成了打磨工作。归还砂轮时，他说了声："砂轮跑电！不能用！"

又过了几天，丙某也来借手砂轮，这时管理员刚好想起乙某说的"跑电"一事，就提醒了丙某。于是，丙某去找了一个绝缘木箱，站在上面完成了操作，也没触电的感觉。

距离甲某上一次使用手砂轮，大约过了2个星期。其时已经是7月，天气十分炎热。铸造车间地面上的造型砂都能踏出水来。19岁的工人丁某，上身赤膊，穿着湿透了的皮鞋，取来那个三相手砂轮，准备打磨生锈的螺丝。丁某示意工友合闸，当工友合上电闸送电的瞬间，丁某大叫一声，双臂回收倒地。丁某随即被送进医院，经抢救无效死亡，其胸部有电击穿伤痕。

分析：现场检查时发现，电工小李将一条相线当作保护线直接接向电动机的外壳。这一不安全行为，使设备外壳变成了带电体。同时，该设备或配电系统未安装漏电保护装置，形成了物的不安全状态。而电工小李的违规操作未能得到及时纠正；前三位工人使用该设备的过程中出现的"麻电""跑电"现象未得到重视，说明该企业在用电安全管理方面存在严重漏洞。用电安全防线一步步失守，最终导致触电事故发生。这起事故再次提醒：用电安全无小事，必须严格遵守用电安全规定和操作规程。对于电工等特种作业人员，必须持证上岗，加强监督。对于存在安全隐患的设备，必须及时进行处理和维修，确保设备的安全可靠运行，避免触电事故的发生。

现场检查发现，手砂轮存在接线错误，一条相线被当作保护线直接接向电动机的外壳，而保护线却被当作相线接进手砂轮。手砂轮一直是带病运转的！同时，手砂轮未安装漏电保护装置。同样一个手砂轮，4个人都有着不同的遭遇，这是为什么呢？在实际工作中，该如何避免触电事故的发生？怎么进行触电防护呢？

一、触电类型

触电类型主要分为电击和电伤。

（一）电击

电击是电流通过人体，刺激机体组织，使肌肉非自主地发生痉挛性收缩而造成的伤害，严重时会破坏人的心脏、肺部、神经系统的正常工作，形成危及生命的伤害。

电击对人体的效应是由通过的电流决定的，而电流对人体的伤害程度与通过人体电流的强度、种类、持续时间、通过途径及人体状况等多种因素有关。

按照人体触及带电体的方式，电击可分为单相触电、两相触电和跨步电压触电 3 种类型。

1. 单相触电

单相触电是指人体接触到地面或其他接地导体的同时，人体另一部位触及某一相带电体所引起的电击。发生电击时，所触及的带电体为正常运行的带电体时，称为直接接触电击。而当电气设备发生事故（如绝缘损坏，造成设备外壳意外带电的情况下），人体触及意外带电体所发生的电击称为间接接触电击。根据国内外的统计资料，单相触电事故占全部触电事故的 70% 以上。因此，防止触电事故的技术措施应将单相触电作为重点，如图 5-2 所示。

2. 两相触电

两相触电是指人体的两个部位同时触及两相带电体所引起的电击。在此情况下，人体所承受的电压为三相系统中的线电压，因电压相对较大，其危险性也较大，如图 5-3 所示。

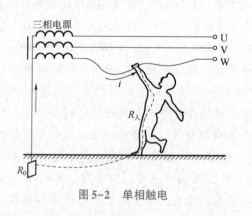

图 5-2　单相触电

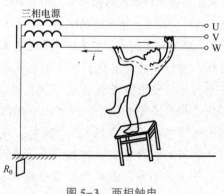

图 5-3　两相触电

3. 跨步电压触电

跨步电压触电是指站立或行走的人体，受到出现于人体两脚之间的电压，即跨步电压作用所引起的电击。跨步电压是当带电体接地，电流自接地的带电体流入地下时，在接地点周围的土壤中产生的电压降形成的，如图5-4所示。

（二）电伤

电伤是电流的热效应、化学效应、机械效应等对人体所造成的伤害。此伤害多见于机体的外部，往往在机体表面留下伤痕。能够形成电伤的电流通常比较大。电伤属于局部伤害，其危险程度取决于受伤面积、受伤深度、受伤部位等。

电伤包括电烧伤、电烙印、皮肤金属化、机械损伤、电光眼等多种伤害。

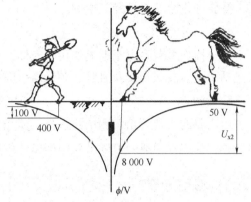

图 5-4 跨步电压触电

1. 电烧伤

电烧伤是最为常见的电伤，大部分触电事故都含有电烧伤成分。电烧伤可分为电流灼伤和电弧烧伤。

（1）电流灼伤。电流灼伤是人体同带电体接触，电流通过人体时，因电能转换成的热能引起的伤害。由于人体与带电体的接触面积一般都不大，且皮肤电阻又比较高，因而产生在皮肤与带电体接触部位的热量就较多，因此，使皮肤受到比体内严重得多的灼伤。电流越大、通电时间越长、电流途径上的电阻越大，电流灼伤越严重。由于接近高压带电体时会发生击穿放电，因此，电流灼伤一般发生在低压电气设备上。因电压较低，形成电流灼伤的电流不太大。但数百毫安的电流即可造成灼伤，数安的电流则会形成严重的灼伤。在高频电流下，因皮肤电容的旁路作用，有可能发生皮肤仅有轻度灼伤而内部组织却被严重灼伤的情况。

（2）电弧烧伤。电弧烧伤是由弧光放电造成的烧伤。电弧发生在带电体与人体之间，有电流通过人体的烧伤称为直接电弧烧伤；电弧发生在人体附近，对人体形成的烧伤，以及被熔化金属溅落的烫伤称为间接电弧烧伤。弧光放电时电流很大，能量也很大，电弧温度高达数千摄氏度，可造成大面积的深度烧伤，严重时能将机体组织烘干、烧焦。电弧烧伤既可以发生在高压系统，也可以发生在低压系统。在低压系统，带负荷（尤其是感性负荷）拉开裸露的闸刀开关时，产生的电弧会烧伤操作者的手部和面部；当线路发生短路，开启式熔断器熔断时，炽热的金属微粒飞溅出来会造成灼伤；因误操作引起短路也会导致电弧烧伤等。在高压系统，由于误操作，会产生强烈的电弧，造成严重的烧伤；人体过分接近带电体，其间距小于放电距离时，直接产生强烈的电弧，造成电弧烧伤，严重时会因电弧烧伤而死亡。

在电烧伤的事故当中，大部分事故发生在电气维修人员身上。

2. 电烙印

电烙印是电流通过人体后，在皮肤表面接触部位留下与接触带电体形状相似的斑痕，如同烙印。斑痕处皮肤呈现硬变，表层坏死，失去知觉。

3. 皮肤金属化

皮肤金属化是由高温电弧使周围金属熔化、蒸发并飞溅渗透到皮肤表层内部所造成的。受伤部位会变得粗糙、僵硬。

4. 机械损伤

机械损伤多数是由于电流作用于人体，使肌肉产生非自主的剧烈收缩所造成的。其损伤包括肌腱、皮肤损伤及血管、神经组织断裂，以及关节脱位乃至骨折等。

5. 电光眼

电光眼的表现为角膜和结膜发炎。弧光放电时辐射的红外线、可见光、紫外线都会损伤眼睛。在短暂照射的情况下，引起电光眼的主要原因是紫外线。

二、触电防护

触电防护的技术措施主要有绝缘防护、屏护和间距、漏电保护、安全电压、接地保护、接零保护、电气隔离、双重绝缘、等电位连接等技术措施。本节重点介绍绝缘防护、屏护和间距、漏电保护。

（一）绝缘防护

绝缘是指利用绝缘材料对带电体进行封闭和隔离。长久以来，绝缘一直是防止触电事故的重要措施，良好的绝缘也是保证电气系统正常运行的基本条件。

1. 绝缘破坏的类型

在电气设备的运行过程中，绝缘材料会由于电场、热、化学、机械、生物等因素的作用，使绝缘性能发生劣化，也可能由于安装不当、使用不当、设计不当或维护不当导致绝缘破坏，进而造成触电事故的发生。在生产中，要进行源头控制，设计应符合规范要求，材料、产品应符合性能指标的要求；在过程管理中，应进行防范控制，避免绝缘破坏，严禁私拉乱接电线，对员工开展安全教育，按要求开展隐患排查并及时整改。

（1）绝缘击穿。当施加于电介质上的电场强度高于临界值时，会使通过电介质的电流突然猛增，这时绝缘材料被破坏，完全失去了绝缘性能，这种现象称为电介质的击穿。发生击穿时的电压称为击穿电压，击穿时的电场强度简称击穿场强。

① 气体电介质的击穿。气体击穿是由碰撞电离导致的电击穿。在强电场中，带电质点（主要是电子）在电场中获得足够的动能，当它与气体分子发生碰撞时，能够使中性分子电离为正离子和电子。新形成的电子又在电场中积累能量而碰撞其他分子，使其电离，这就是碰撞电离。碰撞电离过程是一个连锁反应过程，每一个电子碰撞产生一系列新电子，因而形成电子崩。电子崩向阳极发展，最后形成一条具有高电导的通道，导致气体击穿。

② 液体电介质的击穿。液体电介质的击穿特性与其纯净度有关，一般认为纯净液体的击穿与气体的击穿机理相似，是由电子碰撞电离最后导致击穿。但液体的密度大，电子自由行程短、积聚能量小，因此击穿场强比气体高。工程上液体绝缘材料不可避免地含有气体、液体和固体杂质。如液体中含有乳化状水滴和纤维时，由于水和纤维的极性强，在

强电场的作用下使纤维极化而定向排列，并运动到电场强度最高处联成小桥，小桥贯穿两电极间引起电导剧增，局部温度骤升，最后导致击穿。例如，变压器油中含有极少量水分就会大大降低油的击穿场强。液体电介质击穿后，绝缘性能在一定程度上可以得到恢复。

③ 固体电介质的击穿。固体电介质的击穿有电击穿、热击穿、电化学击穿、放电击穿等形式。固体电介质一旦击穿，将失去其绝缘性能。实际上，绝缘结构发生击穿，往往是电、热、放电、电化学等多种形式同时存在，很难截然分开。一般来说，在采用 $\tan\delta$ 值大、耐热性差的电介质的低压电气设备，在工作温度高、散热条件差时，热击穿较为多见。而在高压电气设备中，放电击穿的概率就大些。脉冲电压下的击穿一般属电击穿。当电压作用时间达数十小时乃至数年时，大多数属于电化学击穿。

（2）绝缘老化。电气设备在运行过程中，其绝缘材料由于受热、电、光、氧、机械力（包括超声波）、辐射线、微生物等因素的长期作用，产生一系列不可逆的物理变化和化学变化，导致绝缘材料的电气性能和机械性能的劣化。

（3）绝缘损坏。绝缘损坏是指由于不正确选用绝缘材料，不正确地进行电气设备及线路的安装，不合理地使用电气设备等，导致绝缘材料受到外界腐蚀性液体、气体、蒸气、潮气、粉尘的污染和侵蚀，或受到外界热源、机械因素的作用，在较短或很短的时间内失去其电气性能或机械性能的现象。另外，动物和植物也可能破坏电气设备和电气线路的绝缘结构。

2. 绝缘检测和绝缘试验

绝缘破坏并不是通过目视的隐患排查就能够全部被检查出来，有些绝缘老化需要借助仪器检测才能发现问题。因此，绝缘检测和绝缘试验的目的是检查电气设备或线路的绝缘指标是否符合要求，是绝缘防护的主要措施之一。绝缘检测和绝缘试验主要包括绝缘电阻试验、耐压试验、泄漏电流试验和介质损耗试验。其中，绝缘电阻试验是最基本的绝缘试验；耐压试验是检验电气设备承受过电压的能力，主要用于新品种电气设备的型式试验及投入运行前的电力变压器等设备、电工安全用具等；泄漏电流试验和介质损耗试验只对一些要求较高的高压电气设备才有必要进行。现仅就绝缘电阻试验进行介绍。

绝缘电阻是衡量绝缘性能优劣的最基本的指标。在绝缘结构的制造和使用中，经常需要测定其绝缘电阻。通过绝缘电阻的测定，可以在一定程度上判定某些电气设备的绝缘好坏，判断某些电气设备（如电机、变压器）的受潮情况等。以防因绝缘电阻降低或损坏而造成漏电、短路、电击等电气事故。

绝缘材料的电阻通常用兆欧表（摇表）测量。这里仅就应用兆欧表测量绝缘材料的电阻进行介绍。

兆欧表主要由作为电源的手摇发电机（或其他直流电源）和作为测量机构的磁电式流比计（双动线圈流比计）组成。测量时，实际上是给被测物加上直流电压，测量其通过的泄漏电流，在表的盘面上读到的是经过换算的绝缘电阻值。

使用兆欧表测量绝缘电阻时，应注意下列事项。

① 应根据被测物的额定电压正确选用不同电压等级的兆欧表。所用兆欧表的工作电压应高于绝缘物的额定工作电压。一般情况下，测量额定电压 500 V 以下的线路或设备的

绝缘电阻，应采用工作电压为 500 V 或 1 000 V 的兆欧表；测量额定电压 500 V 以上的线路或设备的绝缘电阻，应采用工作电压为 1 000 V 或 2 500 V 的兆欧表。

② 与兆欧表端钮接线的导线应用单线，单独连接，不能用双股绝缘导线，以免测量时因双股线或绞线绝缘不良而引起误差。

③ 测量前，必须断开被测物的电源，并进行放电；测量终了也应进行放电。放电时间一般不应短于 2~3 min。对于高电压、大电容的电缆线路，放电时间应适当延长，以消除静电荷，防止发生触电危险。

④ 测量前，应对兆欧表进行检查。首先，使兆欧表端钮处处于开路状态，转动摇把，观察指针是否在"∞"位；然后，再将 E 和 L 两端短接起来，慢慢转动摇把，观察指针是否迅速指向"0"位。

⑤ 进行测量时，摇把的转速应由慢至快，到 120 r/min 左右时，发电机输出额定电压。摇把转速应保持均匀、稳定，一般摇动 1 min 左右，待指针稳定后再进行读数。

⑥ 测量过程中，如指针指向"0"，表明被测物绝缘失效，应停止转动摇把，以防表内线圈发热烧坏。

⑦ 禁止在雷电时或邻近设备带有高电压时用兆欧表进行测量工作。

⑧ 测量应尽可能在设备刚刚停止运转时进行，这样，由于测量时的温度条件接近运转时的实际温度，使测量结果符合运转时的实际情况。

（二）屏护和间距

屏护和间距是最为常用的触电防护措施之一。从防止电击的角度而言，屏护和间距属于防止直接接触的安全措施。此外，屏护和间距还是防止短路、故障接地等电气事故的安全措施之一。

1. 屏护

屏护是一种对电击危险因素进行隔离的手段，即采用遮拦、护罩、护盖、箱匣等把危险的带电体同外界隔离开来，以防止人体触及或接近带电体所引起的触电事故。屏护还起到防止电弧伤人，防止弧光短路或便利检修工作的作用。

屏护可分为屏蔽和障碍（或称阻挡物），两者的区别在于：后者只能防止人体无意识触及或接近带电体，而不能防止有意识移开、绕过或翻越该障碍触及或接近带电体。从这点来说，前者属于一种完全的防护，而后者是一种不完全的防护。

屏护装置的种类又有永久性屏护装置和临时性屏护装置之分，前者如配电装置的遮拦、开关的罩盖等；后者如检修工作中使用的临时屏护装置和临时设备的屏护装置等。

屏护装置还可分为固定屏护装置和移动屏护装置，如母线的护网就属于固定屏护装置；而跟随天车移动的天车滑线屏护装置就属于移动屏护装置。

屏护装置主要用于电气设备不便于绝缘或绝缘不足以保证安全的场合。如开关电气的可动部分一般不能包以绝缘物，因此需要屏护。对于高压设备，由于全部绝缘往往有困难，因此，不论高压设备是否有绝缘，均要求加装屏护装置。室内外安装的变压器和变配电装置应装有完善的屏护装置。当作业场所邻近带电体时，在作业人员与带电体之间、过道、入口等处均应装设可移动的临时性屏护装置。

2. 间距

间距是指带电体与地面之间，带电体与其他设备和设施之间，带电体与带电体之间必要的安全距离。间距的作用是防止人体触及或接近带电体造成触电事故；避免车辆或其他器具碰撞或过分接近带电体造成事故；防止火灾、过电压放电及各种短路事故，以及方便操作。不同电压等级、不同设备类型、不同安装方式、不同的周围环境所要求的间距不同。

例如，架空线路导线在弛度最大时与地面或水面的距离不应小于表 5-2 所示的距离。

表 5-2 导线与地面或水面的最小距离

线路经过地区	线路电压		
	<1 kV	1~10 kV	35 kV
居民区	6 m	6.5 m	7 m
非居民区	5 m	5.5 m	6 m
不能通航或浮运的河、湖（冬季水面）	5 m	5 m	—
不能通航或浮运的河、湖（50 年一遇的洪水水面）	3 m	3 m	—
交通困难地区	4 m	4.5 m	5 m
步行可以达到的山坡	3 m	4.5 m	5 m
步行不能达到的山坡、峭壁或岩石	1 m	1.5 m	3 m

在未经相关管理部门许可的情况下，架空线路不得跨越建筑物。架空线路与有爆炸、火灾危险的厂房之间应保持必要的防火间距，且不应跨越具有可燃材料屋顶的建筑物。

（三）漏电保护

漏电保护是利用漏电保护装置来防止电气事故的一种安全技术措施。漏电保护装置又称为剩余电流保护装置（Residual Current Operated Protective Device，RCD）。漏电保护装置是一种低压安全保护电器，主要用于单相电击保护。漏电保护装置的功能是提供间接接触电击保护，而额定漏电动作电流不大于 30 mA 的漏电保护装置，在其他保护措施失效时，也可作为直接接触电击的补充保护，但不能作为基本的保护措施。实践证明，漏电保护装置和其他电气安全技术措施配合使用，在防止电气事故方面有显著的作用。

1. 漏电保护装置的原理和组成

电气设备漏电时，将呈现出异常的电流和电压信号。漏电保护装置通过检测此异常电流或异常电压信号，经信号处理，促使执行机构动作，借助开关设备迅速切断电源。根据故障电流动作的漏电保护装置是电流型漏电保护装置。目前，国内外漏电保护装置的研制生产及有关技术标准均以电流型漏电保护装置为对象。下面主要对电流型漏电保护装置（即 RCD）进行介绍。

漏电保护器的构成主要有 3 个基本环节，即检测元件、中间环节（包括放大元件和比较元件）和执行机构。其次，还具有辅助电源和试验装置。漏电保护器工作原理如

图 5-5 所示。

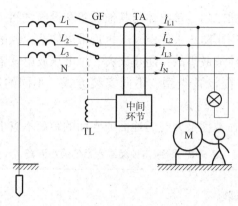

图 5-5　漏电保护器工作原理

图 5-5 是某三相四线制供电系统的漏电保护电气原理图。现通过此图，对漏电保护装置的原理进行说明。图中 TA 为零序电流互感器，GF 为主开关，TL 为主开关 GF 的分励脱扣器线圈。

在被保护电路工作正常、没有发生漏电或触电的情况下，通过 TA 一次侧电流的相量和等于零。这使得 TA 铁心中磁通的相量和也为零。TA 二次侧不产生感应电动势。漏电保护装置不动作，系统保持正常供电。

当被保护电路发生漏电或有人触电时，由于漏电电流的存在，通过 TA 一次侧各相负荷电流的相量和不再等于零，即产生了剩余电流。这就导致了 TA 铁心中磁通的相量和也不再为零即在铁心中出现了交变磁通。在此交变磁通作用下，TA 二次侧线圈就有感应电动势产生。此漏电信号经中间环节进行处理和比较，当达到预定值时，使主开关分励脱扣器线圈 TL 通电，驱动主开关 GF 自动跳闸，迅速切断被保护电路的供电电源，从而实现保护。

2. 漏电保护装置的主要技术参数

关于漏电动作性能的技术参数是漏电保护装置最基本的技术参数，这里主要介绍漏电动作电流和漏电动作时间。

（1）额定漏电动作电流（$I_{\triangle n}$）。它是指在规定的条件下，漏电保护装置必须动作的漏电动作电流值。该值反映了漏电保护装置的灵敏度。

我国标准规定的额定漏电动作电流值为 6 mA、10 mA、（15 mA）、30 mA、（50 mA）、（75 mA）、100 mA、（200 mA）、300 mA、500 mA、1 000 mA、3 000 mA、5 000 mA、10 000 mA、20 000 mA 共 15 个等级（带括号的值不推荐优先采用）。其中，30 mA 及以下者属于高灵敏度，主要用于防止各种人身触电事故；30 mA 以上至 1 000 mA 者属中灵敏度，用于防止触电事故和漏电火灾；1 000 mA 以上者属低灵敏度，用于防止漏电火灾和监视一相接地事故。

（2）额定漏电不动作电流（$I_{\triangle no}$）。它是指在规定的条件下，漏电保护装置必须不动作的漏电不动作电流值。为了防止误动作，漏电保护装置的额定不动作电流不得低于额定动作电流的 1/2。

（3）漏电动作分断时间。它是指从突然施加漏电动作电流开始到被保护电路完全被切断为止的全部时间。为适应人身触电保护和分级保护的需要，漏电保护装置有快速型、延时型和反时限型 3 种。快速型适用于单级保护，用于直接接触电击防护时必须选用快速型的漏电保护装置。延时型漏电保护装置人为地设置了延时，主要用于分级保护的首端。反时限型漏电保护装置是配合人体安全电流—时间曲线而设计的，其特点是漏电电流越大，则对应的动作时间越小，呈现反时限动作特性。

3. 漏电保护装置的选用

选用漏电保护装置应首先根据保护对象的不同要求进行选型，既要保证在技术上有效，还应考虑经济上的合理性。不合理的选型不仅达不到保护目的，还会造成漏电保护装置的拒动作或误动作。正确合理地选用漏电保护装置，是实施漏电保护措施的关键。

（1）动作性能参数的选择。

① 防止人身触电事故。用于直接接触电击防护的漏电保护装置应选用额定动作电流为 30 mA 及其以下的高灵敏度、快速型漏电保护装置。

在浴室、游泳池、隧道等场所，漏电保护装置的额定动作电流不宜超过 10 mA。在触电后，可能导致二次事故的场合，应选用额定动作电流为 6 mA 的快速型漏电保护装置。

漏电保护装置用于间接接触电击防护时，着眼点在于通过自动切断电源，消除电气设备发生绝缘损坏时因其外露可导电部分持续带有危险电压而产生触电的危险。例如，对于固定式的电机设备、室外架空线路等，应选用额定动作电流为 30 mA 及其以上的漏电保护装置。

② 防止火灾。对木质灰浆结构的一般住宅和规模小的建筑物，考虑其供电量小、泄漏电流小的特点，并兼顾到电击防护，可选用额定动作电流为 30 mA 及其以下的漏电保护装置。

对除住宅以外的中等规模的建筑物，分支回路可选用额定动作电流为 30 mA 及其以下的漏电保护装置；主干线可选用额定动作电流为 200 mA 以下的漏电保护装置。

对钢筋混凝土类建筑，内装材料为木质时，可选用 200 mA 以下的漏电保护装置，内装材料为不燃物时，应区别情况，可选用 200 mA 到数安的漏电保护装置。

③ 防止电气设备烧毁。由于作为额定动作电流选择的上限，选择数安的电流一般不会造成电气设备的烧毁，因此，防止电气设备烧毁所考虑的主要是与防止触电事故的配合和满足电网供电可靠性问题。通常选用 100 mA 到数安的漏电保护装置。

（2）其他性能的选择。对于连接户外架空线路的电气设备，应选用冲击电压不动作型漏电保护装置。对于不允许停转的电动机，应选用漏电报警方式，而不是漏电切断方式的漏电保护装置。

对于照明线路，宜根据泄漏电流的大小和分布，采用分级保护的方式。支线上用高灵敏度的漏电保护装置干线上选用中灵敏度的漏电保护装置。

漏电保护装置的极线数应根据被保护电气设备的供电方式选择，单相 220 V 电源供电的电气设备应选用二极或单极二线式漏电保护装置；三相三线 380 V 电源供电的电气设备

应选用三极式漏电保护装置；三相四线 220/380 V 电源供电的电气设备应选用四极或三极四线式漏电保护装置。

漏电保护装置的额定电压、额定电流、分断能力等性能指标应与线路条件相适应。漏电保护装置的类型应与供电线路、供电方式、系统接地类型和用电设备特征相适应。

潜水泵漏电触电事故案例分析实践

一、目标

（1）学生能够根据《企业职工伤亡事故分类标准》（GB 6441）正确分析事故类型。

（2）学生能够根据《生产过程危险和有害因素分类与代码》（GB/T 13861）分析事故直接原因、间接原因。

（3）要求学生能够结合触电事故案例提出事故防范和整改措施，提高自身的职业素养和综合分析能力。

二、事故案例

2012 年 6 月 24 日 18 时左右，由于突降暴雨，某发电厂燃料运行部的牵车台积水严重。运行部班长小林通知某实业公司的张某、李某等人到厂里进行排水作业，并通知承担燃料检修的某安装工程有限公司电气检修班长王某接潜水泵。王某安排他们公司的电气值班人员商某（无电工证）前往电厂牵车台为潜水泵接线。

相关人员到达厂内进行排水作业，20 时 35 分左右，水位抽至低位时泵突然不打水，张某认为潜水泵堵塞，将潜水泵停电后，通知李某等人用铁钩子活动潜水泵，消除堵塞，张某自己到配电室负责拉合空气开关，以便启停水泵。

20 时 40 分左右，张某在配电室听到李某说了一声"好了"后，便启动潜水泵；没想到，张某送电后听到牵车台那儿有喊叫声，立即停电，并火速前往牵车台。可是，到达时发现李某已躺在地上。与此同时，电厂运行部班长林某通过监控发现这一情况，立即拨打了 120 急救电话，同时汇报电厂有关领导。不幸的是，李某经抢救无效，于 25 日 0 时 30 分死亡。

发生原因：经解体检查发现该潜水泵两相断线，内有焦煳味；测电缆与电机的绝缘电阻值为 0 Ω，相线与泵体构成回路，导致单相接地，泵体带电。另外，电气接线人员无证作业，接入临时电源时没有按规定接漏电保护器；也没有保护接零措施，潜水泵四芯电缆缺少一根零线，实为三芯电缆，不符合潜水泵使用规定。

三、程序和规则

步骤 1：将学生分成若干组（3~5 人为一组），小组内进行任务分工，如查找资料、汇报发言等。

步骤 2：每个小组根据任务分工进行任务实施。

步骤 3：以小组为单位分别进行汇报展示，每组限时 5 分钟。

步骤 4：小组互评、教师评价。

具体考核标准如表5-3所示。

表5-3　潜水泵漏电触电事故分析实践评价表

序号	考核内容	评价标准	标准分值	评分
1	事故类型分析（20分）	正确分析出事故类型	20分	
		未正确分析出事故类型	0分	
2	事故原因分析（30分）	全面、合理分析出事故的直接原因、间接原因	30分	
		合理分析出3~4条事故的直接原因、间接原因	20分	
		合理分析出1~2条事故的直接原因、间接原因	10分	
		未分析出事故的直接原因、间接原因	0分	
3	事故防范和整改措施（30分）	制定出3条及以上事故防范和整改措施	20分	
		制定出1~2条事故防范和整改措施	10分	
		未制定出事故防范和整改措施	0分	
4	汇报综合表现（20分）	表达清晰，语言简洁，肢体语言运用适当，大方得体	20分	
		表达较清晰，语言不够简洁，肢体语言运用较少，表现得较紧张	10分	
得分				

四、总结评价

通过小组之间互评和教师评价指导，加深学生对电气安全知识和触电防范基本技能的掌握，强化学生的职业素养，提升学生的实践应用能力。

课后思考

1. 请阐述漏电保护器的原理、技术参数和选用原则。
2. 为什么要设置屏护和间距？间距的主要作用有哪些？

个体防护装备及劳动环境保护

哲人隽语

坚持预防为主，守护职业健康。

——2024 年《职业病防治法》宣传周活动主题

模块导读

个体防护装备（PPE）是指一种用于保护个体免受潜在危害的装备，包括但不限于头盔、手套、护目镜、呼吸器、耳塞、安全鞋、防护服等。这些装备可以帮助减少或消除工作场所或其他环境中的物理、化学、生物或其他危害对个体的影响。个体防护装备的使用可以提高工作场所的安全性和健康性，减少工作场所事故和职业病的发生率。因此，了解个体防护装备的种类及一般技术要求，熟悉各部位所用防护用品功能，并应用于有毒有害气体、粉尘、噪声及振动等职业危害防护中，有助于降低事故及职业病的发生概率、保障员工的生命财产安全和企业安全生产。

学习目标

1. 了解个体防护装备的种类及一般技术要求。
2. 熟悉头部、躯干、四肢等部位防护用品的基本功能及技术性能要求。
3. 掌握个体防护装备的正确选择、使用和维护的基本原则。
4. 掌握有毒有害气体的种类、中毒机理、侵入人体的途径，掌握其个体防护。
5. 了解生产性粉尘的种类及其对人体的危害，掌握其个体防护。
6. 了解噪声和振动的种类及其对人体的危害，掌握其个体防护。
7. 树立"安全第一、生命至上"的观念，增强保护生命的责任感和使命感。

单元一　个体防护装备

 案例导入

以案普法：未按规定为从业人员提供劳动防护用品典型案例

2024 年 5 月，江阴市应急管理综合执法大队执法人员对江阴市石油天然气有限公司扬子江路加油站进行执法检查时，发现该单位未为从业人员提供符合国家标准的劳动防护用

品（没有为一名工作人员提供符合国家标准的绝缘手套、绝缘靴）。

该单位上述行为违反了《中华人民共和国安全生产法》第四十五条规定，江阴市应急管理局依法对该单位作出处罚款人民币1.5万元的行政处罚。

分析：劳动防护用品是指生产经营单位为从业人员配备的，使其在劳动过程中免遭或者减轻事故伤害及职业危害的个人防护装备，在某种意义上也是保护劳动者的最后一道防线。但总有人违背规定，心存侥幸，对员工的生命安全"不屑一顾"。

《中华人民共和国安全生产法》第四十五条规定："生产经营单位必须为从业人员提供符合国家标准或者行业标准的劳动防护用品，并监督、教育从业人员按照使用规则佩戴、使用。"劳动防护用品也称为个体防护装备，是从业人员为防御物理、化学、生物等外界因素伤害所穿戴、配备和使用的护品的总称。个体防护装备是保障劳动者安全与健康的辅助性、预防性装备，用人单位不得以劳动防护用品替代工程防护设施和其他技术、管理措施。根据国家标准《个体防护装备配备规范 第一部分：总则》（GB 39800.1—2020），个体防护装备分为：头部防护装备、眼面防护装备、听力防护装备、呼吸防护装备、防护服装、手部防护装备、足部防护装备、坠落防护装备八大类。

一、头部防护装备

头部防护装备有广义和狭义两个概念：狭义的头部防护装备是指国家标准《个体防护装备配备规范 第一部分：总则》所指的头部防护装备；广义的头部防护装备是指人体脖子以上部位的防护装备，包括狭义头部防护装备、眼面防护装备、听力防护装备、呼吸防护装备等。

（一）头部防护装备

狭义的头部防护装备包括安全帽、防静电工作帽。

1. 安全帽

安全帽是指对使用者头部受坠落物或小型飞溅物体等其他特定因素引起的伤害起防护作用的帽。一般由帽壳、帽衬及配件等组成。还可包含防静电、阻燃、电绝缘、侧向刚性、耐低温等一种或一种以上特殊功能。适用于造船、煤矿、冶金、有色、石油、天然气、化工、建材、电力、汽车、机械等存在坠物或对头部产生碰撞风险的作业场所。

当作业人员头部受坠落物的冲击时，安全帽帽壳、帽衬会在瞬间先将冲击力分解到整个头盖骨上，然后安全帽各个部位的结构和缓冲结构发生弹性形变、塑性变形及允许的结构破坏将大部分冲击力吸收，减少作用到作业人员头部的冲击力，从而起到保护作业人员的头部不受到伤害或降低伤害的作用。

2. 防静电工作帽

以防静电织物为主要原料，为防止帽体上的静电荷积聚而制成的工作帽。适用于电子、造船、煤矿、石油、天然气、烟花爆竹、化工、轻工、烟草、电力、汽车等静电敏感

区域或火灾和爆炸危险场所。

（二）眼面防护装备

眼面防护装备包括焊接眼护具、激光防护镜、强光源防护镜和职业眼面部防护具。

1. 焊接眼护具

焊接眼护具是保护佩戴者免受由焊接或其他相关作业所产生的有害光辐射及其他特殊危害的防护用具，包括焊接眼护具和滤光片。适用于造船、建材、轻工、机械、电力、汽车、石油、化工、天然气等存在电焊、气弧焊、气焊及气割的作业场所。

2. 激光防护镜

激光防护镜用于衰减或吸收意外激光辐射能量。适用于造船、冶金、轻工、激光加工、汽车、光学实验室等存在意外激光辐射危害的场所。不适用于直接观察激光光束的眼护具，作为观察窗用于激光设备上的激光防护产品、光学设备（如显微镜）中的激光防护滤光片。

3. 强光源防护镜

强光源防护镜用于强光源（非激光）防护。适用于造船、煤矿、冶金、有色、石油、天然气、汽车等作业场所防御辐射波长介于 250~3 000 nm 之间的强光危害。

4. 职业眼面部防护具

职业眼面部防护具是具有防护不同程度的强烈冲击、光辐射、热、火焰、液滴、飞溅物等一种或一种以上的眼面部伤害风险的防护用品。适用于造船、煤矿、冶金、有色、石油、天然气、烟花爆竹、化工、建材、水泥、非煤矿山、轻工、烟草、电力、汽车等存在光辐射、机械切削加工、金属切割、碎石等的作业场所。不适用于：①一般用途太阳镜和太阳镜片或带有视力矫正效果的眼面部防护具；②患者在进行诊断或治疗时用来防护曝光的眼面部防护具；③直接观测太阳的产品，如观测日食等的眼部防护具；④运动眼面部防护具；⑤短路电弧眼面部防护具；⑥焊接眼面部防护具；⑦激光眼面部防护具。

（三）听力防护装备

听力防护装备包括耳塞和耳罩。

1. 耳塞

耳塞是塞入外耳道内，或堵住外耳道入口，避免作业者的听力损伤的装备。适用于造船、煤矿、冶金、有色、石油、天然气、烟花爆竹、化工、建材、水泥、非煤矿山、电力、汽车、机械等存在噪声的作业场所。不适用于脉冲噪声的防护。

耳罩可以分为环箍式耳罩和挂安全帽式耳罩，环箍式耳罩又可以分为头顶式耳罩、后颈式耳罩、下颏式耳罩和多向环箍式耳罩，耳塞分类如图 6-1 所示。

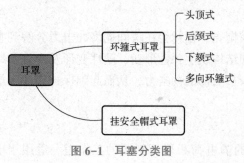

图 6-1　耳塞分类图

2. 耳罩

耳罩是由压紧耳郭或围住耳郭四周并紧贴头部的罩杯等组成，避免作业者的听力损伤的装备。适用于造船、煤矿、冶金、有色、石油、天然气、烟花爆竹、化工、建材、水泥、非煤矿山、电力、汽车、机械等存在噪声的作业场所。不适用于脉冲噪声的防护。

耳塞根据使用次数不同可以分为随弃式耳塞和重复使用式耳塞；根据佩戴方式不同可以分为环箍式耳塞和非环箍式耳塞；根据设计类型不同可以分为塑性耳塞、预成型耳塞和定制型耳塞；根据插入深度不同可以分为全插入式耳塞和半插入式耳塞。耳塞分类如图 6-2 所示。

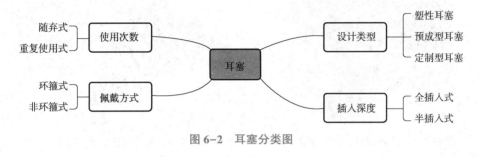

图 6-2 耳塞分类图

（四）呼吸防护装备

呼吸防护装备包括长管呼吸器、动力送风过滤式呼吸器、自给闭路式压缩氧气呼吸器、自给闭路式氧气逃生呼吸器、自给开路式压缩空气呼吸器、自给开路式压缩空气逃生呼吸器、自吸过滤式防毒面具和自吸过滤式防颗粒物呼吸器。

1. 长管呼吸器

长管呼吸器是使佩戴者的呼吸器官与周围空气隔绝，通过长管输送清洁空气供佩戴者呼吸的防护用品，其进风口必须放置在有害作业环境外。包括自吸式长管呼吸器、连续送风式长管呼吸器和高压送风式长管呼吸器。适用于造船、煤矿、冶金、有色、石油、天然气、烟花爆竹、化工、建材、水泥、非煤矿山、轻工、电力、机械等存在各类颗粒物和有毒有害气体环境的作业场所。不适用于消防和救援用。高压送风式长管呼吸器如图 6-3 所示。

2. 动力送风过滤式呼吸器

动力送风过滤式呼吸器靠电动风机提供气流克服部件阻力的过滤式呼吸器，用于防御有毒、有害气体或蒸气、颗粒物等对呼吸系统的伤害。适用于造船、煤矿、冶金、有色、石油、天然气、化工、建材、水泥、非煤矿山、电力、机械等存在有毒气体、蒸气和（或）颗粒物的作业场所。不适用于燃烧、爆炸和缺氧环境用及逃生用。动力送风其滤式呼吸器如图 6-4 所示。

3. 自给闭路式压缩氧气呼吸器

自给闭路式压缩氧气呼吸器利用面罩使佩戴人员的呼吸器官与外界有害环境空气隔离，依靠呼吸器本身携带的压缩氧气或压缩氧—氮混合气作为呼吸气源，将人体呼出气体中的二氧化碳吸收，补充氧气后再供人员呼吸，形成完整的呼吸循环。适用于造船、煤矿、冶金、有色、石油、天然气、烟花爆竹、化工、建材、水泥、非煤矿山、轻工、电力、机械等存在各类颗粒物和有毒有害气体环境的作业场所。不适用于潜水和逃生。

图 6-3　高压送风式长管呼吸器

图 6-4　动力送风过滤式呼吸器

自给闭路式压缩氧气呼吸器包含面具、氧气瓶、口具盖、呼吸三通、吸气管、冷却器、高压气管、报警哨、压力表、减压器、气瓶开关、呼气管、清净罐、排气软管、排气阀、正压弹簧、手动报警器、背具等构件。

自给闭路式压缩氧气呼吸器的工作原理是佩戴人员从肺部呼出的气体，由面罩、三通、呼气软管和呼气阀进入清净罐，经清净罐内的吸收剂吸收了呼出气体中的二氧化碳成分后，其余气体进入气囊；另外，氧气瓶中贮存的氧气经高压导管、减压器进入气囊，气体汇合组成含氧气体，当佩戴人员吸气时，含氧气体从气囊经吸气阀、吸气软管、面具进入人体肺部，从而完成一个呼吸循环。在这一循环中，由于呼气阀和吸气阀是单向阀，因此气流始终是向一个方面流动。

（1）按使用时间分级。

自给闭路式压缩氧气呼吸器按额定使用时间分为四级，分别为：

- 一小时正压式氧气呼吸器，标记代号：1；
- 二小时正压式氧气呼吸器，标记代号：2；
- 三小时正压式氧气呼吸器，标记代号：3；
- 四小时正压式氧气呼吸器，标记代号：4。

（2）按瓶内气体分类。

自给闭路式压缩氧气呼吸器按气瓶内气体种类分为：

- 氧气呼吸器，标记代号：O_2；
- 氧—氮混合气呼吸器，标记代号：O_2N_2。

4. 自给闭路式氧气逃生呼吸器

自给闭路式氧气逃生呼吸器是将人的呼吸器官与大气环境隔绝，采用化学生氧剂或压缩氧气为供气源，并将呼出的二氧化碳吸收，形成一个完整呼吸循环，供佩戴者在缺氧或有毒有害气体环境下逃生使用。适用于造船、冶金、有色、石油、天然气、烟花爆竹、化工、建材、水泥、非煤矿山、轻工、电力、机械等作业场所发生意外事故逃生用。不适用于潜水作业、逃生。

（1）按额定防护时间分级。

自给闭路式氧气逃生呼吸器按额定防护时间 t 分级，共分为 10 min、15 min、20 min、30 mln 四级，其中：

- 10 min≤t<15 min，标记代号：10；
- 15 min≤t<20 min，标记代号：15；
- 20 min≤t<30 min，标记代号：20；
- t≥30 min，标记代号：30。

（2）按氧气来源分类。

自给闭路式氧气逃生呼吸器按氧气来源分为：
- 氧气来源为生氧剂 $NaClO_3$，标记代号：C；
- 氧气来源为压缩氧气，标记代号：D；
- 氧气来源为生氧剂 KO_2，标记代号：K。

5. 自给开路式压缩空气呼吸器

自给开路式压缩空气呼吸器是利用面罩与佩戴人员面部周边密合，使人员呼吸器官、眼睛和面部与外界染毒空气或缺氧环境完全隔离，自带压缩空气源供给人员呼吸所用的洁净空气，呼出的气体直接排入大气。适用于造船、煤矿、冶金、有色、石油、天然气、烟花爆竹、化工、建材、水泥、非煤矿山、轻工、电力、机械等存在各类颗粒物和有毒有害气体环境的作业场所。不适用于潜水和逃生用。

自给开路式压缩空气呼吸器包含面罩、气瓶、瓶带组、肩带、报警哨、压力表、气瓶阀、减压器、背托、腰带组、快速接头、供给阀等构件，如图 6-5所示。

图 6-5 自给开路式压缩空气呼吸器

自给开路式压缩空气呼吸器的工作原理是利用压缩空气的正压自给开放式呼吸器，工作人员从肺部呼出气体通过全面罩，呼吸阀排入大气中，当工作人员呼气时，有适量的新鲜空气由气体贮存气瓶开关，减压器中软导管供给阀，全面罩将气体吸入人体肺部，完成了整个呼吸循环过程，在这个呼吸循环过程中由于在全面罩内设有两个吸气阀门和呼气阀，它们在呼吸过程中是单方向开启，因此，整个气流方向始终是沿一个方向前进，构成整个的呼吸循环过程。打开气瓶阀，高压空气依次经过气瓶阀、减压器，进行一级减压后，输出约 0.7 MPa 的中压气体，再经中压导气管送至供气阀，供气阀将中压气体按照佩戴者的吸气量，进行二级减压，减压后的气体进入面罩，供佩戴者呼吸使用，人体呼出的浊气经面罩上的呼气阀排到大气中，这样气体始终沿着一个方向流动而不会逆流。

自给开路式压缩空气呼吸器气瓶容量一般有 6 L、6.8 L、9 L、12 L 4 种，其使用时间跟气瓶容量、充气压力和不同工作耗气量有关，不同气瓶容量和不同耗气量空气呼吸器使用时间表如表 6-1 所示。

表 6-1　不同气瓶容量和不同耗气量空气呼吸器使用时间表

气瓶容量	充气压力	空气含量	使用时间		
			低耗气量 20 L/min	中耗气量 40 L/min	高耗气量 100 L/min
6 L	30 MPa	1 800 L	90 min	45 min	18 min
6.8 L	30 MPa	2 040 L	100 min	50 min	20 min
9 L	30 MPa	2 700 L	135 min	68 min	27 min
12 L	30 MPa	3 600 L	180 min	90 min	36 min

6. 自给开路式压缩空气逃生呼吸器

自给开路式压缩空气逃生呼吸器是具有自带的压缩空气源，能供给人员呼吸所用的洁净空气，呼出的气体直接排入大气，用于逃生的一种呼吸器。适用于造船、冶金、有色、石油、天然气、烟花爆竹、化工、建材、水泥、非煤矿山、轻工、电力、机械等作业场所发生意外事故逃生时。

自给开路式压缩空气逃生呼吸器按额定防护时间 t 分级，共分为 10 min、15 min、20 min、30 min 四级，其中：

- 10 min ≤ t < 15 min，标记代号：10；
- 15 min ≤ t < 20 min，标记代号：15；
- 20 min ≤ t < 30 min，标记代号：20；
- t ≥ 30 min，标记代号：30。

7. 自吸过滤式防毒面具

自吸过滤式防毒面具靠佩戴者呼吸克服部件阻力，防御有毒、有害气体或蒸气、颗粒物等对呼吸系统或眼面部的伤害。适用于造船、煤矿、冶金、有色、石油、天然气、烟花爆竹、化工、轻工、电力等存在有毒气体、蒸气和（或）颗粒物的作业场所。不适用于缺氧环境、水下作业、逃生和消防热区用。

自吸过滤式防毒面具根据结构不同分为全面罩防毒面具、半面罩防毒面具；根据滤盒形状不同分为过滤件防毒面具、滤毒盒防毒面具、滤毒罐防毒面具。

防毒面具的过滤件元件分类、标色和防护介质如表6-2所示。

表6-2　防毒面具的过滤件元件分类、标色和防护介质

类型标记	标色	过滤元件类型	防护污染物举例
P	粉	防颗粒物	粉尘、烟、雾及微生物
A	褐	防某些沸点大于65℃的有机蒸气	苯、甲苯、环己烷
B	灰	防某些无机气体	氯气、硫化氢
E	黄	防某些酸性气体	二氧化硫、氯化氢
K	绿	防氨和某些氨的有机衍生物	氨气、甲胺
NO	蓝	防氮氧化物气体	一氧化氮、二氧化氮
Hg	红	防汞蒸气	汞蒸气
CO	白	防一氧化碳气体	一氧化碳
AX	褐	防某些沸点大于65℃的有机蒸气	二甲基醚、异丁烷
SX	紫	防某些特殊化合物	以上分类不包括的某些特殊化合物，如氰化氢、环氧乙烷、氟化氢、甲醛、磷化氢、砷化氢、光气、二氧化氯等

8. 自吸过滤式防颗粒物呼吸器

自吸过滤式防颗粒物呼吸器也称为防尘口罩，是靠佩戴者呼吸克服部件气流阻力的过滤式呼吸器，用于防御颗粒物的伤害。适用于造船、煤矿、冶金、有色、石油、天然气、烟花爆竹、化工、建材、水泥、非煤矿山等存在各类颗粒污染物的作业场所。不适用于防护有害气体和蒸气，也不适用于缺氧环境、水下作业、逃生和消防用。

防尘口罩按使用次数可以分为一次性防毒防尘口罩，多次性防毒防尘口罩和可回收式防毒防尘口罩等；按外形可以分为半面具式、全面具式、平面式、杯型式和鸭嘴式等。

二、躯干防护装备

躯干防护装备一般是指防护服装，包括防电弧服、防静电服、工业用防雨服、高可视性警示服、隔热服、焊接服、化学防护服、抗油易去污防静电防护服、冷环境防护服、熔融金属飞溅防护服、微波辐射防护服和阻燃服等。

（一）防电弧服

防电弧服是指用于保护可能暴露于电弧和相关高温危害中人员的防护服。适用于电力、冶金、有色、造船、汽车、电子等可能发生电弧伤害的场所，包括发电、输电、变电、配电和用电过程中从事运行、调试、检修和维护等相关作业场所。

（二）防静电服

防静电服是指以防静电织物为面料，按规定的款式和结构制成的以减少服装上静电积

聚为目的的防护服，可与防静电工作帽、防静电鞋、防静电手套等配套穿用。适用于造船、电子、煤矿、冶金、有色、石油、天然气、烟花爆竹、化工、轻工等可能因静电引发电击、火灾及爆炸危险的作业场所。

（三）工业用防雨服

工业用防雨服是指用于防护作业过程中的降水（雨、雪、雾等）对人体影响的服装。适用于石油、天然气、煤矿、非煤矿山等户外作业场所。

（四）高可视性警示服

高可视性警示服是指利用荧光材料和反光材料进行特殊设计制作，以增强穿着者在可见性较差的高风险环境中的可视性，并起警示作用的服装。适用于铁路、公安、工矿、消防、环卫、建筑、港口、码头、机场、园林、路政、救援、石油等需要提高作业人员可视性以保障个人安全的场所。

（五）隔热服

隔热服是指按规定的款式和结构缝制的以避免或减轻工作过程中的接触热、对流热和热辐射对人体伤害的服装。适用于存在高温作业的场所，如金属热加工、工业炉窑、高温炉前等。

（六）焊接服

焊接服是指用于防护焊接过程中的熔融金属飞溅及其热伤害的服装。适用于造船、汽车、建材、机械、轻工、煤矿、非煤矿山等焊接及相关作业场所。

（七）化学防护服

化学防护服是指用于防护化学物质对人体伤害的服装。适用于造船、冶金、有色、石油、天然气、烟花爆竹、化工、水泥、汽车、机械等可能接触化学品和颗粒物的场所。

（八）抗油易去污防静电防护服

抗油易去污防静电防护服是指具有抗油和易去污功能的防静电服。适用于石油、石化等重油污且有静电防护需求的作业场所。

（九）冷环境防护服

冷环境防护服是指用于避免低温环境对人体的伤害的服装。适用于轻工、石油、天然气、煤矿、非煤矿山、商贸等低温环境作业或冬季室外作业。

（十）熔融金属飞溅防护服

熔融金属飞溅防护服是指用于防护工作过程中的熔融金属等对人体的伤害的服装。适用于冶金、有色、机械、非煤矿山等存在熔融金属飞溅危害的场所，不适用于消防和应急救援场所使用。

（十一）微波辐射防护服

微波辐射防护服是指在微波波段具有屏蔽作用的防护服，可衰减或消除作用于人体的电磁能量的服装。适用于存在微波辐射伤害的作业场所，如大功率雷达制造、维修、操作；各种发射台工作作业，包括卫星地面站、移动通信、集群专业网络通信、通信发射台站、广播电视发射台站等。适用防护频率范围为 300 MHz~ 300 GHz 的微波辐射。

（十二）阻燃服

阻燃服是指在接触火焰及炽热物体后，在一定时间内能阻止本体被点燃、有焰燃烧和无焰燃烧的服装。适用于煤矿、冶金、有色、石油、天然气、烟花爆竹、化工、烟草、非煤矿山等有明火、散发火花，或在有易燃物质并有轰燃风险的场所。

三、四肢防护装备

（一）手部防护装备

根据国家标准《个体防护装备配备规范 第一部分：总则》（GB 39800.1—2020），手部防护装备包括带电作业用绝缘手套、防寒手套、防化学品手套、防静电手套、防热伤害手套、电离辐射及放射性污染物防护手套、焊工防护手套、机械危害防护手套等。

1. 带电作业用绝缘手套

带电作业用绝缘手套是指具有良好的绝缘和耐高压功能的手套。适用于电力、冶金、有色、建材、机械、造船，汽车、电子等带电作业或可能接触电源电压的场所，适用于交流 35 kV 及以下电压等级的电气设备上的带电作业。

2. 防寒手套

防寒手套是指用于避免低温环境对人员手部的伤害的手套。适用于轻工、石油、天然气、煤矿、非煤矿山、商贸等低温环境作业或冬季室外作业，适用于最低至−50 ℃的气候环境或作业环境。

3. 防化学品手套

防化学品手套是指能够对各类化学品和不包括病毒在内的其他各类微生物形成有效屏障，从而避免化学品和微生物对手部或手臂的伤害的手套。适用于造船、冶金、有色、石油、天然气、烟花爆竹、化工等手部可能接触化学品或微生物的场所，如接触氯气、汞、有机磷农药，苯和苯的二及三硝基化合物等的作业；酸洗作业；染色、油漆、有关的卫生工程，设备维护，注油作业等。

4. 防静电手套

防静电手套是指用于需要戴手套操作的防静电环境，用防静电针织物为面料缝制或用防静电纱线编织而成的手套。防静电手套适用于存在静电危害的场所，如接触火工材料、易挥发易燃的液体及化学品，可燃性气体作业，如汽油、甲烷等；接触可燃性化学粉尘的作业，如镁铝粉；井下作业等。

5. 防热伤害手套

防热伤害手套是指用于防护火焰、接触热、对流热、辐射热、少量熔融金属飞溅或大

量熔融金属泼溅等一种或多种形式热伤害的手套。适用于冶金、有色、机械、建材水泥等存在高温作业的场所，如金属热加工、工业炉窑、高温炉前等。

6. 电离辐射及放射性污染物防护手套

电离辐射及放射性污染物防护手套是指具有电离屏蔽作用的防护手套，保护穿戴者的手部免遭作业区域电离辐射及放射性污染物危害。适用于存在电离辐射或放射性污染物危害的作业场所，如射线探伤、放射源运输、安装、计量、检测，其不适用于医用辐射防护。

7. 焊工防护手套

焊工防护手套是指保护手部和腕部免遭熔融金属滴、短时接触有限的火焰、对流热、传导热和弧光的紫外线辐射，以及机械性的伤害，且其材料具有能耐受高达100 V（直流）的电弧焊的最小电阻的一种手套。焊工防护手套按照性能可分为两种类型，即A类和B类。A类是低灵活性（具有较高的其他性能）；B类是高灵活性（具有较低的其他性能）。适用于造船、汽车、建材、机械，轻工、煤矿、非煤矿山等焊接及相关作业场所。

8. 机械危害防护手套

机械危害防护手套是指保护手或手臂免受摩擦、切割、穿刺中至少一种机械危害的手套。适用于接触、使用锋利器物的作业场所，如金属加工打毛清边，玻璃加工与装配。

（二）足部防护装备

1. 安全鞋

安全鞋能保护穿着者免受意外事故引起的伤害，具有保护特征和保护工作区域安全的鞋。具有保护足趾、防滑、防刺穿、防静电、导电、电绝缘、隔热、防寒、防水、踝保护、耐油、耐热接触等一种或多种功能。安全鞋适用于造船、煤矿、冶金、有色、石油、天然气、烟花爆竹、化工、建材、水泥、非煤矿山、轻工、电力、机械等存在足部伤害的作业场所。

2. 防化学品鞋

防化学品鞋是一种用于保护穿着者足部免遭作业过程中化学品伤害的鞋靴，也称为耐酸碱劳保鞋。能防护足部免受酸、碱及相关化学品的腐蚀或刺激。适用于冶金、有色、石油、天然气、烟花爆竹、化工等涉及酸、碱及相关化学品的作业场所。

案例6.1

未按要求佩戴安全帽引发事故

某日，某混凝土构件有限公司起重操作员工陈某某与吴某某两人在进行行车吊装水泥沟管作业。陈某某用无线遥控操作行车运行，挂钩工吴某某负责水泥沟管吊装。当行车吊装水泥沟管离地约20 cm时，沟管出现摆动，碰撞陈某某小腿，致使陈某某后仰倒下，头部撞到身后堆放的水泥沟管。事发后，陈某某被立即送往县人民医院，经抢救无效死亡。

据调查，事故的直接原因是陈某某在工作中未按要求佩戴安全帽，因头部受到撞击而造成死亡事故。

 **知识链接**

安全帽的来历

世界上第一个民用安全帽的发明者竟然是卡夫卡。没错，就是那个写出了《变形记》的大作家。

1908 年，卡夫卡在工伤保险机构任职，经常遇到切伤四肢和被高空坠物砸破脑袋的工人。能不能事先做好预防措施呢？卡夫卡突然脑洞大开："古代战士们打仗时用来防护的头盔，也可以戴在工人头上做防护呀！"于是他以头盔作为原型，找人制作出了民用安全帽。卡夫卡的安全帽问世后，工厂每年因事故死亡的人数首次降到了 2.5% 以下。

活动与训练

正确佩戴安全帽

一、目标

（1）学会提高正确佩戴个体防护装备的意识。

（2）学会正确佩戴安全帽。

二、事故案例

案例一：某建筑施工工地，一名戴着未系下颏带安全帽的工人从起重机吊起的空心砖框下经过时，钢筋空心砖框将空心砖挤压破碎，其中一块空心砖碎块将这名工人的安全帽打翻掉落，另一块碎块砸中其头部，经送医院抢救无效死亡。

案例二：某建筑施工工地，一名戴着未系下颏带安全帽的工人负责在起重机下将竹笆捆扎后悬挂到吊钩上，当竹笆吊起后，突然一片竹笆掉落下来，正好砸中其安全帽帽舌，将安全帽打翻在地，这名工人本能地后退时，不慎跌倒，后脑撞击地面，经医院抢救无效死亡。

发生原因：从业人员安全意识淡薄，未正确佩戴安全帽。

主要教训：加强安全教育和培训，正确使用个体防护装备。《中华人民共和国安全生产法》第五十七条规定：从业人员在作业过程中，应当严格落实岗位安全责任，遵守本单位的安全生产规章制度和操作规程，服从管理，正确佩戴和使用劳动防护用品。

三、程序和规则

步骤 1：安全帽检查。

步骤 2：将安全帽戴正。

步骤 3：调节后箍。

步骤 4：系下颏带。

具体考核标准如表6-3所示。

表6-3　安全帽正确佩戴评价表

序号	考核内容	评价标准	标准分值	评分
1	安全帽检查（20分）	检查有效期	10分	
		检查是否完好、有无破损	10分	
2	安全帽戴正（20分）	安全帽戴正，帽舌朝正前方	20分	
3	调节后箍（20分）	按下后箍调节器，调节松紧	10分	
		未系下颏带，头歪安全帽不掉	10分	
4	系下颏带（40分）	系下颏带	30分	
		下颏带松紧适合	10分	
		得分		

四、总结评价

通过正确佩戴安全帽，提高大家的安全意识，养成良好的行为习惯。

课后思考

1. 个体防护装备有哪些特点？

2. 请思考应该如何对呼吸防护装备进行分类。

3. 请思考安全帽的不同颜色有什么特殊的含义。

单元二　职业卫生防护与劳动环境保护

 **案例导入**

国家卫生健康委发布职业病及危害因素检测结果

2024年4月25日，国家卫生健康委召开新闻发布会，围绕"坚持以预防为主，守护职业健康"主题介绍职业健康工作有关情况。

国家卫生健康委在560个重点县（区）开展了中小微企业工作场所职业病危害因素监测，基本掌握了我国重点行业职业病危害现状和接触粉尘、化学毒物、噪声等职业病危害劳动者的健康状况。

从监测结果来看，全国共监测重点行业用人单位30.7万家，监测接触职业病危害劳动者职业健康检查状况超过5 300万人次，其中接触各类职业病危害劳动者超过2 400万人次，监测存在职业病危害岗位超过181.5万个。全国报告职业健康检查个案7 000多万人次，发现疑似职业病7.67万例，发现职业禁忌证115.6万例。

监测发现，职业病危害行业集中的趋势明显，主要分布在采矿业、制造业、冶金、建材等行业。职业病危害分布广泛，2020年国家卫生健康委组织了全国工业企业职业病危害现状调查，结果显示，工业企业中40%的劳动者接触各类职业病危害，从排名来说是"噪、尘、毒"：第一位是噪声，第二位是粉尘，第三位是化学毒物。下一步将根据监测的结果进一步完善职业病防治的法规标准和政策措施，进而深化职业病危害治理。

分析：以上表明，我国职业病防治工作虽然取得了一定成效，但由于职业病危害因素种类多、行业分布广，职业病危害广泛存在，职业病问题依然严峻，需要进一步加强监测、完善法规、深化治理等多方面的工作，以保障劳动者的健康权益。在职业病防治工作中，要特别关注"噪、尘、毒"的预防与控制。

职业病防治工作不仅关系到劳动者的身体健康和家庭福祉，也关系着我国人口高质量发展的水平。近十年来，虽然我国职业病防治工作取得显著成效，但形势仍然严峻。因此，对于"噪、尘、毒"这三类主要的职业病危害，掌握其来源、种类、对人体的危害，以及个体防护措施，具有十分重要的意义。

一、有毒有害气体防护

现代化企业进程不断加快，许多企业，如电焊、电镀、冶金、化工等行业在生产过程中会产生有毒有害气体，还有一些企业将有毒有害气体作为生产过程中必不可少的成分，一旦发生事故，这些气体经呼吸道进入人体会对人体的生命安全带来很大的威胁，因此掌握有毒有害气体的安全防护知识是非常有必要的。

（一）有毒有害气体的种类

有毒有害气体是指气体通过呼吸道吸入人体或与皮肤、眼睛等接触，且作用于人体，并能引起人体机能发生暂时或永久性病变的一切有毒有害气体。

有毒气体主要有刺激性气体和窒息性气体两种，是工业生产中经常使用的原料或产品。发生中毒事故往往是由于生产中跑、冒、滴、漏或事故而致气体外逸，使人体呼吸道黏膜、眼及皮肤受到直接刺激作用，甚至引起肺水肿及全身中毒。常见的有毒气体有氯、氨、氯化氢、氮氧化物、光气、氟化氢、二氧化硫、三氧化硫和一氧化碳等。

常见的有毒有害气体按其毒害性质不同，可分为如下两类。

① 刺激性气体，是指对眼、呼吸道黏膜及皮肤有刺激作用的气体。它是化学工业常遇到的有毒气体。刺激性气体的种类甚多，最常见的有氯、氨、氮氧化物、光气、氟化氢、二氧化硫、三氧化硫和硫酸二甲酯等。

② 窒息性气体，是指能造成机体缺氧的有毒气体。窒息性气体可分为单纯窒息性气体、血液窒息性气体和细胞窒息性气体，如氮气、甲烷、乙烷、乙烯、一氧化碳、硝基苯的蒸气、氰化氢、硫化氢等。

（二）气体中毒与中毒机理

有毒有害气体作用于人体的皮肤、眼睛或吸入体内，引起人体机能发生暂时或永久性

病变的症状，叫作气体中毒。

1. 刺激性气体类中毒

刺激性气体主要是指对眼、呼吸道黏膜及皮肤有刺激性的气体，在化工行业中最为常见，在冶金、采矿、机械、食品制造、医药、塑料制造等行业也可经常接触到。由于刺激性气体多具有腐蚀性，在生产过程中常因违章操作或设备、管道被腐蚀而发生跑、冒、滴、漏，导致接触者的中毒和损伤，此种事故往往情况紧急，可造成集体中毒和伤亡。长期低水平接触可产生慢性影响。

刺激性气体对人体的主要损害为眼、皮肤灼伤和呼吸系统的损伤，轻者表现为呼吸道刺激症状，重者可出现化学性气管炎、支气管炎、肺炎、化学性肺水肿、急性呼吸窘迫综合征（acute re-spiratory distress syndrome，ARDS），甚至危及生命。

刺激性气体对机体作用的共同点是对眼、呼吸道黏膜和皮肤有不同程度的刺激，常以局部损害为主，当刺激作用强烈时可引起全身性反应。病损的严重程度与毒物的种类、浓度、溶解度、接触时间及机体的状况有关。高溶解度的刺激性气体，如氮、氯、硫酸二甲酯、氟化氢、二氧化硫等接触到湿润的黏膜表面时，立即附着在局部并生成酸或碱产生刺激作用，可引起结膜炎、角膜炎、鼻炎、咽炎、喉炎、气管炎、支气管炎。对于这些高溶解度刺激性气体，由于其刺激性强烈，易引起接触者警惕而及时脱离现场。但因意外事故而大量吸入高浓度气体，尤其是低溶解度的气体，如氮氧化物、光气、八氟异丁烯等，经过上呼吸道时产生的刺激小，并进入呼吸道深部，与水逐渐作用而产生刺激和腐蚀作用损伤肺泡、不易引起接触者警惕而及时脱离，造成接触时间长、吸入量大，可造成化学性肺炎、肺水肿、喉头水肿、喉痉挛及支气管黏膜损伤，严重时可出现黏膜坏死、脱落，导致呼吸道阻塞窒息。故需对接触者进行密切的临床观察，必要时给予预防性治疗，以及时阻断肺水肿的发生。液态毒物，如氨水、氢氟酸等直接接触皮肤可导致化学性灼伤。

2. 窒息性气体类中毒

窒息性气体是指吸入人体后，使氧气的供给、摄取、运输和利用发生障碍，而造成机体缺氧的气体。根据其中毒作用机理，可分为两类。

一类是单纯性窒息性气体。此类气体本身无毒或毒性甚低、常见的有氮气、甲烷、乙烯、二氧化碳、水蒸气等。由于它们的浓度过高，使空气中氧含量比例下降、导致机体缺氧窒息。大气压在 101 kPa（760mmHg）时，空气中氧含量为 20.96%。氧含量低于 16% 即可引起缺氧、呼吸困难，低于 6% 时可造成迅速惊厥、昏迷、死亡。

另一类为化学性窒息性气体。它又可分为血液窒息性气体和细胞窒息性气体两类。前者阻碍血红蛋白与氧气的化学结合能力或妨碍其向组织释放携带的氧气，造成组织供氧障碍而窒息，常见的有一氧化碳、一氧化氮及苯胺、硝基苯等苯的氨基、硝基化合物蒸气等；后者主要作用于细胞内的呼吸酶使之失活，直接阻碍细胞对氧的摄取、利用，使生物氧化不能进行，引起细胞内缺氧窒息。此类气体主要有硫化氢和氰化物气体。

窒息性气体的主要致病原因是造成机体缺氧。大脑对缺氧极为敏感。大脑是机体耗氧量最大的组织，尽管大脑只占体重的 2% 左右，但其耗氧量约占总耗氧量的 23%，急性缺氧可引起头痛、情绪改变、脑功能障碍，严重者可导致脑细胞肿胀、变性、坏死及脑水肿。除中枢神经系统症状外，呼吸及循环系统症状也较早出现，早期表现为呼吸、心跳加快、血压升高，晚期表现为呼吸浅显、血压下降、心动过速、心律不齐，最终出现心衰、休克和呼吸衰竭。此外，还可出现肝、肾功能障碍及持续严重缺氧引起的二氧化碳麻醉。

案例 6.3

长春市佳龙牧业有限责任公司"6·15"较大中毒和窒息事故

2021 年 6 月 15 日 16 时 40 分许，位于长春市德惠市布海镇十三家子村的长春市佳龙牧业有限责任公司，在组织对种猪繁育基地污水处理站 1# 好氧池进行检修作业过程中，发生一起较大中毒和窒息事故，造成 3 人死亡、4 人受伤，直接经济损失约 400 万元。

经调查，本次事故的直接原因是：王某某等人违反《缺氧危险作业安全规程》等，未佩戴防护用品。孙某佩戴错误防护用品，违章冒险作业，吸入 H_2S（硫化氢）气体中毒。宋某等人安全防护措施不到位，盲目施救，吸入 H_2S（硫化氢）气体中毒，导致事故扩大。

分析：本次事故是一起中毒和窒息较大生产安全责任事故。《中华人民共和国安全生产法》第四十一条规定：生产经营单位应当教育和督促从业人员严格执行本单位的安全生产规章制度和安全操作规程；并向从业人员如实告知作业场所和工作岗位存在的危险因素、防范措施，以及事故应急措施。第四十二条规定：生产经营单位必须为从业人员提供符合国家标准或者行业标准的劳动防护用品，并监督、教育从业人员按照使用规则佩戴、使用。《缺氧危险作业安全规程》（GB 8958—2006）5.3.3 规定：作业人员必须配备并使用空气呼吸器或软管面具等隔离式呼吸保护器具。严禁使用过滤式面具。长春市佳龙牧业有限责任公司未对王某某等作业人员进行安全生产教育和培训，使其掌握和熟悉有限空间作业安全生产管理制度和安全生产操作规程；未向王某某等作业人员提供符合国家标准或者行业标准的有限空间作业防护器具；对本次事故负主要责任。

（三）有毒有害气体侵入人体的途径

在生产过程中，有毒有害气体侵入人体的途径有呼吸道、皮肤和消化道。

1. 呼吸道吸入

呼吸道是有毒有害气体进入人体的最常见和最主要的途径。人体肺泡表面积为 90 ~ 160 m^2，每天吸入空气 12 m^3，约 15 kg。空气在肺泡内流速慢，接触时间长，同时肺泡壁薄、血液丰富，这些都有利于吸收。所以，呼吸道是生产性毒物侵入人体的最重要途径。在生产环境中，即使空气中毒物含量较低，每天也会有一定量的毒物经呼吸道侵入人体。

从鼻腔至肺泡的整个呼吸道的各部分结构不同，对毒物的吸收情况也不相同。越是进入深部，表面积越大，停留时间越长，吸收量越大。固体毒物吸收量的大小，与颗粒和溶解度的大小有关。气体毒物吸收量的大小，与肺泡组织壁两侧分压大小、呼吸深度、速度，以及循环速度有关。劳动强度、环境温度、环境湿度，以及接触毒物的条件，对吸收量都有一定的影响。

2. 皮肤吸收

虽然皮肤不是有毒有害气体进入人体的主要途径，但在某些情况下，如皮肤直接接触到液态的有毒有害物质，或者有毒有害气体的浓度极高且长时间暴露，也可能通过皮肤吸收进入人体。毒物经皮肤吸收的途径有两种：一是通过表皮屏障到达真皮而进入血液循环；另一种是通过汗腺，或者通过毛囊与皮脂腺绕过表皮屏障到达真皮。脂溶性毒物可经过皮肤吸收，但如果不具有一定的水溶性也很难进入血液。如果表皮受到伤害，如外伤、灼伤等，不能经完整皮肤吸收的毒物也能大量吸收。潮湿也有利于皮肤吸收，特别是对于气态物质更是如此。皮肤经常沾染有机溶剂，使皮肤表面的类脂质溶解，也可促进毒物的吸收。黏膜吸收毒物的能力远比皮肤强，部分粉尘也可通过黏膜吸收进入体内。

3. 消化道摄入

在生产环境中，单纯从消化道吸收有毒有害气体而引起中毒的机会比较少见。然而，如果手被有毒有害物质污染后，直接用污染的手拿食物吃，或者饮用被污染的水，也可能导致有毒有害气体通过消化道进入人体。此外，一些难溶性毒物在被呼吸道清除后，也可能经由咽部被咽下而进入消化道。

（四）有毒有害气体的人体防护

在生产劳动过程中，用人单位必须按照国家有关规定为从业人员提供必需的防护用品，劳动者要按照劳动防护用品的使用规则和防护要求正确使用劳动防护用品。接触有毒有害气体的作业场所配备的劳动防护用品有防毒面具（呼吸防护用品）、化学品防护服、防化学品手套等。本节仅对呼吸防护用品进行阐述。

1. 呼吸防护用品的类型

呼吸防护用品按其作用原理可分为过滤式和隔绝式两种。

（1）过滤式是借助过滤材料，将空气中的有害物去除后供呼吸使用。这类呼吸防护用品依靠面罩和人脸呼吸区域的密合提供防护，让使用者只吸入经过过滤的洁净空气，面罩如何与使用者脸型密合，减少泄漏，保证呼气阀能够正常工作，是这类呼吸器取得有效防护的重要因素。根据结构不同，可分为自吸过滤式和送风过滤式。过滤式面罩没有供气功能，不能在缺氧环境中使用。选择合适的过滤盒是呼吸防护用品的关键，应根据气体或蒸气的种类来选择。

（2）隔绝式是将使用者呼吸器官与有害空气环境隔绝，从本身携带的气源或导气管引入作业环境以外的洁净空气供呼吸。分为送风式和携气式两类。适用于存在各类空气污染物及缺氧的环境。主要使用气瓶、压缩气管道、移动式空压机、送风机进行供气。供气源的新鲜、充足供应，以及呼吸面罩的正确使用是保证这类防护用品防护效果的关键因素。

呼吸防护用品可具体根据《呼吸防护用品的选择、使用与维护》（GB/T18664）进行选择。

2. 呼吸防护用品的使用和维护要点

① 呼吸防护用具在使用前应检查其完整性、过滤元件的适用性、电池电量、气瓶气量等，符合有关规定才允许使用。

② 进入有害环境前，应先佩戴好呼吸防护用具。对于密合型面罩，使用者应做佩戴气密性检查，以确认密合。若检查不合格，不允许进入有害环境。

③ 不允许单独使用逃生型呼吸器进入有害环境。而当所处的有害环境有逃生型呼吸器时，可戴上它用于逃生离开。

④ 若呼吸防护用具同时使用数个过滤元件（如双过滤盒），应同时更换；若新过滤元件在某种场合迅速失效，应考虑所用过滤元件是否适用。

⑤ 除通用部件外，在未得到产品制造商认可的前提下，不应将不同品牌的呼吸防护用具的部件拼装或组合使用。

⑥ 在缺氧危险作业中使用呼吸防护装备，应符合国家标准《缺氧危险作业安全规程》规定。

⑦ 在立即威胁生命和健康的环境下使用时，若空间允许，应尽可能由两人同时进入危险环境作业，并配备安全带和救生索；在作业区外至少应留一人与进入人员保持有效联系，并应备有救生和急救设备。

⑧ 在低温环境下使用时，全面罩镜片应具有防雾或防霜的能力；送风式呼吸器或携气式呼吸器使用的压缩空气或氧气应干燥；使用携气式呼吸器应了解低温环境下的操作注意事项。

⑨ 送风式呼吸器使用前应检查供气气源的质量，气源不应缺氧，空气污染浓度不应超过国家有关的职业卫生标准或有关的供气空气质量标准；供气管接头不允许与作业场所其他气体导管接头通用；应避免供气管与作业现场其他移动物体相互干扰，不允许碾压供气管。

二、粉尘防护

粉尘是指直径很小的固体颗粒，可以是自然环境中天然生成的，也可以是生产或生活中由于人为因素生成的。生产性粉尘是指在生产过程中形成的，并能长时间悬浮在空气中的固体颗粒，其粒径多在 $0.1\sim10\ \mu m$。生产性粉尘的产生不仅污染环境，还影响着作业人员的身心健康。

（一）生产性粉尘的来源和分类

1. 生产性粉尘的来源

生产性粉尘的主要来源包括以下几类。

（1）固体物质的机械加工或粉碎，如金属研磨、切削、钻孔、爆破、破碎、磨粉等。

（2）物质加热时产生的蒸气在空气中凝结或被氧化，如金属熔炼、焊接、浇铸等。

（3）有机物质的不完全燃烧，如木材、油、煤等燃烧时产生的烟尘。

（4）铸件的翻砂、清砂，以及粉末状物质的混合、过筛、包装、搬运等操作过程中产

生的粉尘。

（5）沉积的粉尘由于振动或气流运动再次飘浮于空气中形成二次扬尘。

2. 生产性粉尘的分类

根据生产性粉尘的性质，可分为以下 3 类。

（1）无机粉尘。根据来源不同，无机粉尘又可分为如下 3 类。

① 属性粉尘，如铅、锌、铝、铁、锡等金属及其化合物粉尘等。

② 矿物性粉尘，如石英、石棉、滑石、煤粉尘等。

③ 人工合成无机粉尘，如水泥、玻璃纤维、金刚砂粉尘等。

（2）有机粉尘。

① 植物性粉尘，如木尘及烟草、棉、麻、谷物、亚麻、甘蔗、茶粉尘等。

② 动物性粉尘，如畜毛、羽毛、角粉、角质、骨、丝粉尘等。

③ 人工合成的有机粉尘，如树脂、有机染料、合成纤维、合成橡胶粉尘等。

（3）混合性粉尘。混合性粉尘是指上述各类粉尘的两种或多种混合存在。此种粉尘在生产中最常见，如清砂车间的粉尘含有金属粉尘和型砂粉尘。由于混合性粉尘的组成成分不同，其毒性和对人体的危害程度有很大的差异。

在防尘工作中，常根据粉尘的性质初步判定其对人体的危害程度。对混合性粉尘，查明其中所含成分，尤其是游离二氧化硅所占的比例，对进一步确定其致病作用具有重要的意义。

（二）生产性粉尘对人体的危害

所有粉尘对身体都是有害的。根据生产性粉尘的不同特性，可能引起机体的不同损害。

1. 对呼吸系统的危害

粉尘对机体影响最大的是呼吸系统损害，包括尘肺、粉尘沉着症、上呼吸道炎症、游离二氧化硅肺炎、肺肉芽肿和肺癌等肺部疾病。

尘肺是由于在生产环境中长期吸入生产性粉尘而引起的以肺组织纤维化为主的疾病。它是职业性疾病中影响面最广、危害最严重的一类疾病。据统计，尘肺病例约占我国职业病总人数的 2/3 以上。根据临床观察、X 射线胸片检查、病理尸检和实验研究资料，我国按病因将尘肺分为以下 5 类。

（1）矽肺，由于长期吸入游离二氧化硅含量较高的粉尘所致。

（2）硅酸盐肺，由于长期吸入含有结合二氧化硅的粉尘，如石棉、滑石、云母等所致。

（3）炭尘肺，由于长期吸入煤、石墨、炭黑、活性炭等粉尘所致。

（4）混合性尘肺，由于长期吸入含游离二氧化硅粉尘和其他粉尘（如煤尘）等所致。

（5）金属尘肺，由于长期吸入某些致纤维化的金属粉尘（如铝尘）所致。

为了更好地保护工人健康，我国目前颁布了 12 种具有确定名称的法定尘肺病，即矽肺、煤工尘肺、石墨尘肺、炭黑尘肺、石棉肺、滑石尘肺、水泥尘肺、云母尘肺、陶工尘肺、铝尘肺、电焊工尘肺、铸工尘肺。尘肺中以矽肺为最严重，其次为石棉肺。尘肺病的病变轻重程度主要与生产性粉尘中二氧化硅的含量有关。石棉肺由含结合型二化硅（硅酸盐）粉尘引起。其他尘肺病理改变和临床表现均较轻。

有些生产性粉尘，如锡、铁、锑等粉尘，主要沉积于肺组织中，呈现异物反应，以网状纤维增生的间质纤维化为主，在 X 射线胸片上可以看到满肺野结节状阴影，主要是这些金属的沉着。这类病变又称粉尘沉着症，不损伤肺泡结构，因此肺功能一般不受影响，脱离粉尘作业，病变可以不再继续发展，甚至肺部阴影逐渐消退。有机性粉尘也引起肺部改变，如棉尘病、职业性变态反应肺泡炎、职业性哮喘等。这些均已纳入职业病范围。某些粉尘，如石棉、放射性粉尘，以及含镍、铬、砷等的粉尘能引起呼吸系统肿瘤。粉尘接触还常引起粉尘性支气管炎、肺炎、哮喘支气管哮喘等疾病。

2. 局部作用

粉尘作用于呼吸道黏膜，早期引起其功能亢进、黏膜下毛细血管扩张、充血，黏液腺分泌增加，以阻留更多的粉尘，长期则形成黏膜肥大性病变，然后由于黏膜上皮细胞营养不足，造成萎缩性病变，呼吸道抵御功能下降。粉尘产生的刺激作用可引起上呼吸道炎症。皮肤长期接触粉尘可导致阻塞性皮脂炎、粉刺、毛囊炎、脓皮病。金属粉尘还可引起角膜损伤、混浊。沥青粉尘可引起光感性皮炎。

3. 中毒作用

含有可溶性有毒物质的粉尘，如含铅、砷等，可在呼吸道黏膜很快溶解吸收，导致全身中毒呈现出相应毒物的急性中毒症状。

（三）生产性粉尘的控制与防护

1. 生产行粉尘的控制与防护概述

我国政府对粉尘控制工作一直给予了高度重视，企业在控制粉尘危害、预防尘肺发生方面，结合国情做了不少行之有效的工作，也取得了很丰富的经验，将防尘、降尘措施概括为"革、水、风、密、护、管、查、教"八字方针，对我国控制粉尘危害具有指导作用。

（1）革，即工艺改革和技术革新。以低粉尘、无粉尘物料代替高粉尘物料，以不产生尘设备和低产尘设备代替高产尘设备，这是消除粉尘危害的根本途径。

（2）水，即采用湿式作业，可有效防止粉尘飞扬，降低环境粉尘浓度。水滴以一定的速度进入含尘空气，并占有一定的空间，含尘风流通过水雾滴时，风流围绕水滴流动，尘粒密度较大，因惯性作用而保持其原有的运动方向。因而与水滴碰撞并黏附于水滴上，被水滴所捕获，起到降尘作用。

（3）风，即通风除尘。受生产条件限制，设备无法密闭或密闭后仍有粉尘外逸时，要采取通风措施，将产尘点的含尘气体直接抽走，确保作业场所空气中的粉尘浓度符合国家卫生标准。

（4）密，即将产尘源密闭。对产生粉尘的设备，尽可能密闭，或者将敞口设备改成密闭设备，较少粉尘外逸。

（5）护，即使用个体防护用品。受生产条件限制，在粉尘无法控制或高浓度粉尘条件下作业，必须合理、正确地使用防尘口罩、防尘服等个人防护用品。这也是通过佩戴各种防护面具以减少吸入人体粉尘的最后一道措施。

（6）管，即维修管理。领导要重视防尘工作，防尘设施要改善，维护管理要加强，确保设备的良好、高效运行。

（7）查，即定期检查环境空气的粉尘浓度即接触者的定期体检。

（8）教，即加强宣传教育。加强防尘工作宣传教育，普及防尘知识，使接尘者对粉尘危害有充分的了解和认识。

2. 生产性粉尘的个体防护

在粉尘作业环境中，应首先考虑采取工程措施控制有害环境的可能性。若工程控制措施由于各种原因无法实施，或无法完全消除有害因素，以及在工程控制措施未生效期间，可采用个人防护，即作业人员使用防尘护具，虽然是被动的防护，但也是最后的一道防线。

常有的防尘护具有防尘口罩、送风口罩、送风头盔、防尘安全帽等，防尘口罩是最常用的一种防尘护具。

（1）防尘口罩的种类。防尘口罩有过滤式防尘口罩和供气式防尘口罩两种。

① 过滤式防尘口罩是借助过滤材料，将空气中的有害物去除后供呼吸使用。其中，靠佩戴者呼吸克服部件阻力，使含有有害物的空气通过口罩的滤料过滤后再被吸入的称为自吸过滤式；靠动力克服过滤阻力的为动力送风过滤式。

② 供气式防尘口罩是指将与有害物隔离的干净气源，通过动力的作用如空压机、压缩气瓶装置等，经管和面罩送到人的面部供人呼吸。

（2）防尘口罩的选用。

① 防尘口罩要能有效地阻止粉尘进入呼吸道。一个有效的防尘口罩必须是能防止微尘，尤其是 5 μm 以下的呼吸性粉尘进入呼吸道。一般的纱布口罩是没有防尘作用的，因为纱布口罩对危害人体最大的 5 μm 以下的粉尘，阻尘效率只有 10% 左右，未能起到防止粉尘危害的作用。

② 适合性，就是口罩要和脸型相适应，最大限度地保证空气不会从口罩和面部的缝隙不经过口罩的过滤进入呼吸道，要按使用说明正确佩戴。

③ 佩戴舒适，主要是既要能有效地阻止粉尘，又要使戴上口罩后呼吸不费力，重量要轻，佩戴卫生，保养方便。

三、噪声与振动防护

（一）噪声

世界上的不同角落时时刻刻都充满着声音，凡是人们不需要的声音都称为噪声。从物理学观点讲，噪声就是各种不同频率和不同强度的声波无规则地杂乱组合；而生产性噪声就是生产过程中的频率合强度没有规律的声音。国际上评价生产性噪声多用 A 声级，以 dB（A）表示。

1. 噪声的分类

（1）空气动力性噪声。空气动力性噪声是由于气体振动产生的，当气体中存在涡流或发生压力突变时，引起气体的扰动，就产生了空气动力性噪声，如被压缩的空气或气体由孔眼排出时产生的噪声；气缸（内燃机）内的爆炸产生的噪声；管道中气流运行时的压力波动产生的噪声。

（2）机械性噪声。机械性噪声是由于固体振动而产生的。一般起源于设备的连接点和运转区单个或周期性的撞击。在撞击、摩擦等机械应力作用下，引起机床零件和被加工材料弹性变形，并以振动形式表现出来，这就产生了机械噪声。

（3）电磁性噪声。电磁性噪声是由于磁场脉动、电源频率脉动引起电器部件振动而产生的，如发电机、变压器、继电器产生的噪声。

目前，影响工人健康，严重污染环境的十大噪声源是风机、空压机、电动机、柴油机、纺织机、压力机、木工圆锯、球磨机、高压放空排气和凿岩机。这些设备产生的噪声可高达 120~130 dB（A）。

2. 噪声对人体的危害

（1）听力损伤。长期在噪声环境下生活或工作，会使人听力下降，严重时甚至会导致耳聋。特别是当噪声强度超过 90 dB（A）时，对听力的损害更为明显。

（2）精神健康影响。噪声可引起人的情绪变化，使人急躁、易怒，长期在噪声环境下生活的人可出现神经衰弱症状，如头痛、头晕、耳鸣、记忆力减退等。此外，噪声还可能诱发或加重焦虑症、抑郁症等精神疾病。

（3）心血管系统影响。长期暴露于噪声环境可引起人体的应激反应，导致心血管系统功能紊乱，出现血压升高、心率加快等症状，严重时可能诱发心脏病等心血管疾病。

（4）睡眠障碍。噪声会干扰人的睡眠，使人难以入睡或在睡眠中觉醒，导致睡眠质量下降，进而影响人的精神状态和身体健康。

（5）其他系统影响。噪声还可能引起人体的其他系统功能紊乱，如消化系统、内分泌系统等，出现食欲不振、月经不调等症状。

3. 噪声危害的个体防护

在声源、传播途径上控制噪声均未达到预期效果时，应对人进行个体防护。护耳器分内用和外用两类；外用的是将耳部全部覆盖的耳罩和帽盔；内用的是插入内耳道中的耳塞。护耳器主要有耳塞和耳罩两种。好的护耳器应具有高的隔声值，并且佩戴舒适。

（1）防声耳塞。防声耳塞是插入外耳道的护耳器，是用软橡胶（氯丁橡胶）或软塑料（聚乙树脂）制成的。其优点是隔声量较大，体积小，便于携带，价格便宜；缺点是佩戴不当易引起耳道疼痛。适用于球磨机、铆接、织布等工作场所。

（2）防声棉耳塞。防声棉耳塞是由直径为 1~3 μm 的超细玻璃棉经化学软化处理制成的，使用时只需撕下一小块，卷成团塞进耳道入口处即可。其优点是柔软，耳道无痛感，隔声能力强，特别是对高频声效果极好；缺点是耐用性差，易破碎。适用于织布、铆钉等

工作场所。

（3）防护耳罩。防护耳罩是由耳罩外壳、密封垫圈、内衬吸声材料和弓架4个部分组成的。其优点是适于佩戴，无须选尺寸；缺点是对高频噪声隔声量比耳塞小。

（4）防声帽盔。防声帽盔的优点是隔声量大，可以减轻噪声对内耳的损害，对头部还有防振和保护作用；缺点是笨重，佩戴不便，透气性差，价格昂贵。一般只在高强噪声条件下才将帽盔与耳塞连用。

近年来，不断有新型的护耳产品出现，如有源减噪装置、有源护耳器产品，不仅能消除或抗噪声干扰，同时还能传输语言信号。

作业过程中，佩戴个人防护用品一定要坚持不间断，否则效果不好。

（二）振动

物体在外力作用下沿直线或弧线以中心位置（平衡位置）为基准的往复运动，称为机械振动，简称振动。振动的不良影响与振动频率、强度和接振时间有关。

1. 振动的分类

根据振动作用于人体的部位和传导方式不同，可将生产性振动相对分为局部振动和全身振动两种。这两种振动无论是对机体的危害还是防治措施方面都迥然不同。

（1）局部振动，是指手部接触振动工具、机械或加工部件，振动通过手臂传导至全身，故又称为手传振动或手臂振动。接触局部振动的作业主要是使用振动工具的各工种，如铆工、锻工、钻孔工、捣固工、研磨工及电锯、电刨的使用者等。这些工具可归为风动工具、电动工具和高速旋转工具3类。

（2）全身振动，是指工作地点或座椅的振动，人体足部或臀部接触振动，通过下肢躯干传导至全身。全身振动作业主要是振动机械的操作工，如震源车的震源工、车载钻机的操作工、钻井发电机房内的发电工及地震作业、钻前作业的拖拉机手等。此外，各类交通工具（汽车、火车、船舶、飞机、拖拉机、收割机等）上的作业也可引起全身振动。

2. 振动对人体的危害

（1）全身振动对人体的不良影响。接触强烈的全身振动，可能导致内脏器官的损伤或位移，周围神经和血管功能的改变，可造成各种类型的、组织的、生物化学的改变，导致组织营养不良，如足部疼痛、下肢疲劳、足背脉搏搏动减弱、皮肤温度降低；女工可发生子宫下垂、自然流产及异常分娩率增加。一般人可发生性机能下降、气体代谢增加。振动加速度还可使人出现前庭功能障碍，导致内耳调节平衡功能失调，出现脸色苍白、恶心、呕吐、出冷汗、头疼头晕、呼吸浅表、心率和血压降低等症状。全身振动还可造成腰椎损伤等运动系统影响。

（2）局部振动对人体的不良影响。局部接触强烈振动主要以手接触振动工具的方式为主，由于工作状态的不同，振动可传给一侧或双侧手臂，有时可传到肩部。长期持续使用振动工具能引起末梢循环、末梢神经和骨关节肌肉运动系统的障碍，严重时可引起国家法定职业病——局部振动病。局部振动病也称职业性雷诺现象、振动性血管神经病或振动性白指病等。主要是由于人体长期受低频率、大振幅的振动，使自主神经功能紊乱，引起皮肤振动感受器及外周血管循环机能改变，久而久之，可出现一系列病理改变。早期可出现肢端感觉异常、振动感觉减退。主诉手部症状为手麻、手疼、手胀、手凉、手掌多汗，多在夜间发生；其次为手僵、手颤、手无力（多在工作后发生），手指遇冷即出现缺血发白，严重时血管痉挛明显。X 射线片可见骨及关节改变。

3. 振动危害的防治

振动的防治要采取综合性措施，即消除或减弱振动工具的振动，限制接触振动的时间，改善寒冷等不良作业条件，有计划地对从业人员进行健康检查，采取个体防护等措施。

（1）消除或减少振动源的振动。消除或减少振动源的振动是控制振动危害的根本性措施。通过工艺改革尽量消除或减少产生振动的工艺过程，如用焊接代替铆接、水力清砂代替风铲清砂。采取减振措施，减少手臂直接接触振动源。

（2）限制作业时间。在限制接触振动强度还不理想的情况下，限制作业时间是防止和减轻振动危害的重要措施。应制定合理的作息制度和工间休息制度。

（3）改善作业环境。改善作业环境是指要控制工作场所的寒冷、噪声、毒物、高气湿等作业环境，特别要注意防寒保暖。

（4）加强个体防护。合理使用防护用品也是防止和减轻振动危害的一项重要措施，如戴减振、保暖的手套。

（5）医疗保健措施。就业前进行体检，避免职业禁忌。定期体检，争取早期发现被振动危害的个体，及时治疗和处理。

（6）职业卫生教育和职业培训。进行职工健康教育，对新工人进行技术培训，避免长时间连续暴露在振动环境中。

（7）卫生标准。国家对局部振动作业制定了卫生标准，标准限值的保护率可达90%。所以，通过预防性卫生监督和经常性卫生监督，严格执行国家标准，也可预防振动危害。

活动与训练

某石材加工企业各岗位个体防护装备配备实践
——个体防护实践

一、目标

（1）能够结合石材加工生产工艺，识别作业场所中存在的职业病危害因素。

（2）能够针对各岗位制定个人防护装备配备方案，提高自身的综合分析能力。

二、企业情况简介

某石材加工企业工艺流程如图 6-6 所示，主要生产设备布局如图 6-7 所示。

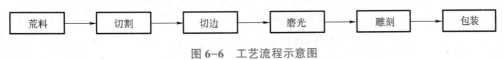

图 6-6　工艺流程示意图

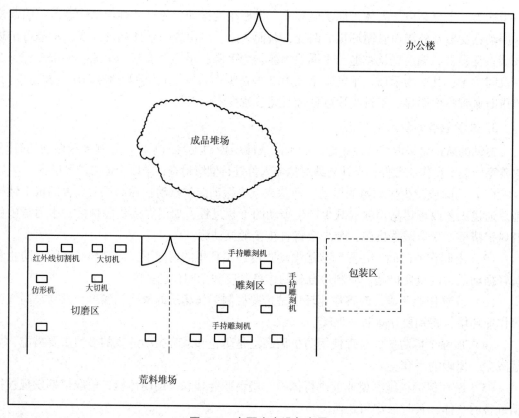

图6-7　主要生产设备布局

三、程序和规则

步骤1：任务布置，要求学生每人独立完成该项作业任务。

步骤2：任务实施，查阅相关材料，完成方案制定，制作PPT并进行汇报发言。

步骤3：每位学生逐一进行汇报展示，每人限时5分钟。

步骤4：小组互评、教师评价。

具体考核标准如表6-4所示。

表6-4　个体防护实践评价表

序号	考核内容	评价标准	标准分值	评分
1	职业病危害因素辨识（30分）	能对所有工种展开辨识分析，且职业病危害因素辨识全面	30分	
		能对所有工种展开辨识分析，且职业病危害因素辨识比较全面	20分	
		能对80%以上工种展开辨识分析，且能辨识出主要职业病危害因素	10分	
		能对80%以下工种展开辨识分析	0分	

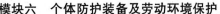

续表

序号	考核内容	评价标准	标准分值	评分
2	配备方案 （50分）	方案正确率90%以上（含）	50分	
		方案正确率80%以上（含）	40分	
		方案正确率70%以上（含）	30分	
		方案正确率60%以上（含）	10分	
		方案正确率60%以下	0分	
3	汇报综合表现 （20分）	表达清晰，语言简洁，肢体语言运用适当，大方得体	20分	
		表达较清晰，语言不够简洁，肢体语言运用较少，表现较紧张	10分	
	得分			

四、总结评价

通过小组之间互评和教师评价指导，加深学生对职业卫生，以及个体防护相关知识的理解，强化学生的综合分析能力，提升学生的实践应用能力。

课后思考

1. 请结合工作环境分析存在的职业危害，并制定预防措施。

2. 请联系实际，对某生产行业的粉尘危害情况进行分析，并提出相应的防治对策和措施。

3. 噪声和振动会产生什么职业病？如何防治？

应急处置与救援

预知突发事件的发生，不如迅速应对它们。

——凯文·麦克尔伦

模块导读

2019 年 5 月 7 日，应急管理部官网公布了我国 2019 年 4 月自然灾害发生情况：以洪涝、风雹灾害为主，其他灾害如地震、森林火灾、滑坡等灾害也有不同程度的发生。据统计各种自然灾害共造成全国 170.1 万人次受灾，47 人死亡，3 人失踪，1.5 万人（次）紧急转移安置；1 200 余间房屋倒塌，近 3 000 间严重损坏，3.8 万间一般损坏；农作物受灾面积达 152.9 千公顷，其中绝收 17.6 千公顷；直接经济损失达 32.3 亿元。可见，自然灾害具有非常大的危害与破坏力，预防应对自然灾害是关系国民经济发展和人民生活的大事，是全社会都关心的重大课题。

本模块主要介绍了洪灾、雷电、地震、异常高温等常见自然灾害的相关常识与预防基本知识，同时也介绍了遭遇这些常见自然灾害时的应对措施。

学习目标

1. 全面了解应急事故与救援的基本常识。
2. 熟悉并掌握事故现场应急处置的方法。
3. 掌握火灾扑救对策和灭火器的使用方法。
4. 掌握心肺复苏法的实施步骤和操作技能。
5. 掌握包扎技术及操作方法。

单元一　事故现场应急处置的基本原则与步骤

 案例导入

重庆开县井喷事故

2003 年 12 月 23 日 21 时 55 分，四川石油管理局川东钻探公司川钻 12 队对气井起钻

时，突然发生井喷，来势特别猛烈，富含硫化氢的气体从钻具水眼喷涌达 30 m 高程，硫化氢浓度达到 100 ppm 以上，预计无阻流量为 400 万~1 000 万立方米/天。失控的有毒气体（硫化氢）随空气迅速扩散，导致在短时间内发生大面积灾害，人民群众的生命财产遭受了巨大损失。据统计，井喷事故发生后，离气井较近的开县高桥镇、麻柳乡、正坝镇和天和乡 4 个乡镇，30 个村，9.3 万余人受灾，6.5 万余人被迫疏散转移，累计门诊治疗 27 011 人（次），住院治疗 2 142 人（次），243 位无辜人员遇难，直接经济损失达 8 200 余万元。其中，受灾最重的高桥镇晓阳、高旺两个村，受灾群众达 2 419 人，遇难者达 212 人。12 月 23 日晚 11 时前后，重庆市政府接到市安监局关于川东北矿区发生井喷的报告，市委、市政府高度重视，即责成开县县委、县政府迅速组织抢险队赶赴现场。在查明井喷事故将可能严重威胁居民生命安全的情况下，迅速采取措施：一是立即通知事故发生地的高桥镇党委政府，以最快的速度组织群众向安全地带疏散转移；二是迅速电告附近的正坝镇、麻柳乡，从人力、车辆等各方面进行支援；三是一位副县长率领 50 多人的先遣抢险队伍立即赶往事故现场；四是做好启动应急救援系统的各项准备工作。

分析：事故是因中国石油化工集团公司及下属企业安全生产主体责任不落实，责任体系不健全，部门职责不清、责任不明；安全生产大检查和隐患排查整治不深入、不细致、不彻底，未能及时消除重大安全隐患；事故应急救援不力，现场应急处置措施不当，盲目动用非防爆设备进行作业，严重违规违章。

事故发生后，要谨防二次事故和次生灾害的发生；为此，事故现场管理人员应当做好充分准备。救援指挥人员应当具有应对紧急情况的能力和较为丰富的指挥经验，做到科学果断、临危不乱，调动一切力量控制事故、灾情的扩大或蔓延。

一、事故现场应急处置的基本原则

事故现场应急处置有以下基本原则。

（1）遇到伤害事故发生时，不要惊慌失措，要保持镇静，并设法维持好现场秩序。

（2）在周围环境不危及生命的条件下，一般不要随便搬动伤员。

（3）暂不要给伤员喝任何饮料与进食。

（4）如发生意外而现场无人时，应向周围大声呼救，请求来人帮助或设法联系有关部门，不要单独留下伤员无人照管。

（5）遇到严重事故、灾害时，除急救呼叫外，还应立即向当地政府安全生产主管部门报告，报告现场在什么地方、伤员有多少、伤情如何、做过什么处理等。

（6）伤员较多时，根据伤情对伤员分类抢救，处理原则是先重后轻、先急后缓、先近后远；

（7）对呼吸困难、窒息和心跳停止的伤员，立即将伤员头部置于后仰位，托起下颌，使呼吸道通畅，同时施行人工呼吸、胸外心脏按压等复苏操作，原地抢救。

（8）对伤情稳定、估计转运途中不会加重伤情的伤员，迅速组织人力，利用各种交通

工具分别转运到附近的医疗机构进行急救。

（9）现场抢救的一切行动必须服从有关领导的统一指挥，不可各自为政。现场急救的关键在于"及时"，人员受伤害后，2 min 内进行急救的成功率可达70%，4~5 min 进行急救的成功率可达43%，15 min 以后进行急救的成功率则较低。据统计，现场创伤急救做得好，可减少20%伤员的死亡。

二、事故现场应急处置步骤

（一）应急预防

应急预防是指从应急管理的角度，为预防事故发生或恶化而做的预防性工作。预防是应急管理的首要工作，把事故消除在萌芽状态是应急管理的最高境界。

1. 应急预防的具体情形

应急预防具体包括以下4种情形。

（1）事先进行危险源辨识和风险分析，预测可能发生的事故、事件，采取控制措施尽可能避免事故的发生。

（2）进行现场应急专项检查、安全检查，查找问题，通过动态监控，预防事故发生。

（3）在出现事故征兆的情况下，及时采取防范措施，消除事故的发生。

（4）假定事故必然发生的前提下，通过预先采取的预防措施，最大限度地减少事故造成的人员伤亡、财产损失和社会影响或后果的严重程度。

2. 应急预防的工作方法

（1）危险辨识。危险源辨识是应急管理的第一步。要首先把本单位、本辖区所存在的危险源进行全面认真的辨识、分析、普查、登记。

（2）风险评价。在危险源辨识、分析完成后，要采用适当的评价方法，对危险源进行风险评价，确定可能存在不可接受风险的危险源，从而确定应急管理的重点控制对象。

（3）预测预警。根据危险源的危险特性，对应急控制对象可能发生的事故进行预测，对出现的事故征兆和紧急情况及时发布相关信息进行预警，采取相应措施，将事故消灭在萌芽状态。

（4）预警预控。假定事故必然发生，在预警的同时必须预先采取必要的防范、控制措施，将可能出现的情形事先告知相关人员进行预警，将预防措施及相应处理程序告知相关人员，以便在事故发生时，能有备而战，预防事故的恶化或扩大。

（二）应急准备

应急准备是应急管理过程中一个极其关键的过程。针对可能发生的事故，为迅速、有序地开展应急行动而预先进行的组织准备和应急的保障工作。

1. 应急准备的目的和内容

应急准备的目的就是通过充分的准备，满足事故征兆、事故发生状态下各种应急救援活动顺利进行的需求，从而实现预期的应急救援目标。应急准备的内容包括以下内容。

（1）应急组织的成立。

（2）应急队伍的建设。

（3）应急人员的培训。

（4）应急预案的编制。

（5）应急物资的储备。

（6）应急装备的配备。

（7）应急技术的研发。

（8）应急通信的保障。

（9）应急预案的演练。

（10）应急资金的保障。

（11）外部救援力量的衔接，以及其他。

2. 应急准备的工作方法

（1）应急预案编制。应急救援不能打无准备之仗，应急准备的第一步就是要编制应急救援预案。应急预案有利于做出及时的应急响应，降低事故后果，应急行动对时间要求十分敏感，不允许有任何拖延，应急预案预先明确了应急各方的职责和响应程序，在应急资源等方面进行先期准备，可以指导应急救援迅速、高效、有序地开展，将事故造成的人员伤亡、财产损失和环境破坏降到最低限度。

（2）应急资源保障。根据应急预案的要求，进行人力、物力、财力等资源的准备，为应急救援的具体实施提供保障。各项应急保障是否到位对应急救援行动的成败起着至关重要的作用。

（3）应急培训。应急培训工作，是提高各级领导干部处置突发事件能力的需要，是增强公众公共安全意识、社会责任意识和自救、互救能力的需要，是最大限度预防和减少突发事件发生及其造成损害的需要。应急培训是应急准备中极其重要的一项内容和工作的方法。

（4）应急演练。应急演练活动是检验应急管理体系的适应性、完备性和有效性的最好方式。定期进行应急演练，不仅可以强化相关人员的应急意识，提高参与者的快速反应能力和实战水平，而且能暴露应急预案和管理体系中的不足，检测制订的突发事件应变计划是否实在、可行。同时，有效的应急演练还可以减少应急行动中的人为错误，降低现场宝贵应急资源和响应时间的耗费。

（三）应急响应

应急响应是在出现事故险情、事故发生状态下，在对事故情况进行分析评估的基础上，有关组织或人员按照应急救援预案立即采取的应急救援行动，包括事故的报警与通报、人员的紧急疏散、急救与医疗、消防和工程抢险措施、信息收集与应急决策和外部求援等环节。

1. 应急响应的工作方法

（1）事态分析，包括现状分析和趋势分析。现状分析，即分析事故险情、事故初期事

态现状；趋势分析，即预测分析和评估事故险情、事故发展趋势。

（2）启动预案。根据事态分析的结果，迅速启动相应应急预案并确定相应的应急响应级别。

（3）救援行动。预案启动后，根据应急预案中相应响应级别的程序和要求，有组织、有计划、有步骤、有目的地调配应急资源，迅速展开应急救援行动。

（4）事态控制。通过一系列紧张有序的应急行动，事故得以消除或控制，事态不会扩大或恶化，特别是不会发生次生或衍生事故，具备恢复常态的条件。

应急响应可划分为初级响应和扩大应急两个阶段。初级响应是指在事故初期，企业利用自身的救援力量，就使事故得到有效控制。但如果事故的性质、规模超出本单位的应急能力，则必须寻求社会或其他应急救援力量的支持，请求增援、扩大应急，以便最终控制事故。

2. 应急结束

当事故现场得以控制，环境符合标准，导致次生、衍生事故的隐患消除后，经事故现场应急指挥机构批准后，现场应急救援行动结束。

应急结束后，应明确3项内容：一是事故情况上报事项；二是需向事故调查处理组移交的相关事项；三是事故应急救援工作总结报告。

应急结束特指应急响应行动的结束，并不意味着整个应急救援过程的结束。在宣布应急结束后，还要经过后期处置，即应急恢复。

（四）应急恢复

应急恢复是指在事故得到有效控制之后，为使生产、生活、工作和生态环境尽快恢复到正常状态，针对事故造成的设备损坏、厂房破坏、生产中断等后果，采取的设备更新、厂房维修、重新生产等措施。

1. 应急恢复的情形

恢复工作应在事故发生后立即进行。首先应使事故影响区域恢复到相对安全的基本状态，然后逐步恢复到正常状态。要求立即进行的恢复工作包括事故损失评估、原因调查、清理废墟等。在短期恢复工作中，应注意避免出现新的紧急情况。长期恢复包括厂区重建和受影响区域的重新规划和发展。在长期恢复工作中，应汲取事故和应急救援的经验教训，开展进一步的预防工作和减灾行动。

2. 应急恢复的工作方法

（1）清理现场。清理废墟，化学洗消，垃圾外运等。

（2）常态恢复。灾后重建，各方力量配合，使生产、生活、工作和生态环境等恢复到事故前的状态或比事故前状态变得更好。

（3）损失评估，保险理赔。

（4）事故调查。

（5）应急预案复查、评审和改进。

指出应急救援预案编制的不足

一、目标

能够理解和掌握应急预案的编制方法和步骤。

二、案例背景

某化工厂位于 B 市北郊，厂生活区位于厂房西侧约 500 m。厂区东面为山坡地，北邻一村，西邻排洪沟，南面为农田。其主要产品为羧基丁苯胶乳。生产工艺流程为：从原料罐区来的丁二烯、苯乙烯、丙烯腈分别通过管道进入聚合釜，生产原料及添加剂在皂液槽内配置好后加入聚合釜；投料结束后，将胶乳从聚合釜转移到后反应釜；反应结束后，胶乳进入气提塔，然后再进入改性槽，经调和后崩泵打入成品储罐。生产过程中存在多种有毒、易燃易爆物质。

为避免重大事故发生，该厂决定编制应急救援预案。厂长将该任务指派给安全科，安全科成立了以科长为组长，科员甲、乙、丙、丁为成员的 5 人厂应急救援预案编制小组。

编制小组找来了一个相同类型企业 C 的应急救援预案，编制人员将企业 C 应急救援预案中的企业名称、企业介绍、科室名称、人员名称及有关联系方式全部按本厂的实际情况进行了更换，按期向厂长提交了应急救援预案初稿。此后，编制小组根据厂长的审阅意见，修改完善后形成了应急救援预案的最终版本，经厂长批准签字后下发至全厂有关部门。

三、程序和规则

步骤 1：将学生分成若干小组（1~3 人为一组），小组内进行任务分工，如查找资料、PPT 制作、汇报发言等。

步骤 2：每个小组根据任务分工进行任务实施，指出该厂应急救援预案编制中存在的不足，并说明该厂应针对哪些重大事故风险编制专项应急救援预案。

步骤 3：以小组为单位分别进行汇报展示，每组限时 5 分钟。

步骤 4：小组互评、教师评价。

具体考核标准如表 7-1 所示。

表 7-1 应急救援预案编制实践评价表

序号	考核内容	评价标准	标准分值	评分
1	应急救援预案编制不足分析（30分）	正确分析出应急救援预案编制中存在的 9 项及以上不足	30 分	
		正确分析出应急救援预案编制中存在的 5~8 项不足	20 分	
		正确分析出应急救援预案编制中存在的 1~4 项不足	10 分	
		未正确分析出应急救援预案编制中存在的不足	0 分	

续表

序号	考核内容	评价标准	标准分值	评分
2	完善应急救援预案 （50分）	正确分析出评审案例中应补充的应急预案名称5项及以上	50分	
		正确分析出评审案例中应补充的应急预案名称3~4项	30分	
		正确分析出评审案例中应补充的应急预案名称1~2项	10分	
		未正确分析出评审案例中应补充的应急预案名称	0分	
3	汇报综合表现 （20分）	表达清晰，语言简洁，肢体语言运用适当，大方得体	20分	
		表达较清晰，语言不够简洁，肢体语言运用较少，表现得较紧张	10分	
	得分			

四、总结评价

通过小组之间互评和教师评价指导，加深学生对应急预案编制相关知识的理解，强化学生的安全职业素养，提升学生的应急管理实践应用能力。

 课后思考

1. 请阐述事故现场应急处置的基本原则。
2. 请阐述事故现场应急处置的步骤。

单元二　常见事故现场应急处置

案例导入

中央电视台新址火灾

2009年2月9日晚20时27分，北京市朝阳区东三环中央电视台新址园区在建的附属文化中心大楼工地发生火灾，熊熊大火在3.5小时之后得到有效控制。在救援过程中1名消防队员牺牲，6名消防队员和2名施工人员受伤。建筑物过火、过烟面积21 333 m²，其中过火面积8 490 m²，楼内十几层的中庭已经坍塌，位于楼内南侧演播大厅的数字机房被烧毁。造成直接经济损失16 383万元。

分析： 本次火灾事故的发生主要有以下几方面的原因。一是建设单位违反烟花爆竹安

全管理相关规定，组织大型礼花焰火燃放活动；二是相关施工单位大批使用不合格保温板，配合建设单位违纪燃放烟花爆竹；三是监理单位对违纪燃放烟花爆竹和违规采买，使用不合格保温板的问题监理不力；四是相关政府职能部门对非法销售、运输、储蓄和燃放烟花爆竹，以及工程中使用不合格保温板问题看管不力。

一、火灾事故现场应急处置与救援

（一）火灾扑救对策

1. 扑救危险化学品火灾总要求

一旦发生火灾，现场每个人都应清楚地知道他们的职责，掌握有关消防设施、人员的疏散程序和危险化学品灭火的特殊要求等内容。

（1）先控制，后消灭。针对危险化学品火灾的火势发展蔓延快和燃烧面积大的特点，积极采取统一指挥、以快制快、堵截火势、防止蔓延、重点突破、排除险情、分割包围、速战速决的灭火战术。

（2）扑救人员应占领上风或侧风位置，以免遭受有毒有害气体的侵害。

（3）进行火情侦察、火灾扑救及火场疏散人员，应有针对性地采取自我防护措施，如佩戴防护面具、穿戴专用防护服等。

（4）应迅速查明燃烧范围、燃烧物品及其周围物品的品名和主要危险特性、火势蔓延的主要途径。

（5）正确选择最适应的灭火剂和灭火方法。火势较大时，应先堵截火势蔓延，控制燃烧范围，然后逐步扑灭火势。

（6）对有可能发生爆炸、爆裂、喷溅等特别危险需紧急撤退的情况，应按照统一的撤退信号和撤退方法及时撤退（撤退信号应格外醒目，能使现场所有人员都看到或听到，并应经常预先演练）。

2. 采用正确的灭火方法

火灾扑救的首要对策就是采用正确的灭火剂和灭火方法。灭火的基本方法就是破坏燃烧必备的基本条件所采取的基本措施。灭火的基本方法有 4 种，即冷却灭火法、隔离灭火法、窒息灭火法和抑制灭火法。

（1）冷却灭火法，是根据可燃物质发生燃烧时必须达到一定的温度条件，将灭火剂喷射于燃烧物上，通过吸热使其温度降低到燃点以下，从而使火熄灭的一种方法。常用的灭火剂是水和二氧化碳。常用的分区如下物质与周围的可燃物隔离开，或把可燃物从燃烧区移开，燃烧会因缺少可燃物而停止。

（2）隔离灭火法，是根据发生燃烧必须具备可燃物质条件，把着火的物质与周围的可燃物隔离开，或把可燃物从燃烧区移开，燃烧会因缺少可燃物而停止。

（3）窒息灭火法，是根据可燃物质发生燃烧需要足够的空气（氧）条件，采取适当措施来阻止空气流入燃烧区域，或用不燃物质冲淡空气，使燃烧物得不到足够的氧气而熄灭，如用石棉毯、湿麻袋、湿棉被等覆盖燃烧物来灭火。

（4）抑制灭火法，是使灭火剂参与燃烧的链式反应，使燃烧过程中产生的游离基消失，形成稳定分子或低活性的游离基，从而使燃烧反应停止。

以上各种灭火方法，宜根据燃烧物质的性质、燃烧特点和火场的具体情况选用，多数情况下都是几种灭火方法结合起来使用。

3. 不同种类危险化学品的灭火对策

（1）扑救易燃液体的基本对策。易燃液体通常是储存在容器内或管道中输送的。与气体不同的是，液体容器有的密闭，有的敞开，一般都是常压，只有反应锅（炉、釜）及输送管道内的液体压力较高。液体不管是否着火，如果发生泄漏或溢出，都将顺着地面（或水面）漂散流淌，而且，易燃液体还有密度和水溶性等涉及能否用水和普通泡沫扑救的问题，以及危险性很大的沸溢和喷溅问题，因此，扑救易燃液体火灾往往是一场艰难的战斗。遇易燃液体火灾，一般应采用以下基本对策。

① 首先应切断火势蔓延的途径，冷却和疏散受火势威胁的压力及密闭容器和可燃物，控制燃烧范围，并积极抢救受伤和被困人员。如有液体流淌时，应筑堤（或用围油栏）拦截漂散流淌的易燃液体或挖沟导流。

② 及时了解和掌握着火液体的品名、密度、水溶性，以及有无毒害、腐蚀、沸溢、喷溅等危险性，以便采取相应的灭火和防护措施。

③ 对较大的储罐或流淌火灾，应准确判断着火面积。小面积（一般 50 m² 以内）液体火灾，一般可用雾状水扑灭。用泡沫、干粉、二氧化碳、卤代烷（1211、1301）灭火一般更有效。大面积液体火灾则必须根据其相对密度、水溶性和燃烧面积大小，选择正确的灭火剂扑救。

④ 比水相对密度小又不溶于水的液体（如汽油、苯等），用直流水、雾状水灭火往往无效，可用普通蛋白泡沫或轻水泡沫灭火。用干粉、卤代烷扑救时，灭火效果要视燃烧面积大小和燃烧条件而定，最好用水冷却罐壁。

⑤ 比水相对密度大又不溶于水的液体（如二硫化碳）起火时可用水扑救，水能覆盖在液面上灭火。用泡沫也有效。干粉、卤代烷扑救，灭火效果要视燃烧面积大小和燃烧条件而定。最好用水冷却罐壁。

⑥ 具有水溶性的液体（如醇类、酮类等），虽然从理论上讲能用水稀释扑救，但用此法要使液体闪点消失，水必须在溶液中占很大的比例。这不仅需要大量的水，也容易使液体溢出流淌，而普通泡沫又会受到水溶性液体的破坏（如果普通泡沫强度加大，可以减弱火势），因此，最好用抗溶性泡沫扑救。用干粉或卤代烷扑救时，灭火效果要视燃烧面积大小和燃烧条件而定，也需用水冷却罐壁。

⑦ 扑救毒害性、腐蚀性或燃烧产物毒害性较强的易燃液体火灾，扑救人员必须佩戴防护面具，采取防护措施。

⑧ 扑救原油和重油等具有沸溢和喷溅危险的液体火灾。如有条件，可采用取放水、搅拌等防止发生沸溢和喷溅的措施。在灭火时必须注意计算可能发生沸溢、喷溅的时间，观察是否有沸溢、喷溅的征兆。指挥员发现危险征兆时，应立即做出准确判断，及时下达

撤退命令，避免造成人员伤亡和装备损失。扑救人员看到或听到统一撤退信号后，应立即撤至安全地带。

⑨ 遇易燃液体管道或储罐泄漏着火，在切断蔓延，把火势限制在一定范围内的同时，对输送管道应设法找到并关闭进、出阀门。如果管道阀门已损坏或是储罐泄漏，首先应迅速准备好堵漏材料，其次先用泡沫、干粉、二氧化碳或雾状水等扑灭地上的流淌火焰，为堵漏扫清障碍，再次扑灭泄漏口的火焰，并迅速采取堵漏措施。与气体堵漏不同的是，液体一次堵漏失败，可连续堵几次，只要用泡沫覆盖地面，并堵住液体流淌，控制好周围着火源，不必点燃泄漏口的液体。

（2）扑救毒害品和腐蚀品的对策。毒害品和腐蚀品对人体都有一定危害。毒害品主要是经口或吸入蒸气或通过皮肤接触引起人体中毒的。腐蚀品是通过皮肤接触，使人体形成化学灼伤。毒害品、腐蚀品有些本身能着火，有的本身并不着火，但与其他可燃物品接触后能着火。这类物品发生火灾时一般应采取以下基本对策。

① 灭火人员必须穿防护服，佩戴防护面具。一般情况下采取全身防护即可，对有特殊要求的物品火灾，应使用专用防护服。考虑过滤式防毒面具防毒范围的局限性，在扑救毒害品火灾时应尽量使用隔绝式氧气或空气面具。为了在火场上能正确使用和适应，平时应进行严格的适应性训练。

② 积极抢救受伤和被困人员，限制燃烧范围。毒害品、腐蚀品火灾极易造成人员伤亡，灭火人员在采取防护措施后，应立即投入寻找和抢救受伤、被困人员的工作，并努力限制燃烧范围。

③ 扑救时应尽量使用低压水流或雾状水，避免腐蚀品、毒害品溅出。遇酸类或碱类腐蚀品，最好调制相应的中和剂稀释中和。

④ 遇毒害品、腐蚀品容器泄漏，在扑灭火势后应采取堵漏措施。腐蚀品需用防腐材料堵漏。

⑤ 浓硫酸遇水能放出大量的热，会导致沸腾飞溅，需特别注意防护。扑救浓硫酸与其他可燃物品接触发生的火灾，浓硫酸数量不多时，可用大量低压水快速扑救。如果浓硫酸量很大，应先用二氧化碳、干粉、卤代烷等灭火，然后再把着火物品与浓硫酸分开。

（3）扑救放射性物品火灾的基本对策。放射性物品是一类发射出人类肉眼看不见，却能严重损害人类生命和健康的 X 射线、β 射线、γ 射线和中子流的特殊物品。扑救这类物品火灾时，必须采取特殊的能防护射线照射的措施。平时生产、经营、储存和运输、使用这类物品的单位及消防部门，应配备一定数量的防护装备和放射性测试仪器。遇这类物品火灾一般应采取以下基本对策：

① 先派出精干人员携带放射性测试仪器，测试辐射（剂）量和范围，测试人员应尽可能地采取防护措施。

② 辐射（剂）量超过 0.038 7 C/kg 的区域，应设置写有"危及生命、禁止进入"的文字说明的警告标志牌。

③ 辐射（剂）量小于 0.038 7 C/kg 的区域，应设置写有"辐射危险、请勿接近"警告标志牌，测试人员还应进行不间断巡回监测。

④ 对辐射（剂）量大于 0.038 7 C/ kg 的区域，灭火人员不能深入辐射源进行灭火活动。

⑤ 辐射（剂）量小于 0.038 7 C/ kg 的区域，可快速用水灭火或用泡沫、二氧化碳、干粉、卤代烷扑救，并积极抢救受伤人员。

⑥ 对燃烧现场包装没有被破坏的放射性物品，可在水枪的掩护下，覆盖防护装备，设法转移，无法转移时，应就地冷却保护，防止造成新的破损，增加辐射（剂）量。对已破损的容器切忌搬动或用水流冲击，以防止放射性沾染范围扩大。

（4）扑救易燃固体、易燃物品火灾的基本对策。易燃固体、易燃物品一般都可用水或泡沫扑救，相对其他种类的化学危险物品而言是比较容易扑救的，只要控制住燃烧范围，逐步扑灭即可。但也有少数易燃固体、自燃物品的扑救方法比较特殊，如 2.4—二硝基苯甲醚、二硝基萘、萘、黄磷等。

2.4—二硝基苯甲醚、二硝基萘、萘等是能升华的易燃固体，受热产生易燃蒸气。火灾时可用雾状水、泡沫扑救并切断火势蔓延途径，但应注意，不能以为明火火焰扑灭即已完成灭火工作，因为受热以后升华的易燃蒸气能在不知不觉中飘逸，在上层与空气能形成爆炸性混合物，尤其是在室内，易发生爆燃。因此，扑救这类物品火灾时千万不能被假象所迷惑。在扑救过程中，应不时向燃烧区域上空及周围喷射雾状水，并用水浇灭燃烧区域及其周围的一切火源。

黄磷是自燃点很低、在空气中能很快氧化升温并自燃的物品。遇黄磷火灾时，首先应切断火势蔓延途径，控制燃烧范围。对着火的黄磷应用低压水或雾状水扑救。高压直流水冲击能引起黄磷飞溅，导致灾害扩大。黄磷熔融液体流淌时，应用泥土、沙袋等筑堤拦截并用雾状水冷却，对磷块和冷却后已固化的黄磷，应用钳子钳入储水容器中。来不及钳时可先用沙土掩盖，但应做好标记，等火势扑灭后，再逐步集中到储水容器中。

少数易燃固体和自燃物品不能用水和泡沫扑救，如三硫化二磷、铝粉、烷基铝、保险粉等，应根据具体情况区别处理。宜选用干沙和不用压力喷射的干粉扑救。

（5）扑救压缩或液化气体火灾的基本对策。压缩或液化气体总是被储存在不同的容器内，或通过管道输送。其中储存在较小钢瓶内的气体压力较高，受热或受火焰熏烤容易发生爆裂。气体泄漏后遇火源已形成稳定燃烧时，其发生爆炸或再次爆炸的危险性与可燃气体、泄漏未燃时相比要小得多。遇压缩或液化气体火灾时一般应采取以下基本对策。

① 扑救气体火灾切忌盲目扑灭火势，在没有采取堵漏措施的情况下，必须保持稳定燃烧。否则大量可燃气体泄漏出来与空气混合，遇着火源就会发生爆炸，后果将不堪设想。

② 首先应扑灭外围被火源引燃的可燃物火势，切断火势蔓延途径，控制燃烧范围，并积极抢救受伤和被困人员。

③ 如果火势中有压力容器或有受到火焰辐射热威胁的压力容器，能转移的应尽量在水枪的掩护下转移到安全地带，不能转移的应部署足够的水枪进行冷却保护。为防止容器爆裂伤人，进行冷却的人员应尽量采用低姿射水或利用现场坚实的掩蔽体防护。对卧式储罐，冷却人员应选择储罐四个角作为射水阵地。

④ 如果是输气管道泄漏着火，应设法找到气源阀门。阀门完好时，只要关闭气体的进出阀门，火势就会自动熄灭。储罐或管道泄漏关阀无效时，应根据火势判断气体压力和泄漏口的大小及其形状，准备好相应的堵漏材料（如软木塞、橡胶塞、气囊塞、黏合剂、弯管工具等）。堵漏工作准备就绪后，即可用水扑救火势，也可用干粉、二氧化碳、卤代烷灭火，但仍需用水冷却烧烫的罐或管壁。火扑灭后，应立即用堵漏材料堵漏，同时用雾状水稀释和驱散泄漏出来的气体。如果确认泄漏口非常大，根本无法堵漏，只需冷却着火容器及其周围容器和可燃物品，控制着火范围，直到燃气燃尽，火势自动熄灭。现场指挥应密切注意各种危险征兆，遇有火势熄灭后较长时间未能恢复稳定燃烧或受热辐射的容器安全阀火焰变亮耀眼、啸叫、晃动等爆裂征兆时，指挥员必须适时做出准确判断，及时下达撤退命令。现场人员看到或听到事先规定的撤退信号后，应迅速撤退至安全地带。

（6）扑救爆炸物品火灾的基本对策。爆炸物品一般都有专门或临时的储存仓库。这类物品由于内部结构含有爆炸性因素，受摩擦、撞击、振动、高温等外界因素激发，极易发生爆炸，遇明火则更危险。遇爆炸物品火灾时，一般应采取以下基本对策。

① 迅速判断和查明再次发生爆炸的可能性和危险性，紧紧抓住爆炸后和再次发生爆炸之前的有利时机，采取一切可能的措施，全力制止再次爆炸的发生。

② 切忌用砂土盖压，以免增强爆炸物品爆炸时的威力。

③ 如果有疏散可能，人身安全上确有可靠保障，应立即组织力量及时疏散着火区域周围的爆炸物品，使着火区周围形成一个隔离带。

④ 救爆炸物品堆垛时，水流应采用吊射，避免强力水流直接冲击堆垛，以免堆垛倒塌引起再次爆炸。

⑤ 灭火人员应尽量利用现场现成的掩蔽体或尽量采用卧姿等低姿射水，尽可能地采取自我保护措施。消防车辆不要停靠在离爆炸物品太近的水源附近。

⑥ 灭火人员发现有发生再次爆炸的危险时，应立即向现场指挥报告，现场指挥应立即做出准确判断，确有发生再次爆炸征兆或危险时，应立即下达撤退命令。灭火人员看到或听到撤退信号后，应迅速撤至安全地带，来不及撤退时，应就地卧倒。

（7）扑救遇湿易燃物品火灾的基本对策。遇湿易燃物品能与潮湿的水发生化学反应，产生可燃气体和热量，有时即使没有明火也能自动着火或爆炸，如金属钾、钠，以及三乙基铝（液态）等。因此，这类物品有一定数量时，绝对禁止用水、泡沫、酸碱灭火器等湿性灭火剂扑救。这类物品的这一特殊性，给其火灾时的扑救带来了很大的困难。

通常情况下，遇湿易燃物品由于其发生火灾时的灭火措施特殊，在储存时要求分库或隔离分堆单独储存，但在实际操作中有时往往很难完全做到，尤其是在生产和运输过程中更难以做到，如铝制品厂往往遍地积有铝粉。对包装坚固、封口严密、数量又少的遇湿易燃物品，在储存规定上允许同室分堆或同柜分格储存。这就给其火灾扑救工作带来了更大的困难，灭火人员在扑救中应谨慎处置。对遇湿易燃物品火灾一般采取以下基本对策。

① 先应了解清楚遇湿易燃物品的品名、数量，是否与其他物品混存，燃烧范围和火势蔓延途径。

② 如果只有极少量（一般在 50 g 以内）遇湿易燃物品，则不管是否与其他物品混存，仍可用大量的水或泡沫扑救。水或泡沫刚接触着火点时，短时间内可能会使火势增大，但少量遇湿易燃物品燃尽后，火势很快就会熄灭或减小。

③ 如果遇湿易燃物品数量较多，且未与其他物品混存，则绝对禁止用水或泡沫、酸碱等湿性灭火剂扑救。遇湿易燃物品应用干粉、二氧化碳、卤代烷扑救，只有金属钾、钠、铝、镁等个别物品用二氧化碳、卤代烷无效。固体遇湿易燃物品应用水泥、干沙、干粉、硅藻土和硅石等覆盖。水泥是扑救固体遇湿易燃物品火灾比较容易有效的灭火剂。对遇湿易燃物品中的粉尘，如镁粉、铝粉等，切忌喷射有压力的灭火剂，以防止将粉尘吹扬起来，与空气形成爆炸性混合物而导致爆炸发生。

④ 如果有较多的遇湿易燃物品与其他物品混存，则应先查明是哪类物品着火，遇湿易燃物品的包装是否损坏。可先用开关水枪向着火点吊射少量的水进行试探，如未见火势明显增大，证明遇湿物品尚未着火，包装也未损坏，应立即用大量水或泡沫扑救，扑灭火势后立即组织力量，将淋过水或仍在潮湿区域的遇湿易燃物品疏散到安全地带。如射水试探后火势明显增大，则证明遇湿易燃物品已经着火或包装已经损坏，应禁止用水、泡沫、酸碱灭火器扑救；若是液体应用干粉等灭火剂扑救；若是固体、应用水泥、干沙等覆盖；如遇钾、钠、铝、镁等轻金属发生火灾，最好用石墨粉、氧化钠，以及专用的轻金属灭火剂扑救。

⑤ 如果其他物品火灾威胁到相邻的较多遇湿易燃物品，应先用油布或塑料膜等其他防水布将遇湿易燃物品遮盖好，然后再在上面盖上棉被并淋上水。如果遇湿易燃物品堆放处地势不太高，可在其周围用土筑一道防水堤。在用水或泡沫扑救火灾时，对相邻的遇湿易燃物品应留一定的力量监护。

由于遇湿易燃物品性能特殊，又不能用常用的水和泡沫灭火剂扑救，从事这类物品生产、经营、储存、运输、使用的人员及消防人员，平时应经常了解和熟悉其品名和主要危险特性。

（二）火灾扑救注意事项

1. 扑救化学品火灾时的注意事项

（1）灭火人员不应单独灭火。

（2）出口应始终保持清洁和畅通。

（3）要选择正确的灭火剂。

（4）灭火时应考虑人员的安全。

2. 扑救初期火灾的注意事项

（1）迅速关闭火灾部位的上下游阀门，切断进入火灾事故地点的一切物料。

（2）在火灾尚未扩大到不可控制之前，应使用移动式灭火器或现场其他各种消防设备、器材扑灭初期火灾和控制火源。

3. 为防止火灾危及相邻设施，应注意采取的保护措施

（1）对周围设施及时采取冷却保护措施。

（2）迅速疏散受火势威胁的物资。

（3）有的火灾可能造成易燃液体外流，这时可用沙袋或其他材料筑堤，拦截漂散流淌的液体，或挖沟导流，将物料导向安全地点。

（4）用毛毡、海草帘堵住下水井、阴井口等处，防止火焰蔓延。

4. 特别注意

（1）扑救危险化学品火灾时绝不可盲目行动，应针对每一类化学品，选择正确的灭火剂和灭火方法来安全地控制火灾。

（2）化学品火灾的扑救应由专业消防队进行，其他人员不可盲目行动，待消防队到达后，介绍物料介质，配合扑救。

（3）必要时采取堵漏或隔离措施，预防次生灾害扩大。

（4）当火势被控制以后，仍然要派人监护，清理现场，消灭余火。

（5）同时要注意把原则性和灵活性处理好，应急处理过程并非按部就班地按固定不变的顺序进行，而是根据实际情况尽可能同时进行。

二、坍塌事故现场应急处置与救援

建筑坍塌事故是指建筑由于自然灾害、设计、施工、材料、使用和维护等多种原因，导致结构失稳、失效坍塌而造成高处坠落、物体打击、挤压伤害及窒息的事故。建筑坍塌事故不仅会造成巨大的经济损失，还可能对人员的生命安全构成严重威胁，还可能对社会稳定、环境保护等方面产生不良影响。

（一）建筑坍塌事故应急处置与救援的特点

建筑坍塌事故应急处置与救援具有以下特点。

1. 突发性强，属性不可预见

建筑坍塌事故往往突然发生，没有明显的预兆，留给被困人员和救援人员的反应时间极短。受建筑结构、建筑质量、自然条件等多种因素影响，建筑坍塌事故的具体时间、地点和规模难以准确预测。

2. 人员伤亡重，社会影响大

建筑坍塌事故往往导致大量人员伤亡，被困人员生命受到严重威胁。事故发生后，不仅会对受害者和家庭造成巨大伤害，还会引发社会广泛关注，产生较大的社会负面影响。

3. 坍塌环境复杂，救援难度大

建筑坍塌现场环境复杂，往往存在大量废墟和杂物，给救援工作带来极大的困难。针对不同类型和规模的建筑坍塌事故，需要采用不同的救援技术和装备，对救援人员的专业素质和技术水平提出较高要求。由于被埋压待救的被困人员较多，且受场地、装备等限制，救援行动难以迅速展开，往往需要长时间连续作战。

4. 次生灾害风险高，后果严重度高

建筑坍塌事故往往容易引发次生灾害。例如，可能破坏建筑物内部的燃气、供电等设施，引发火灾；有毒气体泄漏、有害物质扩散等，可能对周边环境和人员造成二次伤害。

5. 应急任务跨多领域、多部门，协作性强

建筑坍塌事故应急救援需要建立统一的现场指挥部，明确指挥员和各部门职责，确保救援行动协调一致。根据救援需要，合理调配消防、公安、医疗、水、电等多部门资源，形成合力。

6. 应急准备要充分，过程管控要求高

制定科学合理的应急预案，明确救援流程、职责分工和装备需求等。定期开展应急演练，提高救援人员的应变能力和协同作战能力。对坍塌建筑物及周边环境进行实时监测，及时发现并处理可能存在的安全隐患。

综上所述，建筑坍塌事故应急处置与救援具有突发性强、人员伤亡重、救援难度大、次生灾害风险高、需多部门协作和需做好应急准备等特点。因此，在应急处置与救援过程中，必须充分考虑这些特点，制定科学合理的救援方案，确保救援行动高效有序进行。

（二）建筑坍塌应急处置与救援流程

建筑坍塌事故发生后应立即响应，并遵循科学合理有效的处置与救援流程，确保救援行动的高效、有序和安全进行。建筑坍塌应急处置与救援流程通常包括以下步骤，如图 7-1 所示。

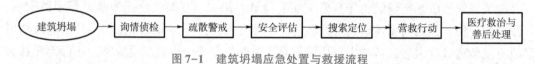

图 7-1　建筑坍塌应急处置与救援流程

1. 询情侦检

通过询情侦检了解建筑坍塌事故的基本情况，为应急处置与救援做好准备，询情侦检内容包括不局限于以下内容。

（1）坍塌建筑物的建造时间、使用性质、结构类型、层数、面积、平面布局。

（2）坍塌建筑内可能被埋压的人数、坍塌前失踪者所处的部位、活动情况等。

（3）建筑坍塌后是否造成燃气、自来水管道爆裂，掉落的电线是否带电等。

（4）有无易燃、易爆、有毒、有害等危险化学品，并确定其数量、存放形式和具体位置。

（5）周围环境、气象等情况。

（6）周围交通情况及搜救通道。

2. 疏散警戒

设置警戒线，封锁事故路段的交通，建立进出事故现场的通道，维护现场秩序，疏散群众，严禁无关人员进入事故现场。

警戒范围的确定应综合考虑现场可能存在的火灾、水灾、燃气及危险化学品泄漏、供电状况和建筑二次坍塌等因素，并根据救援工作的进程或险情排除情况，适时进行调整。

3. 安全评估

进行安全评估，其内容包括。

（1）建筑坍塌的类型、程度及主要破坏部位。

（2）坍塌建筑设施破坏程度（主要包括水、电、气，以及其他重型设备）。

（3）发生危险化学品泄漏、火灾、爆炸等次生灾害的可能性。

（4）二次坍塌的可能性。

（5）邻近建筑物的结构稳定性。

（6）施救措施对建筑结构稳定性的影响。

（7）其他影响建筑结构稳定性的因素。

4. 搜索定位

搜索定位是搜救人员在地震灾害或其他突发性事件造成建筑坍塌事故现场，综合运用人工搜索、犬搜索、仪器搜索等手段开展搜索定位的行动。搜索定位技术常用的方式方法包括人工搜索、犬搜索、仪器搜索、综合搜索。

（1）人工搜索。人工搜索一般先询问知情者，了解相关信息，再利用看、听、喊、敲等方法寻找被困者。可以直接搜索幸存者、呼叫搜索幸存者、监听幸存者的回音，开展网格式详细搜索幸存者。

（2）犬搜索。搜索初期，指挥犬对坍塌区域表面进行大面积迅速搜索，以较少的工作量确定人工搜索期间未能发现位于瓦砾浅表处因丧失知觉而不能呼救的被困者，并标识被困者的位置。犬搜索应采用多条犬进行确认，犬搜索的最小搜索单元是3名训导员和3只搜索犬。

（3）仪器搜索。仪器搜索是指利用电子仪器搜寻被压埋在废墟下未被发现的被困人员并确定其位置，或在营救过程中通过仪器对被困人员及其所处环境成像，进而指导营救操作。仪器搜索应根据现场环境选择声波/振动、光学、热成像、电磁波等探测仪器。

人工搜索、犬搜索和仪器搜索方法具有各自的特点，其优缺点比较如表7-2所示。因此，在进行搜索救援行动时，应根据灾害情况和环境条件确定搜索方法。复杂环境下需利用多种搜索方法结合进行综合搜索，提高搜索效率和定位精度。

表7-2 搜索方法优缺点比较

搜索方法	优点	缺点
人工搜索	搜寻坍塌废墟表面和埋压浅层被困者的一种高效、快捷的方法	可能引发二次坍塌，造成埋压人员的二次伤害甚至死亡，会对其他方式产生影响
犬搜索	快速、高效地寻找到坍塌缝隙和埋压深处的幸存者	长时间的搜索会使搜索犬的兴奋度降低；搜索犬对尸体的气味更加敏感；犬搜索的效果取决于训导员和犬的能力
仪器搜索	搜索效率高	受指战员对仪器操作要求的掌握及熟练程度的直接影响；大量救援人员严重影响搜索定位

5. 营救行动

建筑坍塌后，被困人员有可能是被困在废墟表面，也有可能是被困在废墟内部。需要开辟救生通道，拓展救生空间，转移被困人员。营救行动包括移除技术、破拆技术、顶撑技术和支撑技术等。

（1）移除技术。

① 举升法。利用杠杆，举升、移动无法徒手搬动的重物。

② 滚动法。利用钢管等圆形截面杆件滚动、移动重物。

③ 牵拉拖曳法。利用牵拉器起吊、缓降和拖曳重物。

④ 工程机械移除法。利用重型起重、挖掘、吊升等工程车辆、设备移除建筑物构件和瓦砾。

（2）破拆技术。

① 快速破拆法，是指为了搜救废墟中的被困人员，在安全的情况下，综合利用多种破拆手段，在坍塌建筑物构件中快速打开人员进出通道的一种破拆方法。

② 安全破拆法，是指在破拆行动中，为避免被困人员受到二次伤害，采取事先固定破拆体，然后再对破拆体进行切割的一种安全的破拆方法。

（3）顶撑技术。

① 单支点顶撑，是指仅在建筑构件的一个位置（或顶撑支点）上进行的顶撑。单支点顶撑多用于水平移动建筑构件的一端，或扩张受压变形的建筑构件。单支点顶撑要求能够提供足够顶撑反力的支点位置及其良好的表面条件和强度。

② 多支点顶撑，是指在被顶撑建筑构件的多个点位同时进行顶撑。多数情况下应是两点或多点顶撑，如2个千斤顶、2个气垫、2支液压或气动顶杆同时使用。多点顶撑方法减小了单个顶撑设备的荷载，分散了作用在支持构件上的单点荷载，能够增强顶撑作业中的安全性和废墟稳定性。

（4）支撑技术。

① 二维支撑。常见形式有横向支撑、竖向支撑，常用于门、窗、坑道、楼板等部位的支撑。

② 三维支撑。常见形式有斜向支撑和竖向支撑，常用于墙体、大型承重构件的支撑。

③ 叠木支撑。常见形式有堆叠式支撑、"井"字形堆垛支撑，通常与顶撑作业配合使用。

支撑结构包括"工"字形支撑、"米"字形支撑、"L"形支撑、"井"字形支撑等。

6. 医疗救治与善后处理

① 医疗救治。对救出的被困人员进行初步医疗救治，并及时送往医院接受进一步治疗。

② 善后处理。对死亡人员进行安抚和安置，对受伤人员进行伤残评定和赔偿。对事故现场进行清理和恢复，防止对环境造成污染和破坏。

案例

湖南长沙"4·29"特别重大居民自建房坍塌事故

2022年4月29日12时24分，湖南省长沙市望城区金山桥街道金坪社区盘树湾组发生一起特别重大居民自建房坍塌事故，造成54人死亡、9人受伤，直接经济损失9 077.86万元。

分析：调查认定，湖南长沙"4·29"特别重大居民自建房坍塌事故是一起因房主违法违规建设、加层扩建和用于出租经营，地方党委政府及其有关部门组织开展违法建筑整治、风险隐患排查治理不认真不负责，有的甚至推卸责任、放任不管，造成重大安全隐患长期未得到整治而导致的特别重大生产安全责任事故。

通过对事故现场进行勘查、取样、实测，并委托第三方权威检测机构进行检测试验、坍塌模拟计算分析，认定事故的直接原因为违法违规建设的原五层（局部六层，下同）房屋建筑质量差、结构不合理、稳定性差、承载能力低，违法违规加层扩建至八层（局部九层，下同）后，荷载大幅增加，致使二层东侧柱和墙超出极限承载力，出现受压破坏并持续发展，最终造成房屋整体坍塌。事发前，在出现明显坍塌征兆的情况下，房主拒不听从劝告，未采取紧急避险疏散措施，是导致人员伤亡多的重要原因。

事故发生后，受党中央、国务院委派，国务院领导同志率应急管理部、住房城乡建设部、教育部、卫生健康委等部门负责同志赶赴现场指导事故救援、伤员救治和善后处置等工作。湖南省委省政府、国家有关部委、消防救援队伍、安全生产专业救援队伍、中央企业和地方专业队伍、社会救援力量等全力开展抢险救援工作。面对极其复杂危险的救援环境，经过158小时艰苦紧张救援，有生命迹象的10人全部获救（其中1人在医院救治无效死亡），遇难人员全部找到。

三、交通事故现场应急处置与救援

（一）交通安全的概念

交通这一概念是总称，涉及门类繁多，包括天上飞行的航空运输、水上的船舶运输、铁路上的铁路运输、公路上的道路运输等。交通安全是指人或物从一地点移动到另一地点的全过程中，不被碰撞、翻倒及受到其他损害，安全、完整地到达目的地的状态。交通安全是指在道路上行走、驾驶、乘坐交通工具时不发生人员伤亡和交通工具、财产损失的状态。

（二）常见的交通安全事故

近几年来，随着各种车辆的剧增，发生的交通事故主要有以下几种情况。

（1）被机动车撞伤、撞死。

（2）乘坐汽车发生事故、致死。

（3）违章驾驶机动车发生交通事故致死、致伤。

（三）交通安全事故处理预案

1. 目的

为认真做好交通安全事故防范处置工作，增强应急处理能力，最大限度地减少人员伤亡和经济损失，依据《中华人民共和国道路交通安全法》、国务院《关于特大安全事故行政责任追究的决定》和上级部门有关规定，制定交通安全事故处理预案。

（1）成立交通安全事故应急处理工作领导小组。

（2）领导小组对交通安全事故应急处理统一领导、统一组织、统一指挥，领导小组组长是应急预案的总指挥，根据事故等级启动应急预案和发布解除救援行动的信息。

（3）领导小组具体负责以下工作：根据实际情况和工作预案制定应急处理工作方案；调集内外人力、物力，组织实施突发事故的应急救援；讨论决定应急处理工作中的重大问题，向上级汇报时间情况及应急措施，必要时向有关单位发出救援请求；调查核实事故原因及性质，及时做好善后工作；总结经验与教训，并对相关人员进行奖惩。

2. 应急处理过程和应急处理程序

（1）接警与通知事故发生后，在场人员应争取在第一时间通过各种形式报警，重大交通事故和人员伤害可直拨"110"报警电话、"120"急救电话、"122"交通事故处置电话（并记住肇事车的车型、颜色、车牌）。在场人员应立即将所发生的事故情况报告相关部门。在掌握基本事故情况后，立即向交通安全事故应急处理领导小组组长汇报，领导小组应立即启动应急预案，迅速赶赴现场组织抢救。同时协同公安机关、医疗、消防等部门参与现场救护。

（2）现场应急抢救与现场保护、现场应急抢救措施原则：先人后物，先重后轻，就近求救。在场人员应首先检查人员受伤情况，先抢救人员，后抢救财物。如果有人员受伤，根据先重后轻的原则立即对受伤人员进行应急救护处置。同时向公安机关、交通管理部门报案并配合公安部门开展工作，还应根据需要及时通知急救、医疗、消防等部门参与现场救护。就近向附近单位、居民紧急求救，拦截过往车辆求救。

医护人员到达现场后，应马上接替在场人员对受伤人员进行救护处置，尽快确认伤者中哪些需要送医院救治。如需送医院救治，应确定送到哪一所医院。在急救车到达前，医生负责受伤人员的救护处置。

抢救小组应组织在场人员、事发现场人员简单调查事故发生的过程，采用分隔式调查，并实事求是地做好书面记录，被调查人员要签名。严格保护事故现场，因抢救伤员、防止事故扩大等原因需要移动现场重要痕迹、物证等，待公安交警部门赶到后及时移交现场保护，防止人为破坏和其他突发事件的再发生。稳定人员情绪，保障救援工作顺利进行，安全有序地进行疏散撤离。

3. 事故处理的报告与报道

（1）对事故处理要在24小时内写出书面报告，报告内容包括：发生事故的时间、地点；事故的简要经过、伤亡人数；事故原因、性质的初步判断；事故抢救处理的情况和采取的措施；需要有关部门和单位协助事故抢救和处理的有关事宜；事故报告负责人和报告人。

（2）相关部门要分别做好事故现场人员的思想教育工作，稳定他们的情绪，要求各类人员绝对不能以个人名义向外扩散消息，以免引起不必要的混乱；对情绪反应较大者安排专人进行安慰；如有新闻媒体要求采访，必须经过主管部门同意，统一对外发布消息。

（四）交通事故预防

掌握并自觉熟知《中华人民共和国道路交通安全法》和交通安全管理规定，养成良好的交通行为规范和习惯，知晓交通事故处理的相关规定，有效、合法地维护自身权益。预防是防止和减少交通事故的最有效手段，既是思想上的警惕，也是措施上、设备上、技术上人员配备上的预防。预防为主就是要防患于未然，将一切不利于行车安全的因素，消灭在萌芽状态。在任何情况下行驶，都要保持清醒的头脑，对可能出现的影响行车安全的情况，都要认真分析，正确判断，随时采取相应措施，做到有备无患。

1. 牢固树立安全第一、预防为主的思想。

不管在步行还是在驾驶，都要时刻小心谨慎。一方面要防止别人给自己造成伤害，另一方面要防止给别人造成伤害。

2. 骑车的交通安全

《中华人民共和国道路交通安全法实施条例》第六十八条规定，非机动车通过有交通信号灯控制的交叉路口，应当按照下列规定通行。

（1）转弯的非机动车让直行的车辆、行人优先通行。

（2）遇有前方路口交通阻塞时，不得进入路口。

（3）向左转弯时，靠路口中心点的右侧转弯。

（4）遇有停止信号时，应当依次停在路口停止线以外。没有停止线的，停在路口以外。

（5）向右转弯遇有同方向前车正在等候放行信号时，在本车道内能够转弯的，可以通行；不能转弯的，依次等候。

《中华人民共和国道路交通安全法实施条例》还规定了与骑自行车有关的一些规定，如"有交通标志、标线控制的，让优先通行的一方先行""没有交通标志、标线控制的，在路口外慢行或者停车瞭望，让右方道路的来车先行""相对方向行驶的右转弯的非机动车让左转弯的车辆先行"。上述这些规定是非机动车骑车人必须遵守的交通规定，也是骑车人的安全保障，不遵守这些规定就有可能付出血的代价。

3. 行人交通安全

（1）行人应当在道路交通中自觉遵守道路交通安全法规，增强自我保护和现代交通意识，掌握行人交通安全特点，防止交通事故。

（2）行人要走人行道，没有人行道的靠路边行。

（3）不得在道路上使用滑板、旱冰鞋等滑行工具。

（4）不得在车行道内坐卧、停留、嬉闹。

（5）不得做追车、抛物击车等妨碍道路交通安全的行为。

（6）行人横过机动车道，应当从行人过街设施通过。

（7）没有行人过街设施的，应当从人行横道通过。

（8）没有人行横道的，应当观察来往车辆的情况，确认安全后直行通过，不得在车辆临近时突然加速横穿或者中途倒退、折返。

（9）行人列队在道路上通行，每横列不得超过 2 人，但在已经实行交通管制的路段不受限制。

4. 乘车人交通安全

《中华人民共和国道路交通安全法实施条例》第七十七条规定，乘坐机动车应当遵守下列规定。

（1）不得在机动车道上拦乘机动车。

（2）在机动车道上不得从机动车左侧上下车。

（3）开关车门不得妨碍其他车辆和行人通行。

（4）机动车行驶中，不得干扰驾驶，不得将身体任何部分伸出车外，不得跳车。

（5）乘坐两轮摩托车应当正向骑坐。

5. 乘船交通安全

（1）不夹带危险物品上船。

（2）不要乘坐缺乏救护设施、无证经营的小船，也不要冒险乘坐超载的船只或者"三无"船只（没有船名、没有船籍港、没有船舶证书）。

（3）上下船时，必须等船靠稳，待工作人员安置好上下船的跳板后方可行动；上下船不要拥挤，不随意攀爬船杆，不跨越船挡，以免发生意外落水事故。

（4）上船后，要仔细阅读紧急疏散示意图，了解存放救生衣的位置，熟悉穿戴程序和方法，留意观察和识别安全出口处，以便在出现意外时掌握自救主动权。同时按船票所规定的舱位或地点休息和存放行李。行李不要乱放，尤其不能放在阻塞通道和靠近水源的地方。

（5）客船航行时不要在船上嬉闹，不要紧靠船边摄影，也不要站在甲板边缘向下看波浪，以防眩晕或失足落水；观景时切莫"一窝蜂"地拥向船的一侧，以防船体倾斜，发生意外。

6. 乘坐飞机交通安全

（1）预定航空公司的飞机座位后，要在起飞前的 1~2 日之内办理确认手续，提前 1~2 小时办理登机手续。

（2）行李中不能夹带枪支、弹药、凶器和易燃易爆物品，也不能夹带国家禁止出境的文物、动物、植物、艺术品和其他物品。

（3）对号入座，将随身携带的行李放入头部上方的行李箱中。

（4）在飞机起飞、降落和飞行颠簸时要系好安全带。初次飞行者或身体不适者会感到耳鸣、心跳加快、头痛，此时可张合口腔，或是咀嚼口香糖之类的食物，使耳内压力减轻。

（5）飞机起飞后，乘务员会通过录像或亲自示范讲解安全带、救生衣、紧急出口等设备设施的使用方法，要注意听讲并理解。

（6）随时听从乘务员或其他机组人员的命令或帮助。

7. 乘坐火车安全

（1）按照车次规定时间进站候车，以免误车。

（2）在站台上候车，要站在站台一侧白色安全线内，以免被列车卷下站台，发生危险。

（3）列车行进中，不要把头、手、胳膊伸出车窗外，以免被沿线的信号设备等剐伤。

（4）不要在车门和车厢连接处逗留，这些地方容易发生夹伤、挤伤、卡伤等事故。

（5）不带易燃易爆的危险品（如汽油、鞭炮等）上车。

（6）不要向车窗外扔弃废物，以免砸伤铁路边的行人和铁路工人，同时也避免造成环境污染。

（7）乘坐卧铺列车，睡上铺、中铺要系好安全带，防止掉下摔伤。

（8）保管好自己的行李物品，注意防范盗窃分子。

（五）意外交通事故紧急处理办法

交通事故是指车辆在道路上因过错或者意外造成人身伤亡或者财产损失的事件。交通事故不仅是由人员违反交通管理法规造成的，也可以是由于地震、台风、山洪、雷击等不可抗拒的自然灾害造成的。当发生一些不可抗力的交通事故时，就需要做到以下意外交通事故紧急处理办法。

1. 马上停车

在汽车运行安全的情况下马上停车，关掉发动机（以免汽车起火）并打开危险警示灯让其闪亮；立即记下对方的车牌号（车上应随时备有笔和纸，甚至照相机），以防对方在发生交通事故后开车逃跑。

2. 发出警示

保护好现场；向其他车辆发出警告，亮起危险警示灯；在路上摆放三角形警告牌；如有需要，再用其他方式示警。

3. 估计情况

迅速估计现场情况：事故涉及多少人，受伤人员数量及状况，涉及多少辆车，漏出的燃油是否会着火，现场是否有人受过急救训练。

4. 护理伤者

切勿移动受伤者，除非伤者面临危险（如着火、有毒物体渗漏），因为移动可能会对伤者造成更大的伤害。如果伤者仍在呼吸，且流血不多，则旁人不可做任何事情，除非确实懂得怎样护理伤者；不可给伤者喂任何食物或饮料。

5. 防止危险

关掉所有交通肇事车辆的发动机；禁止吸烟；当心其他易燃物品；尽可能防止燃油泄漏；当心危险物品，慎防危险性液体、尘埃及气体积聚。

6. 马上求救

需要求救时，派人去求救或使用身边的移动电话，在高速公路上可使用路边的求救电话。求救时详细说明发生意外的地点及人员伤亡情况。

7. 报案

轻微交通事故可进行快速处理或自行前往交通事故报案中心报案。如遇有伤亡或较大损失，应立即报警，详细说明事故发生地点及伤亡人数。在警察查完现场后一定要求警察给你事故报告，及该警员的姓名、编号、所属分局及电话号码。

使用手持式二氧化碳灭火器

一、目标

（1）学生能够通过实践，掌握消防灭火器的正确选用和使用方法。

（2）学生能够在发生火灾时，有效实现消防灭火和人身安全防护。

二、灭火器介绍

手持式二氧化碳灭火器是一种常用的灭火设备，在未使用时，二氧化碳以液态形式储存在灭火器的钢瓶内，这种形态能够在较小的体积内储存大量的灭火剂，便于携带和使用。当灭火器被激活时，液态二氧化碳会迅速气化并喷出，覆盖在燃烧物表面，起到灭火作用。

手持式二氧化碳灭火器主要由钢瓶、瓶阀、喷管、手把等部分组成。钢瓶作为储存液态二氧化碳的容器，采用优质合金钢经特殊工艺加工而成，具有重量轻、强度高、耐腐蚀等特点。钢瓶内部经过特殊处理，以确保液态二氧化碳在储存过程中不会泄漏或变质。瓶阀位于钢瓶顶部，用于控制液态二氧化碳的释放。当需要灭火时，通过按下瓶阀上的压把，液态二氧化碳便会从钢瓶中喷出。喷管连接在瓶阀上，用于将液态二氧化碳引导至燃烧物表面。喷管通常由耐高温、耐腐蚀的材料制成，以确保在灭火过程中不会损坏或影响灭火效果。手把位于灭火器的一侧或顶部，便于人员握持和操作灭火器。手把的设计应符合人体工程学原理，以确保人员在紧急情况下能够迅速、准确地操作灭火器。

三、程序和规则

步骤1：将学生分成若干小组（1~3人为一组），小组内进行任务分工，如查找资料、

PPT 制作、汇报发言等。

步骤 2：每个小组根据任务分工进行任务实施。

步骤 3：以小组为单位分别进行汇报展示，每组限时 5 分钟。

步骤 4：小组互评、教师评价。

具体考核标准如表 7-3 所示。

表 7-3　手持式二氧化碳灭火器使用评价表

序号	考核内容	评价标准	标准分值	评分
1	正确选择灭火器（30 分）	正确分析出适合二氧化碳灭火器使用的火灾场景 9 种及以上	30 分	
		正确分析出适合二氧化碳灭火器使用的火灾场景 5~8 种	20 分	
		正确分析出适合二氧化碳灭火器使用的火灾场景 1~4 种	10 分	
		未正确分析出二氧化碳灭火器适用的火灾场景	0 分	
2	正确使用灭火器（50 分）	正确操作使用手持式二氧化碳灭火器	50 分	
		手持式二氧化碳灭火器的操作正确率为 80%	40 分	
		手持式二氧化碳灭火器的操作正确率为 60%	30 分	
		手持式二氧化碳灭火器的操作正确率低于 60%	0 分	
3	汇报综合表现（20 分）	表达清晰，语言简洁，肢体语言运用适当，大方得体	20 分	
		表达较清晰，语言不够简洁，肢体语言运用较少，表现得较紧张	10 分	
得分				

四、总结评价

通过小组之间互评和教师评价指导，加深学生对常见事故现场应急处置相关知识的理解，强化学生的安全应急的职业素养，提升学生防灾减灾的实践能力。

课后思考

1. 请阐述如何进行火灾事故现场应急处置与救援。

2. 请阐述如何进行坍塌事故现场应急处置与救援。

3. 请阐述如何进行交通事故现场应急处置与救援。

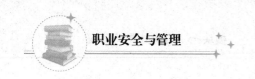

单元三　自救互救与创伤急救的基本方法

厦门一学生心脏骤停，同学上演"教科书"式急救

2024年9月4日8点50分，正在进行大课间跑操的东孚中学初二男生小乐（化名），在经过学校网球场旁边跑道时，突然停了下来，走了几步之后，手捂着胸口，直接倒了下去。

小乐的突然摔倒吓坏了周围的同学们，大家赶紧围了上来。其中一位叫林嘉蕙的女同学是学校红十字救护队员，急救知识较为扎实，她看到小乐趴在跑道上抽搐，很快整个人就僵硬了，凭借"一听、二看、三感觉"的判断方法，迅速判断小乐是心脏骤停了，立即着手给他做心肺复苏。

林嘉蕙大概按压了30下后，校医陈船川也闻讯赶来。此时，小乐的手动了一下，苏醒过来。陈船川立即给他做进一步的检查，确定已经无异常后带他到医务室休息。

随后，接到通知的小乐家长赶到学校，对救人的林嘉蕙百般感谢，并带着小乐去医院做进一步的检查，目前状况良好。

事后，林嘉蕙回忆起当时的情景："当时男生头朝下倒在地上，我发现他呼吸停止、四肢僵硬、小便失禁，于是判断他是心脏骤停了，连忙用上平时所学的急救知识，对他进行心肺复苏。后来男生逐渐恢复了呼吸，脸上也有了血色，四肢可以活动，我就知道急救成功了。"

分析：作为急救相关知识的授课教师，陈船川对林嘉蕙临危不乱的施救给予了很高的评价："作为我校的红十字救护队员，林嘉蕙同学表现很棒！关键时刻她敢于出手，得益于她参加了学校每天中午在红十字体验教室里开展的急救培训。因为急救技能扎实，她能迅速判断患者是否还有意识和呼吸，从而做出最正确的施救，挽救了一条生命，挽救了一个家庭！"

一、心肺复苏技术

人们只有充分了解心肺复苏的知识，并接受过此方面的训练后，才可以为他人实施心肺复苏。

（一）心肺复苏的定义

心肺复苏（Cardior Pulmonary Resuscitation，CPR）是针对呼吸心跳停止的急症危重病人所采取的抢救关键措施，即胸外按压形成暂时的人工循环并恢复自主搏动，采用人工呼吸代替自主呼吸，快速电除颤转复心室颤动，以及尽早使用血管活性药物来重新恢复自主循环的急救技术。心肺复苏的目的是开放气道、重建呼吸和循环。

心肺复苏术，也称基础生命支持（Basic Life Support，BLS），是针对由于各种原因导致的心搏骤停，在4~6 min内所必须采取的急救措施之一。目的在于尽快挽救脑细胞，防止其在缺氧状态下坏死（4 min以上开始造成脑损伤，10 min以上即造成脑部不可逆的伤害），因此施救时机越快越好。心肺复苏术适用于心脏病突发、溺水、窒息或其他意外事件造成的意识昏迷并有呼吸及心跳停止的状态。

（二）心肺复苏的临床表现

心脏性猝死的经过大致分为4个时期，即前驱期、终末期开始、心搏骤停与生物学死亡。不同病人在不同时期的表现有着明显差异。在猝死前数天至数月，有些病人可出现胸痛、气促、疲乏及心悸等非特异性症状，也可无前驱表现，瞬即发生心搏骤停。终末期是由心血管状态出现急剧变化至发生心搏骤停，持续约1 h以内。此期内可出现心率加快、室性异位搏动与室性心动过速。

心搏骤停后脑血流量急剧减少，导致意识突然丧失。下列体征有助于立即判断是否发生心搏骤停：意识丧失，大动脉（颈、股动脉）搏动消失，呼吸断续或停止，皮肤苍白或明显发绀，如听诊心音消失更可确立诊断。以上观察与检查应迅速完成，以便立即进行复苏处理。

从心搏骤停至发生生物学死亡时间的长短，取决于原来病变性质，以及心搏骤停至复苏的时间。心室颤动发生后，病人将在4~6 min内发生不可逆性脑损害，随后经数分钟时间更为短促。

（三）心肺复苏的实施步骤

2020年，美国心脏协会（American Heart Association，AHA）公布最新心肺复苏（CPR）指南。此指南重新安排了心肺复苏传统的三个步骤，从原来旧的A-B-C（A开放气道→B人工呼吸→C胸外按压）改为C-A-B（C胸外按压→A开放气道→B人工呼吸）。这一改变适用于成人、儿童和婴儿，但不包括新生儿。

假如成年患者无反应、没有呼吸或呼吸不正常，施救者应立即实施心肺复苏，不再推荐"看、听、感觉"呼吸的识别办法。医务人员检查脉搏（1岁以上触颈动脉，1岁以下触肢动脉）的时间不应超过10 s，如10 s内没有明确触摸到脉搏，应开始心肺复苏。

（1）判断意识、触摸颈动脉搏动、听呼吸音。颈动脉位置：气管与颈部胸锁乳突肌之间的沟内。方法：一手食指和中指并拢，置于患者气管正中部位，男性可先触及喉结，然后向一旁滑移2~3 cm，至胸锁乳突肌内侧缘凹陷处，如图7-2所示。

（2）胸部按压（C）。部位：胸骨下1/3交界处，或双乳头与前正中线交界处，胸部按压的定位如图7-3所示。定位：用手指触到靠近施救者一侧的胸廓肋缘，手指向中线滑动到剑突部位，取剑突上两横指，另一手掌根置于两横指上方，置胸骨正中，另一只手叠加之上，手指锁住，交叉抬起。

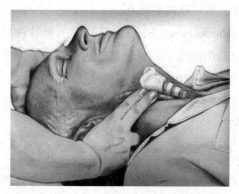

图 7-2 判断意识、触摸颈动脉搏动

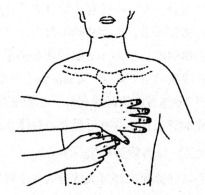

图 7-3 胸部按压的定位

按压方法：按压时上半身前倾，腕、肘、肩关节伸直，以髋关节为支点，垂直向下用力，借助上半身的重力进行按压，如图 7-4 所示。频率：100 次/min（至少 100 次/min）。按压幅度：胸骨下陷至少 5 cm，压下后应让胸廓完全回弹。压下与松开的时间基本相等。按压—通气比值为 30∶2（成人、婴儿和儿童）。

为确保有效按压，必须保证做到以下几点。

① 患者应该以仰卧位躺在硬质平面。

② 肘关节伸直，上肢呈一直线，双肩正对双手，按压的方向与胸骨垂直。

③ 对正常体型的患者，按压幅度至少 5 cm。

④ 每次按压后，双手放松，使胸骨恢复到按压前的位置，放松时双手不要离开胸壁。保持双手位置固定。

⑤ 在一次按压周期内，按压与放松时间各为 50%。

⑥ 每 2 min 更换按压者，每次更换尽量在 5 s 内完成。

⑦ CPR 过程中不应搬动患者并尽量减少中断。

⑧ 采取正确的按压手法，两手手指跷起（扣在一起）离开胸壁，正确及错误的按压手法如图 7-5 所示。

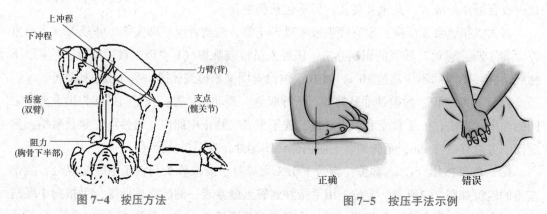

图 7-4 按压方法

图 7-5 按压手法示例

概括起来，高质量的心肺复苏有下列几项要求：按压速率至少为 100 次/ min；成人按压幅度至少为 5 cm；保证每次按压后胸部回弹；尽可能减少胸外按压的中断；避免过度通气。

（3）开放气道，保持呼吸道畅通（A）。开放气道应先去除气道内异物。舌根后坠和异物阻塞是造成气道阻塞最常见的原因。清理口腔、鼻腔异物或分泌物，如有假牙一并清除。解开颈部纽扣、衣领及裤带。如无颈部创伤，清除口腔中的异物和呕吐物时，可一手按压开下颌，另一手用食指将固体异物钩出，或用指套或手指缠纱布清除口腔中的液体分泌物。开放气道手法：仰头—抬颏法和托颏法（外伤时），如图 7-6 所示。

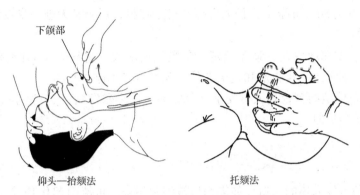

图 7-6 开放气道手法

仰头—抬颏法：将一手小鱼际肌置于患者前额部，用力使头部后仰，另一手置于颏部下颌骨面上，双手放置在患者头部两侧并握紧下颌角，同时用力向上托起下颌。如果需要进行人工骨性部分向上抬颏，使下颌尖、耳垂连线与地面垂直。托颏法：将肘部支撑在患者所处的平呼吸，则将下颌持续上托，用拇指把口唇分开，用面颊贴紧患者的鼻孔进行口对口呼吸。托颏法因其难以掌握和实施，常常不能有效地开放气道，还可能导致脊髓损伤，因而不建议基层救助者采用。

（4）人工呼吸（B）。口对口：开放气道→捏鼻子→口对口→"正常"吸气→缓慢吹气（1 s 以上），胸廓明显抬起，8~10 次/min →松口、松鼻→气体呼出，胸廓回落，避免过度通气，如图 7-7 所示。

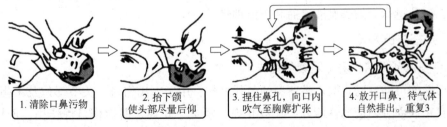

| 1. 清除口鼻污物 | 2. 抬下颌使头部尽量后仰 | 3. 捏住鼻孔，向口内吹气至胸廓扩张 | 4. 放开口鼻，待气体自然排出。重复3 |

图 7-7 口对口人工呼吸

每次吹气间隔 1.5 s，在这个时间抢救者应自己深呼吸一次，以便继续口对口呼吸，直至专业抢救人员的到来。

（四）心肺复苏有效的体征和终止抢救的指征

（1）观察颈动脉搏动，有效时每次按压后就可触到一次搏动。若停止按压后搏动停止，表明应继续进行按压。如停止按压后搏动继续存在，说明病人自主心搏已恢复，可以停止胸外心脏按压。

（2）若无自主呼吸，人工呼吸应继续进行，或自主呼吸很微弱，仍应坚持人工呼吸。

（3）复苏有效时，可见病人有眼球活动，口唇、牙床转红，甚至脚可动；观察瞳孔时，可由大变小，并有对光反射。

（4）当有下列情况时可考虑终止复苏。

① 肺复苏持续 30 min 以上，仍无心搏及自主呼吸，现场又无进一步救治和送治条件，可考虑终止复苏。

② 脑死亡，如深度昏迷、瞳孔固定、角膜反射消失，将病人头向两侧转动，眼球原来位置不变等，如无进一步救治和送治条件，现场可考虑停止复苏。

③ 当现场危险威胁到抢救人员安全（如雪崩、山洪暴发），以及医学专业人员认为病人死亡，无救治指征时。

二、包扎

伤口是细菌入侵人体的入口，如果伤口被细菌污染，可能引起化脓或并发败血症、气性坏疽、破伤风，严重损害人体健康，甚至危及生命。所以，受伤以后，如果没有条件做清创手术，在现场要先行包扎。包扎可保护伤口，减少感染，为进一步抢救伤病员创造条件。其基本的要求是动作要快且轻，不要碰撞伤口，包扎要牢靠，防止脱落。

常用的包扎材料有创可贴、尼龙网套、三角巾、弹力绷带、纱布、绷带、胶条及就地取材的材料，如干净的衣物、毛巾、头巾、衣服、床单等。创可贴有不同规格，其中，弹力创可贴适用于关节部位损伤。纱布绷带有利于伤口渗出物的吸收，可用于手指、手腕、上肢等身体部位损伤的包扎。

（一）包扎的原则——快、轻、准、牢

包扎伤口的动作要迅速而轻巧；包扎动作要轻，不要碰撞伤口，以免增加伤员的疼痛和出血；包扎部位要准确，封闭要严密，不要遗漏伤口，防止伤口污染；包扎要牢靠，松紧适宜，包扎过紧会妨碍血液流通和压迫神经。

（二）包扎的方法

1. 自粘性创可贴、尼龙网套包扎法

自粘性创可贴、尼龙网套是新型的包扎材料，用于表浅伤口、关节部位及手指伤口的包扎。自粘性创可贴透气性能好，还有止血、消炎、止疼、保护伤口等作用，使用方便，效果佳。尼龙网套具有良好的弹性，使用方便，头部及肢体均可用其包扎，使用时先用敷料覆盖伤口，再将尼龙网套套在敷料上。

2. 绷带包扎法

绷带一般用纱布切成长条制成，呈卷轴带。绷带长度和宽度有多种，适合于不同部位使用。常用的有宽 5 cm、长 10 cm 和宽 8 cm、长 10 cm 两种。

绷带包扎一般用于四肢、头部和肢体粗细相同的部位。操作时先在伤口上覆盖消毒纱

布，救护人员位于伤员的一侧，左手拿绷带头，右手拿绷带卷，从伤口低处向上包扎伤臂或伤腿，要尽量设法暴露手指尖和脚趾尖，以观察血液循环状况。如指尖和脚趾尖呈现青紫色，应立即放松绷带。包扎太松，容易滑落，使伤口暴露造成污染。因此，包扎时应以伤员感到舒适、松紧适当为宜。

（1）环形包扎法。环形包扎法是绷带包扎中最常用的，适用于肢体粗细较均匀处的伤口；将绷带裁开一端稍做斜状环绕一圈，将第一圈斜出一角压入环形圈内，环绕第二圈；加压绕肢体环形缠绕 4~5 层，每圈盖住前一圈，绷带缠绕范围要超出敷料边缘；最后用胶布粘贴固定，或将绷带尾从中央纵向剪开形成两个布条，两布条先打一结，然后两者绕肢体打结固定，如图 7-8 所示。

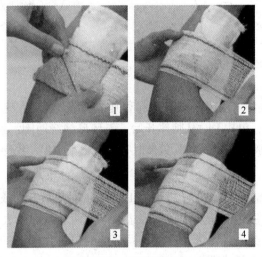

图 7-8　环形包扎法

（2）螺旋形包扎法。适用上肢、躯干的包扎。操作时首先用无菌敷料覆盖伤口，做环形包扎数圈，然后将绷带渐渐地斜旋上升缠绕，每圈盖过前圈 1/3 或 2/3 成螺旋状，如图 7-9 所示。

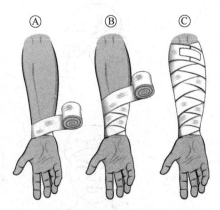

图 7-9　螺旋形包扎法

（3）回反包扎法。用于头部或断肢体伤口包扎。首先用无菌敷料覆盖伤口；然后做环形固定两圈；左手持绷带一端于头后中部，右手持绷带卷，从头后方向卷到前额；再固定前额处绷带向后反折；反复呈放射性反折，直至将敷料完全覆盖；最后环形缠绕两圈，将上述反折绷带端固定（如图7-10所示）。

图7-10　回反包扎法

（4）"8"字形包扎法。用于手掌、膝部和其他关节处伤口的包扎，选用弹力绷带。首先用无菌敷料覆盖伤口；包扎手时从腕部开始，先环形缠绕两圈；然后经手和腕"8"字形缠绕；最后绷带尾端在腕部固定；包扎关节时在关节上下"8"字形缠绕，如图7-11所示。

3. 三角巾包扎法

用一块正方形普通白布或纱布，边长为100 cm，对角剪开即成两块三角巾。三角巾最长的边称为底边，正对底边的角叫顶角，底边两端的两个角称为底角。三角巾顶角上缝有一条长45 cm的带子称为系带。为了方便不同部位的包扎，可将三角巾叠成带状或将三角巾顶角附近处与底边中点折成燕尾式。

（1）头顶帽式包扎法。先取无菌纱布覆盖伤口，然后把三角巾底边的中点放在伤员眉间上部，顶角经头顶拉到脑后枕部，再将两个底角在枕部交叉返回到额部中央打结，最后，拉紧顶角并反折塞在枕部交叉处，如图7-12所示。

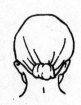

图7-11　"8"字形包扎法　　　　图7-12　头顶帽式包扎法

（2）风帽式包扎法。适用于包扎头部和两侧面、枕部的外伤。先将消毒纱布覆盖在伤口上，将顶角打结放在前额正中，在底边的中点打结放在枕部，然后两手拉住两个底角将下颌包住并交叉，再绕到颈后在枕部打结，如图7-13所示。

图7-13　风帽式包扎法

（3）面部包扎法。将三角巾顶角打一结，放在下颌处或顶角结放在头顶处，将三角巾覆盖面部，底边两角拉向枕后交叉，然后在前额打结，在覆盖面部的三角巾对应部位开洞，露出眼、鼻、口，如图7-14所示。

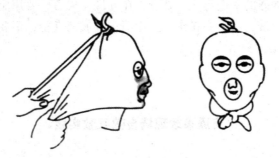

图7-14　面部包扎法

（4）单眼包扎法。将三角巾折成带状，其上1/3处盖在伤眼处，下2/3从耳下端绕经枕部向健侧耳上额部并压上上端带巾，再绕经伤侧耳上、枕部至健侧耳上与带巾另一端在健耳上打结固定，如图7-15所示。

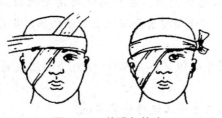

图7-15　单眼包扎法

（5）双眼包扎法。将无菌纱布覆盖在伤眼上，用带形三角巾从头后部拉向前，从眼部交叉，再绕向枕下部打结固定，如图7-16所示。

（6）手足包扎法。将手或足放在三角巾上，顶角在前拉至手或足的背面，然后将底边缠绕打结固定，如图7-17所示。

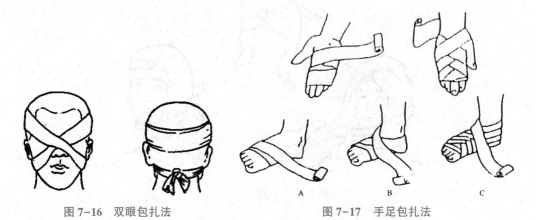

图7-16　双眼包扎法　　　　　　　　　　图7-17　手足包扎法

（三）包扎时的注意事项

包扎时尽可能戴上医用手套，如无医用手套，要用敷料、干净布片、塑料袋、餐巾纸为隔离层；如必须用裸露的手进行伤口处理，在处理完成后，要用肥皂清洗手；除化学伤外，伤口一般不用水冲洗，也不要在伤口上涂消毒剂或消炎粉；不要对嵌有异物或骨折断端外露的伤口直接包扎。

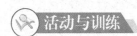 活动与训练

交通事故现场自救互救实践

一、目标

（1）学生能够正确分析出伤员伤情。

（2）学生能够正确选择自救互救的措施。

二、案例介绍

在市区道路上发生一起交通事故，一辆小轿车与一辆电动车发生碰撞。现场初步伤情检查情况如下：电动车司机意识清醒，左侧头部有活动性出血；电动车乘客倒地意识不清；小轿车司机意识清醒，右手前臂有血液流出。请给出现场急救的处置方案。

三、程序和规则

步骤1：将学生分成若干小组（1~3人为一组），小组内进行任务分工，如查找资料、PPT制作、汇报发言等。

步骤2：每个小组根据任务分工进行任务实施。

步骤3：以小组为单位分别进行汇报展示，每组限时5分钟。

步骤4：小组互评、教师评价。

具体考核标准如表7-4所示。

表7-4　交通事故现场自救互救实践评价表

序号	考核内容	评价标准	标准分值	评分
1	现场伤情检查（30分）	正确分析出现场伤情3项及以上的	30分	
		正确分析出现场伤情2项的	20分	
		正确分析出现场伤情1项的	10分	
		未正确分析出现场伤情的	0分	
2	现场伤情处置（50分）	正确处理好现场伤情3项及以上的	50分	
		正确处理好现场伤情2项的	30分	
		正确处理好现场伤情1项的	10分	
		未正确处理好现场伤情的	0分	
3	汇报综合表现（20分）	表达清晰，语言简洁，肢体语言运用适当，大方得体	20分	
		表达较清晰，语言不够简洁，肢体语言运用较少，表现得较紧张	10分	
	得分			

四、总结评价

通过小组之间互评和教师评价指导，加深学生对创伤自救互救相关知识的理解，强化学生自救互救的基本素养，提升学生面对突发事件的应急救援能力。

课后思考

1. 请阐述心肺复苏的操作步骤。
2. 如何对事故中的创伤进行急救处置？

从业人员的权利和义务

哲人集语

至于疆臣守土，责有攸归，等马尾开仗的情形，有了详细奏报，必得要论是非，定功罪。

——高阳《清宫外史》

模块导读

从业人员是生产经营活动中最直接的劳动者，他们既是各项法定安全生产权利和义务的承担者，也是企业安全发展的重要基石。了解并保障从业人员的权利和义务，对于企业安全发展具有重要意义。本模块旨在系统介绍从业人员在安全生产方面的权利和义务，帮助从业人员明确自身安全生产的责任和权利，增强安全意识，提高安全素养，从而促进企业安全生产。

学习目标

1. 掌握从业人员在企业安全生产工作中的权利。
2. 掌握从业人员在企业安全生产工作中的义务。
3. 能够结合安全生产违法案例，正确分析从业人员行使安全生产权利的实际情况。
4. 能够结合安全生产违法案例，正确分析从业人员履行安全生产义务的实际情况。
5. 培养学生的安全意识、法律意识，增强学生的社会责任感，树牢安全发展理念。

单元一　从业人员的权利

 案例导入

事故隐患未通报，从业人员权利难保障

2024 年 4 月 25 日，淮南市交通执法支队执法人员在淮南某运输公司开展安全生产专项执法检查时发现，该公司虽然如实记录了事故隐患排查治理情况，但未以任何形式告知企业职工，涉嫌未将事故隐患排查治理情况向从业人员通报。经过执法人员深入调查，该公司作

为生产经营单位未将事故隐患排查治理情况向从业人员通报，违法事实清楚，证据确凿。

执法人员告知该公司负责人，该公司的行为违反了《中华人民共和国安全生产法》第四十一条第二款规定，依据《中华人民共和国安全生产法》第九十七条第五款，责令其改正违法行为，并处以3 000元罚款。

分析： 本案中淮南某运输公司未将事故隐患排查治理情况向从业人员通报的行为，违反了《中华人民共和国安全生产法》第四十一条第二款规定，生产经营单位应当建立、健全并落实生产安全事故隐患排查治理制度，采取技术、管理措施，及时发现并消除事故隐患。事故隐患排查治理情况应当如实记录，并通过职工大会或者职工代表大会、信息公示栏等方式向从业人员通报。该公司的行为也违反了《中华人民共和国安全生产法》第五十三条规定，生产经营单位的从业人员有权了解其作业场所和工作岗位存在的危险因素、防范措施及事故应急措施，有权对本单位的安全生产工作提出建议。

生产经营单位的从业人员是各项生产经营活动最直接的劳动者，是各项法定安全生产的权利和义务的承担者。《中华人民共和国安全生产法》规定了各类从业人员必须享有的、有关安全生产和人身安全的最重要、最基本的权利。这些基本安全生产权利主要有六项。

一、获得安全保障、工伤保险和民事赔偿的权利

《中华人民共和国安全生产法》明确赋予了从业人员享有工伤保险和获得伤亡赔偿的权利，同时规定了生产经营单位的相关义务。

《中华人民共和国安全生产法》第五十二条规定："生产经营单位与从业人员订立的劳动合同，应当载明有关保障从业人员劳动安全、防止职业危害的事项，以及依法为从业人员办理工伤保险的事项。生产经营单位不得以任何形式与从业人员订立协议，免除或者减轻其对从业人员因生产安全事故伤亡依法应承担的责任。"第五十六条规定："因生产安全事故受到损害的从业人员，除依法享有工伤保险外，依照有关民事法律尚有获得赔偿的权利的，有权提出赔偿要求。"第五十一条规定："生产经营单位必须依法参加工伤保险，为从业人员缴纳保险费。"此外，法律还对生产经营单位与从业人员订立协议，免除或者减轻其对从业人员因生产安全事故伤亡依法应承担的责任的，该协议无效；对生产经营单位的主要负责人、个人经营的投资人处二万元以上十万元以下的罚款。《中华人民共和国安全生产法》的有关规定，明确了下列4个问题：

（一）求偿的权利

从业人员依法享有工伤保险和伤亡求偿的权利。法律规定这项权利必须以劳动合同必要条款的书面形式加以确认。没有依法载明或者免除或者减轻生产经营单位对从业人员因生产安全事故伤亡依法应承担的责任的，是一种非法行为，应当承担相应的法律责任。

（二）企业的义务

依法为从业人员缴纳工伤保险费和给予民事赔偿，是生产经营单位的法律义务。生产经营单位不得以任何形式免除该项义务，不得变相以抵押金、担保金等名义强制从业人员缴纳工伤保险费。

（三）享有相应的补偿金和赔偿金

发生生产安全事故后，从业人员首先依照劳动合同和工伤保险合同的约定，享有相应的补偿金。如果工伤保险补偿金不足以补偿受害者的人身损害及经济损失的，依照有关民事法律应当给予赔偿的，从业人员或其亲属有要求生产经营单位给予赔偿的权利，生产经营单位必须履行相应的赔偿义务。否则，受害者或其亲属有向人民法院起诉和申请强制执行的权利。

（四）补偿金和赔偿金的标准

从业人员获得工伤保险补偿和民事赔偿的金额标准、领取和支付程序，必须符合法律、法规和国家的有关规定。《中华人民共和国安全生产法》的上述规定主要是针对大量存在的"生死合同"，赋予了从业人员必要的法定权利，具有操作性和不可侵犯性。所谓的"生死合同"，实际就是私营企业老板利用法律不够健全和从业人员的无知和无奈，逃避因事故造成的从业人员伤亡的经济赔偿责任。这是侵犯从业人员人身权利的严重违法行为，必须依法规范。《中华人民共和国安全生产法》从法律上确定了"生死合同"的非法性，并规定了相应的法律责任，这就为从业人员的合法权利提供了法律保障，为监督管理和行政执法提供了明确的法律依据。

案例 8.1

未签劳动合同发生工伤，企业应承担赔偿责任

2022 年 5 月 1 日，孔某进入某汽车配件公司工作，约定孔某的工作内容是从事材料打磨。自孔某上班以来，公司始终没有与其签订书面劳动合同，也没有购买社会保险。2022 年 8 月 31 日下午，孔某在工作过程中不慎被折弯机压伤手，后被区人社局认定为工伤，公司不服提起诉讼，但区法院及市中院判决对区人社局的工伤认定予以确认。后经省劳动能力鉴定委员会鉴定，孔某的伤情构成九级伤残，停工留薪期为三个月。据此，孔某向区劳动仲裁委员会提出仲裁申请，主张十二项请求：工伤医疗费、一次性伤残补助金、一次性工伤医疗补助金、一次性伤残就业补助金、停工留薪工资、交通费、餐饮费、住宿费、护理费、住院伙食补助费、营养费、解除劳动合同经济补偿金，共计 230 899.01 元。

2023 年 10 月 24 日，孔某与汽车配件公司负责人签订调解协议，除去前期公司已支付的医疗费等费用外，公司于 2023 年 10 月 27 日前再向孔某一次性支付工伤伤残补助金 15 万元，目前已履行完毕。

分析：孔某受聘于汽车配件公司从事配件打磨、折弯等工作，公司未与其签订劳动合同，工资由公司法定代表人吴某直接通过现金及其个人银行账户支付，双方存在事实劳动关系。根据《工伤保险条例》规定，应当参加工伤保险而未参加工伤保险的用人单位职工发生工伤的，由该用人单位按照本条例规定的工伤保险待遇项目和标准支付费用。2022 年 5 月 1 日，孔某与公司建立劳动关系，工作至 2022 年 8 月 31 日受伤，公司没有与孔某订立书面劳动合同，公司应支付孔某 2022 年 6 月 1 日至 8 月 31 日期间的二倍工资。而公司没有为孔某办理工伤保险，则应支付孔某工伤产生的相关费用。

二、得知危险因素、防范措施和事故应急措施的权利

生产经营单位特别是从事矿山、建筑、危险物品的生产经营单位，往往存在着一些对从业人员生命和健康有危险、危害的因素，直接接触这些危险因素的从业人员往往是生产安全事故的直接受害者。许多生产安全事故从业人员伤亡严重的教训之一，就是法律没有赋予从业人员获知危险因素，以及发生事故时应当采取的应急措施的权利。《中华人民共和国安全生产法》规定，生产经营单位的从业人员有权了解其作业场所和工作岗位存在的危险因素、防范措施及事故应急措施。要保证从业人员此项权利的行使，生产经营单位就有义务事前告知有关危险因素、防范措施及事故应急措施。否则，生产经营单位就侵犯了从业人员的权利，并对由此产生的后果承担相应的法律责任。

案例8.2

作业风险需告知，盲目施救不可取

2015年5月16日，某化工公司在二硫化碳生产中处理冷却管道漏点，发生硫化氢中毒事故，造成8人死亡、6人受伤。

事故原因：作业前未按规定办理受限空间安全作业证，现场安全管理人员违章指挥，作业人员违章检修作业，因此发生硫化氢气体中毒。救援人员未佩戴应急防护器材，盲目进入池内施救，造成伤亡人员扩大。

分析：本次事故的伤亡员工均是当地村民，导致事故发生的主要原因是作业前该化工公司未对作业人员进行技术交底，未对作业人员开展相应安全教育培训，作业人员不懂生产工艺危险性、不懂工艺生产过程伴生硫化氢危险特性，救援人员不会判断事故原因，不会正确应急处置，更谈不上制止违章，最终导致8人在应急救援时相继中毒死亡。

三、对本单位的安全生产工作提出建议的权利

从业人员作为生产经营单位的主体，生产经营单位的经营情况和经济效益与从业人员的切身利益息息相关，安全生产工作更是涉及从业人员的生命安全和健康。《中华人民共和国安全生产法》第五十三条规定：生产经营单位的从业人员不仅有权了解其作业场所和工作岗位存在的危险因素、防范措施及事故应急措施，还有权对本单位的安全生产工作提出建议。从业人员尤其是工作在第一线的从业人员，对于如何保证安全生产、改善劳动条件及作业环境，具有优先发言权，也更切合实际。生产经营单位不得因从业人员提出安全生产建议而降低其工资、福利等待遇或者解除与其订立的劳动合同。这一规定保障了从业人员在行使建议权时不会受到不公正待遇。

四、对本单位安全生产的批评、检举和控告的权利

从业人员是生产经营单位的主人，他们对安全生产情况尤其是安全管理中的问题和事故隐患最了解、最熟悉，具有他人不能替代的作用。只有依靠他们并且赋予必要的安全生

产监督权和自我保护权，才能做到预防为主，防患于未然，才能保障他们的人身安全和健康。关注安全，就是关爱生命、关心企业。一些生产经营单位的主要负责人不重视安全生产，对安全问题熟视无睹，不听取从业人员的正确意见和建议，使本来可以发现、及时处理的事故隐患不断扩大，导致事故和人员伤亡，甚至对批评、检举、控告生产经营单位安全生产问题的从业人员进行打击报复。为此，《中华人民共和国安全生产法》规定从业人员有权对本单位安全生产工作中存在的问题提出批评、检举、控告。

五、拒绝违章指挥和强令冒险作业的权利

在生产经营活动中经常出现企业负责人或者管理人员违章指挥和强令从业人员冒险作业的现象，由此导致事故，造成人员伤亡。因此，法律赋予从业人员拒绝违章指挥和强令冒险作业的权利，不仅是为了保护从业人员的人身安全，也是为了警示生产经营单位负责人和管理人员必须照章指挥，保证安全，并不得因从业人员拒绝违章指挥和强令冒险作业而对其进行打击报复。《中华人民共和国安全生产法》第五十五条规定：从业人员发现直接危及人身安全的紧急情况时，有权停止作业或者在采取可能的应急措施后撤离作业场所。生产经营单位不得因从业人员在前款紧急情况下停止作业或者采取紧急撤离措施而降低其工资、福利等待遇或者解除与其订立的劳动合同。

案例 8.3

强令违章冒险作业，终酿重大人员伤亡事故

2015 年 8 月 31 日 23 时 18 分，山东东营某化学公司二胺车间混二硝基苯装置在投料试车过程中发生爆炸，事故造成包括该公司副总经理在内的 13 人死亡、25 人受伤，直接经济损失 4 326 万元。

事故原因：车间负责人违章指挥操作人员向地面排放硝化再分离器内含有混二硝基苯的物料，导致起火燃烧，大火炙烤附近的硝化反应釜并引发爆炸。车间负责人存在强令冒险作业的行为，在第三次投料试车紧急停车后，车间和工段负责人，违反相关规定，强令操作人员卸开硝化再分离器物料排净管道法兰，打开了放净阀，向地面排放含有混二硝基苯的物料。

分析：本次事故中，车间和工段负责人违反安全规定，强行要求操作人员冒险向地面排放含有易燃易爆物质的物料是导致本次重大人员伤亡事故发生的主要原因。事故的发生往往暴露出企业管理上的漏洞和不足，企业应加强对生产过程的监控和管理，完善安全管理体系，提高管理水平，确保生产活动的安全有序进行。

六、紧急情况下的停止作业和紧急撤离的权利

由于生产经营场所存在不可避免的自然和人为的危险因素，这些因素将会或者可能会对从业人员造成人身伤害。比如从事矿山、建筑、危险物品生产作业的从业人员，一旦发现将要发生透水、瓦斯爆炸、煤与瓦斯突出、冒顶片帮，坠落或倒塌危险物品泄漏、燃烧、爆炸等紧急情况并且无法避免时，法律赋予他们享有停止作业和紧急撤离的权利。

《中华人民共和国安全生产法》第五十五条规定："从业人员发现直接危及人身安全的紧急情况时，有权停止作业或者在采取可能的应急措施后撤离作业场所。生产经营单位不得因从业人员在前款紧急的情况下停止作业或者采取紧急撤离措施而降低其工资、福利等待遇或者解除与其订立的劳动合同。"从业人员在行使这项权利的时候，必须明确以下四点。

一是危及从业人员人身安全的紧急情况必须有确实可靠的直接根据，凭借个人猜测或者误判而实际并不属于危及人身安全的紧急情况除外，该项权利不能被滥用。

二是紧急情况必须直接危及人身安全，间接危及人身安全的情况不应撤离，而应采取有效的处理措施。

三是出现危及人身安全的紧急情况时，首先是停止作业，然后要采取可能的应急措施；采取应急措施无效时，再撤离作业场所。

四是该项权利不适用于某些从事特殊职业的从业人员，比如飞行人员、船舶驾驶人员、车辆驾驶人员等，根据有关法律、国际公约和职业惯例，在发生危及人身安全的紧急情况下，他们不能或者不能先行撤离从业场所或者岗位。

案例8.4

快速紧急撤离，保障生命安全

2013年3月29日21时56分，吉林省吉煤集团某煤业公司发生特别重大瓦斯爆炸事故，造成36人死亡、12人受伤。在事故现场连续三次发生瓦斯爆炸的情况下，部分工人已经逃离危险区（其中有6名密闭工作人员升井，坚决拒绝再冒险作业），但现场指挥人员不仅没有采取措施撤离，而且强令其他工人返回危险区域继续作业，并从地面再次调人入井参加作业。在第四次瓦斯爆炸时，造成重大人员伤亡。

分析：在紧急情况下，从业人员有权停止作业和撤离作业场所，这是保护人身安全的重要措施。企业必须无条件落实从业人员的紧急撤离权，避免因指挥不当导致更大的人员伤亡。为深刻吸取本次事故的经验教训，《国务院关于进一步加强企业安全生产工作的通知》等文件明确提出，赋予企业生产现场带班人员、班组长和调度人员在遇到险情时第一时间下达停产撤人命令的直接决策权和指挥权。

活动与训练

从业人员权利分析实践

一、目标

（1）学生能够了解并分析案例中从业人员应享有的权利。

（2）要求学生通过案例展开讨论，思考案例启示，提高自身的职业素养和综合分析能力。

二、案例概况

时间：2020年4月23日15时许

地点：湖北省随州市高新区正大有限公司羽毛粉车间

事故类型：较大中毒和窒息事故

事故后果：造成 3 人死亡

事故原因：

1. 进入污水沟作业的 2 人和参与施救的 1 人，吸入污水沟内硫化氢、氰化氢等高浓度混合型有毒有害气体，导致急性中毒死亡。

2. 湖北正大有限公司违反有关安全规定，将有限空间作业项目发包给不具备安全生产条件的个人。

3. 进入污水沟开展清理作业的人员未履行作业审批手续，未按照"先通风、再检测、后作业"要求，在未检测有毒气体浓度、未佩戴有毒气体防护用品、无监护人员的情况下，违规进入污水沟内作业。

二、程序和规则

步骤 1：将学生分成若干小组（3~5 人为一组），小组内进行任务分工，如查找资料、汇报发言等。

步骤 2：每个小组根据任务分工进行任务实施。

步骤 3：以小组为单位分别进行讨论分析，限时 5 分钟。

步骤 4：小组互评、教师评价。

具体考核标准如表 8-1 所示。

表 8-1　从业人员权利分析实践评价表

序号	考核内容	评价标准	标准分值	评分
1	从业人员安全权利分析（50分）	分析出 3 项及以上从业人员应享有的权利	50分	
		分析出 2 项从业人员应享有的权利	30分	
		分析出 1 项从业人员应享有的权利	10分	
		未分析出从业人员应享有的权利	0分	
2	案例启示分析（30分）	合理分析、总结出 3 项及以上安全经验教训	30分	
		合理分析、总结出 2 项安全经验教训	20分	
		合理分析、总结出 1 项安全经验教训	10分	
		未分析、总结出安全经验教训	0分	
3	汇报综合表现（20分）	表达清晰，语言简洁，肢体语言运用适当，大方得体	20分	
		表达较清晰，语言不够简洁，肢体语言用较少，表现得较紧张	10分	
	得分			

四、总结评价

通过小组之间互评和教师评价指导，加深学生对从业人员权利相关知识的理解，强化学生的职业素养，提升学生的实践应用能力。

课后思考

1. 请分析从业人员在企业安全生产中的作用。
2. 请梳理从业人员在企业安全生产工作中享有的权利有哪些。

单元二　从业人员的义务

案例导入

从业人员义务不履行——造成事故隐患

2021年3月14日8时30分许，位于西安浐灞生态区世博大道以南、锦堤五路以东的万科·翡翠澜岸（商业）项目施工现场，一名工人在清理扣件作业过程中被高空坠物砸中，事故造成1人死亡，直接经济损失约155.5万元。

分析：

（1）直接原因。

经调查认定，事故直接原因是：万泰建设公司未严格按照交叉作业安全规定在扣件维修点设置安全防护棚，且未在3号楼从安全通道棚顶以上至第18层主体挑架底板以下外立墙面安装防抛网。工人屈某莲在进行扣件维修清理作业时，被高空坠落的木质模板（竹胶板）击中后脑右侧枕部。

（2）间接原因。

① 万泰建设公司安全生产管理制度落实不力，安全检查流于形式，对日常检查发现的安全隐患不能按要求整改落实到位；对工人未结合施工作业场所状况、特点、工序就危险因素、施工方案、规范标准、操作规程和应急措施进行安全教育和技术交底；未能根据工程的特点组织制定相应的安全施工措施。

② 弘萱劳务公司未按照工作特点制定相应安全操作规程，安全检查流于形式，对日常检查发现的安全隐患不能按要求整改落实到位，且未向从业人员及时通报；未监督教育从业人员按照使用规则佩戴、使用安全防护用品。

③ 建设监理公司监理职责履行不力，对施工单位施工工人安全教育培训、安全技术交底落实情况审查不严；监理巡视流于形式，对3号楼从安全通道棚顶以上至第18层主体挑架底板以下外立墙面未安装防抛网、扣件维修点未设置安全防护棚等安全隐患失察。

④ 泽合房地产公司作为项目建设单位，日常检查流于形式，对已经发现的塔吊球机视频监控缺失等问题，不能及时督促施工单位按要求整改到位。

《中华人民共和国安全生产法》不但赋予了从业人员安全生产权利，也设定了相应的法定义务。作为法律关系内容的权利与义务是对等的。从业人员依法享有权利，同时必须承担相应的法律义务。

一、落实岗位安全责任的义务

全员安全生产责任制是保障安全生产的重要制度，其目的就是要建立、健全并落实人人有责、人人尽责的制度。从业人员在作业过程中，严格落实岗位安全责任，是落实全员安全生产责任制的重要体现，也是保证安全生产的关键。为此，《中华人民共和国安全生产法》第五十七条明确规定，从业人员在作业过程中，应当严格落实岗位安全责任。

案例8.5

履行岗位安全责任——尽职免责

2019年12月19日14时前后，南通某公司新建项目发生一起脚手架坍塌事故，造成1人死亡、9人受伤。据调查报告显示死者为分包单位辅助工董某冲，男，72岁，如此高龄还要在工地干活，实在令人心酸和痛心。

分析：（1）直接原因：脚手架上堆放砌块过多、严重超载；连墙件严重缺少；违规在脚手架上架设电动提升机，加之施工顺序不当，是导致事故发生的直接原因。（2）间接原因：①设计施工总承包单位对施工单位存在问题督促不力；②施工总承包单位违法将项目主体工程分包飞天建筑（分包单位）；③项目备案技术负责人、安全员长期未到岗履职，分包单位项目经理长期未到岗履职。

事故追责：①郁某某，施工总承包单位安全员，安全生产职责履行不到位，对发现脚手架堆载过多的隐患未能采取有效措施制止，对脚手架搭设人员持证情况失察，对在脚手架上安装电动提升机运送砂浆的违规行为未采取有效措施制止，对事故的发生负有主要责任。处理建议：因涉嫌刑事犯罪，建议由公安机关追究其刑事责任。②许某林，瓦工班组长，安全意识淡薄，盲目指挥作业人员在脚手架上超量存放砌块，违规在脚手架上安装电动提升机运送砂浆，导致发生脚手架坍塌事故，对事故发生负有主要责任。

二、遵章守规、服从管理的义务

根据《中华人民共和国安全生产法》和其他有关法律、法规和规章规定，生产经营单位必须制定本单位安全生产的规章制度和操作规程。从业人员必须严格依照这些规章制度和操作规程进行生产经营作业。安全生产规章制度和操作规程是从业人员从事生产经营，确保安全的具体规范和依据。从这个意义上说，遵守规章制度和操作规程，实际上就是依法进行安全生产。事实表明，从业人员违反规章制度和操作规程，是导致生产安全事故的主要原因。生产经营单位的负责人和管理人员有权依照规章制度和操作规程进行安全管理，监督检查从业人员遵章守规的情况。对这些安全生产管理措施，从业人员必须接受并服从管理。依照法律规定，生产经营单位的从业人员不服从管理，违反安全生产规章制度和操作规程的，由生产经营单位给予批评教育，依照有关规章制度给予处分；造成重大事故，构成犯罪的，依照刑法有关规定追究刑事责任。

案例8.6

遵章守规，服从管理——保护人身安全

2019年8月31日13时11分前后，福建南平建瓯市金峰化工气体有限公司在停产检修期间，乙炔气柜发生闪爆造成3人死亡，其中承包人、雇佣人员（1名）及企业的安全员在事故中丧生。

经调查，事故企业安全操作规程不落实，特殊作业管理流于形式，未按规范要求履行动火作业审批相关手续，未制定气柜检修方案和现场应急处置方案。在事故发生后，私下补填动火作业许可证，涉嫌造假是事故发生的重要原因。

三、正确佩戴和使用劳动防护用品的义务

为保障人身安全，生产经营单位必须为从业人员提供必要的、安全的劳动防护用品，以避免或者减轻作业和事故中的人身伤害。但实践中由于一些从业人员缺乏安全知识，认为佩戴和使用劳动防护用品没有必要，往往不按规定佩戴或者不能正确佩戴和使用劳动防护用品，由此引发人身伤害时有发生，造成不必要的伤亡。比如，煤矿矿工下井作业时必须佩戴矿灯用于照明，从事高空作业的工人必须佩戴安全带以防坠落等。另外有的从业人员虽然佩戴和使用劳动防护用品，但由于不会或者没有正确使用而发生人身伤害的案例也很多。因此，正确佩戴和使用劳动防护用品是从业人员必须履行的法定义务，这是保障从业人员人身安全和生产经营单位安全生产的需要。

案例8.7

正确佩戴和使用劳动防护用品——守住最后一道防线

2019年3月28日8时30分前后，某公司项目管理部钻井队安全队长朱某开展班前日常安全巡查，发现宿舍区配电柜电缆松动，查看松动情况时，触碰到电缆绝缘层破损处，触电倒地，经送医抢救无效死亡。

事故原因：配电柜输出电缆绝缘层破损，朱某违反操作规程，在未配备绝缘手套、绝缘鞋等防护用品前提下，徒手触摸带电电缆，违章操作。

四、接受安全培训，掌握安全生产技能的义务

不同行业、不同生产经营单位、不同工作岗位和不同的生产经营设施、设备具有不同的安全技术特性和要求。随着生产经营领域的不断扩大和高新安全技术装备的大量使用，生产经营单位对从业人员的安全素质要求越来越高。从业人员的安全生产意识和安全技能的高低，直接关系到生产经营活动的安全可靠性。特别是从事矿山、建筑、危险物品生产作业和使用高科技安全技术装备的从业人员，更需要具有系统的安全知识、熟练的安全生

产技能，以及对不安全因素和事故隐患、突发事故的预防、处理能力和经验。要适应生产经营活动对安全生产技术知识和能力的需要，必须对新招聘、转岗的从业人员进行专门的安全生产教育和业务培训。许多国有和大型企业一般比较重视安全培训工作，从业人员的安全素质比较高。但是有些非国有和中小企业不重视、不搞安全培训，企业的从业人员没有经过专门的安全生产培训，其中部分从业人员不具备应有的安全素质，因此违章违规操作，酿成事故的事例比比皆是。所以，从业人员应当接受安全生产教育和培训，掌握本职工作所需的安全生产知识，提高安全生产技能，增强事故预防和应急处理能力。

案例 8.8

接受安全教育培训，掌握安全生产技能

2023 年 7 月 5 日，某县应急管理局执法人员在对某公司进行执法检查时发现下列违法行为：①周某某、聂某某等 6 名员工未经安全生产教育和培训合格上岗作业；②未如实记录隐患排查治理情况；③危险化学品片碱露天堆放，未按国家有关规范、标准要求采取防潮措施。执法人员对相关人员进行调查询问，调取相关证据材料后，出具执法文书公司限期整改。7 月 12 日，某县应急管理局对铸件公司涉嫌的违法行为予以立案调查。2023 年 8 月 8 日，依法对铸件公司合并作出"责令限期改正，处 7 万元罚款"的行政处罚。

五、发现事故隐患或者其他不安全因素及时报告的义务

从业人员直接进行生产经营作业，他们是事故隐患和不安全因素的第一当事人。许多生产安全事故是由于从业人员在作业现场发现事故隐患和不安全因素后没有及时报告，以至延误了采取措施进行紧急处理的时机而导致。如果从业人员尽职尽责，及时发现并报告事故隐患和不安全因素，并及时有效地处理，完全可以避免事故的发生和降低事故的损失。发现事故隐患并及时报告是贯彻预防为主的方针，加强事前防范的重要措施。因此，从业人员发现事故隐患或者其他不安全因素，应当立即向现场安全生产管理人员或者本单位负责人报告；接到报告的人员应当及时予以处理。这就要求从业人员必须具有高度的责任心，防微杜渐，防患于未然，及时发现事故隐患和不安全因素，预防事故发生。

案例 8.9

事故隐患常排查常上报——防范事故发生

2009 年 12 月 8 日 16 时 15 分，某石化公司联合装置催化分馏换热框架构 102 钢结构平台 7 m 层（第二层）发生一起坠落事故，造成 1 名承包商人员死亡。

事故原因：联合装置催化分馏换热框架构 102 钢结构平台在工程建设时期施工单位未严格按图施工，造成钢格板（WA235）与钢梁之间漏焊，未能固定。在长期使用过程中，钢格板向西北侧发生滑动和位移，承包商员工在下楼时脚踩在钢格板上，身体的重量使得钢格板沿东北—西南对角翻转，造成踏空后身体坠落。结构平台在建设时期工程验收不细

致、不到位，未发现施工过程中存在的重大（安全）隐患；企业在使用过程中对钢格板可能存在的隐患认识不足，未能发现此隐患，最终导致事故发生。

从业人员的义务分析实践

一、目标

（1）学生能够了解并分析案例中从业人员应履行的安全义务。

（2）要求学生通过案例展开讨论，思考案例启示，提高自身的职业素养和综合分析能力。

二、案例概况

2023年3月27日，河北省沧县一废弃冷库在拆除过程中发生重大火灾事故，造成11人死亡、1人受伤，直接经济损失约1 323万元。经查，拆除废弃冷库过程中，现场作业人员使用气焊切割库内金属货架时，气割火焰引燃库内墙面保温材料引发火灾。事故发生的主要原因：该拆除工程违法承揽、转包，未将有关资料向当地住建部门备案，施工单位、拆除现场负责人无相应资质，未对拆除物的实际状况、周边环境、防护措施等进行风险排查，未能及时发现现场存在的火灾风险。不具备安全管理能力，没有拆除冷库的经验，未对气割区域内的可燃物采取任何安全防护措施，未安排人现场监护，也未配备任何消防器材。临时雇佣施工人员，三组不同工种工人同时交叉作业。现场动火施工的6人未取得相应资格证件，未接受过安全教育培训，安全意识缺失，违规动火，冒险作业，造成重大人员伤亡。

三、程序和规则

步骤1：将学生分成若干小组（3~5人为一组），小组内进行任务分工，如查找资料、汇报发言等。

步骤2：每个小组根据任务分工进行任务实施。

步骤3：以小组为单位进行讨论分析，限时5分钟。

步骤4：小组互评、教师评价。

具体考核标准如表8-2所示。

表8-2 从业人员的义务分析实践评价表

序号	考核内容	评价标准	标准分值	评分
1	从业人员的安全义务分析（50分）	分析出3项及以上的从业人员应履行的义务	50分	
		分析出2项从业人员应履行的义务	30分	
		分析出1项从业人员应履行的义务	10分	
		未分析出从业人员应履行的义务	0分	

续表

序号	考核内容	评价标准	标准分值	评分
2	案例启示分析 （30 分）	合理分析、总结出 3 项及以上安全经验教训	30 分	
		合理分析、总结出 2 项安全经验教训	20 分	
		合理分析、总结出 1 项安全经验教训	10 分	
		未分析、总结出安全经验教训	0 分	
3	汇报综合表现 （20 分）	表达清晰，语言简洁，肢体语言运用适当，大方得体	20 分	
		表达较清晰，语言不够简洁，肢体语言运用较少，表现得较紧张	10 分	
得分				

四、总结评价

通过小组之间互评和教师评价指导，加深学生对从业人员义务相关知识的理解，强化学生的职业素养，提升学生的实践应用能力。

课后思考

1. 请梳理从业人员在企业安全生产工作中应当履行的义务有哪些。

2. 试分析从业人员在履行"发现事故隐患或者其他不安全因素的报告义务"时，有哪些具体要求。

参 考 文 献

[1] 吴友军. 职业安全与卫生管理 [M]. 武汉：武汉大学出版社, 2019.

[2] 孙辉, 李增杰, 王浩. 安全生产法律法规简明教程 [M]. 重庆：重庆大学出版社, 2022.

[3] 李爽, 贺超, 陈昌一, 等. 生产经营单位安全双重预防机制理论与实施 [M]. 徐州：中国矿业大学出版社, 2021.

[4] 杨勇. 企业安全生产标准化建设指南 [M]. 北京：中国劳动社会保障出版社, 2018.

[5] 中国安全生产科学研究院. 安全生产法律法规 [M]. 北京：应急管理出版社, 2024.

[6] 中国安全生产科学研究院. 安全生产管理 [M]. 北京：应急管理出版社, 2024.

[7] 中国安全生产科学研究院. 安全生产技术基础 [M]. 北京：应急管理出版社, 2024.

[8] 马中飞, 程卫民. 现代安全管理 [M]. 北京：化学工业出版社, 2022.

[9] GB 2894—2008. 安全标志及其使用导则 [S]. 北京：中国标准出版社, 2008.

[10] 马尚权. 危险源辨识与评价 [M]. 徐州：中国矿业大学出版社, 2022.

[11] 戴世强, 杨伟华, 刘奕. 安全事故的行为控制与管理方法 [M]. 北京：人民日报出版社, 2021.

[12] 康健, 张继信. 安全生产事故预防与控制 [M]. 北京：石油工业出版社, 2021.

[13] 吕淑然, 车广杰. 安全生产事故调查与案例分析 [M]. 2 版. 北京：化学工业出版社, 2020.

[14] 《"绿十字"安全基础建设新知丛书》编委会. 员工安全管理与教育知识 [M]. 北京：中国劳动社会保障出版社, 2016.

[15] 罗云. 企业员工安全生产应急知识手册 [M]. 2 版. 北京：应急管理出版社, 2023.

[16] 尚勇, 张勇. 中华人民共和国安全生产法释义 [M]. 北京：中国法制出版社, 2021.

[17] 沈斐敏. 安全系统工程 [M]. 北京：机械工业出版社, 2022.

[18] 沈斐敏. 安全评价 [M]. 北京：中国矿业大学出版社, 2009.

[19] 王承辉. 6S 现场管理教程 [M]. 北京：化学工业出版社, 2023.

[20] GB 30871—2022. 危险化学品企业特殊作业安全规范 [S]. 北京：中国标准出版社, 2022.

[21] GB/T 3608—2008. 高处作业分级 [S]. 北京：中国标准出版社, 2008.

[22] 杨有启, 钮英建. 电气安全工程 [M]. 2 版. 北京：首都经济贸易大学出版社, 2018.

[23] JG J46—2005. 施工现场临时用电安全技术规范 [S]. 北京：中国建筑工业出版社, 2005.

[24] 郑瑞文. 建筑消防安全管理 [M]. 北京：化学工业出版社, 2019.

［25］应急管理部消防救援局. 消防安全技术实务［M］. 北京：中国计划出版社，2022.

［26］刘景良. 职业卫生［M］. 3 版. 北京：化学工业出版社，2023.

［27］陈沅江，刘影，田森. 职业卫生与防护［M］. 2 版. 北京：机械工业出版社，2019.

［28］GB 2811—2019. 头部防护安全帽［S］. 北京：中国标准出版社，2019.

［29］GB 39800. 1—2020. 个体防护装备配备规范第 1 部分：总则［S］. 北京：中国标准出版社，2020.

［30］董宁. 地震灾害中建筑坍塌人员被困形式及营救方法［J］. 职业卫生与应急救援，2016，34（4），30-34.

［31］XF/T 1040—2013. 建筑倒塌事故救援行动规程［S］. 北京：中国标准出版社，2013.